普通高等教育电子信息类课改系列教材

数字音视频处理

（第二版）

主　编　韩　冰

副主编　屈　檀　杨　曦　张建龙

西安电子科技大学出版社

内 容 简 介

本书从人类听觉、视觉的处理机制出发，系统地介绍了听觉和视觉感知模型、音视频(图像)压缩编码技术、音视频(图像)处理技术、基于内容的音视频(图像)检索技术、数字音视频技术的交叉应用等内容。同时，本书还给出了相关知识的应用实例，这些实例都具有较高的参考和实用价值。本书覆盖的学科领域十分广泛，包括人工智能、信号处理、图像处理、语音处理、视频处理和模式识别等。通过本书，读者可以学习到很多具有普遍价值的知识和具体的应用方法。

本书可作为高等院校电子信息工程、通信工程和计算科学与技术等专业的本科生、研究生教材，也可作为高职、高专音视频应用相关课程的参考书。

图书在版编目（CIP）数据

数字音视频处理 / 韩冰主编. -- 2 版. -- 西安 ：西安电子科技大学出版社，2024. 12. -- ISBN 978-7-5606-7452-0

Ⅰ. TN912.27；TN941.3

中国国家版本馆 CIP 数据核字第 2024NQ4638 号

策　　划　毛红兵
责任编辑　毛红兵
出版发行　西安电子科技大学出版社（西安市太白南路 2 号）
电　　话　(029) 88202421　88201467　　邮　　编　710071
网　　址　www. xduph. com　　　　电子邮箱　xdupfxb001@163. com
经　　销　新华书店
印刷单位　咸阳华盛印务有限责任公司
版　　次　2025 年 2 月第 2 版　2025 年 2 月第 1 次印刷
开　　本　787 毫米×1092 毫米　1/16　印张 18.5
字　　数　438 千字
定　　价　50.00 元
ISBN 978-7-5606-7452-0
XDUP 7753002-1

＊＊＊如有印装问题可调换＊＊＊

前　言

当前，随着多媒体等信息技术的发展，人们获取的信息（主要形式如音频、图像以及视频等）数量急剧增加，为了有效地利用这些信息，人们越来越重视音频、图像和视频处理技术及其应用方面的研究。

本书在第一版的基础上作了以下改进和补充：一是加入大量较新的知识，使本书内容与技术前沿保持同步；二是对内容进行重新整理和编写，使之更加便于教师授课和学生学习，增强了实用性。具体的改进和补充表现在以下几个方面：

（1）对原书第 4 章"音视频获取软件和方法"进行了更新，以适应现在日益变化的数字多媒体技术的发展。

（2）为了学习宣传贯彻党的二十大精神，本书将二十大报告中的"实施科教兴国战略，强化现代化建设人才支撑"和"推进文化自信自强，铸就社会主义文化新辉煌"融入教材建设当中，增加了数字音视频处理在交叉学科中的应用等相关知识。这对于促进多学科复合型人才的培养，对于探索科技创新前沿都具有重要的意义。

（3）在第 6 章中增加了有关音频特征表示与提取等前沿技术方法的内容，使读者可以获得更多的先进知识。

（4）对部分插图进行了修改，尤其是添加了一些视频截图，与文字相结合，增强了本书的可读性。

本书内容由四部分组成：首先简要回顾了数字信号处理的基础理论，特别是语音信号处理的基本原理；然后系统地介绍了音频、图像和视频处理的基本理论及相关压缩标准；进一步针对音频、图像和视频的应用问题，分别提供了基于内容的音频、图像和视频检索实例，以帮助读者更好地理解和应用所学知识；最后还介绍了数字音视频技术的交叉应用。

　　本书由韩冰担任主编，主要负责全书内容的统筹以及第1、2、3、9章内容的编写和第5、7、8章内容的补充和完善。屈檀、杨曦、张建龙任副主编，其中屈檀主要负责第4章和第5章部分内容的编写以及全书的校对工作，杨曦主要负责第6章和第7章部分内容的初步编写工作，张建龙主要负责第8章部分内容的初步编写工作。西安电子科技大学的硕士研究生戴怡萱做了大量的组织协调和整理工作，博士研究生韩怡园、硕士研究生黄晓悦等花费了大量的时间和精力收集资料、绘制图表及整理书稿。可以说本书的出版和他们的努力工作是分不开的。本书的编写还得到了西安电子科技大学李洁教授、任爱峰教授、邓成教授、李雨烟老师等的鼓励和支持，在此向他们表示深深的谢意。本书参考了大量的文献，在此向所有参考文献的作者表示衷心的感谢。

　　感谢国家自然科学基金委员会一直以来对我们课题组在音频、图像以及视频研究方面的大力支持，使我们先后获得两个国家自然科学基金（编号为62076190、41831072）的资助。同时，感谢西安电子科技大学教材建设基金资助项目对本书出版工作的支持。除此之外，我们还得到了陕西省重点产业创新链（群）——工业领域项目（2022ZDLGY01—11）的支持与资助。正是在这些基金和项目的资助下，我们的编写工作才能正常有序地进行。

　　由于编者水平有限，书中难免存在疏漏和不足之处，敬请广大读者批评指正。

韩　冰

2024 年 10 月于西安

目　录

第 1 章 绪 论

随着多媒体技术的飞速发展,多媒体数据的获取、表示、处理技术近年来取得了重大突破。与此同时,作为推动全球消费电子行业发展的关键因素,国际视频编解码标准也迎来了新一轮的更新和迭代,以适应不断增长的市场需求,应对技术发展所带来的挑战。

加强新一代数字音视频处理技术的研究,对于构建我国自主知识产权体系、提升信息技术领域的自主创新能力至关重要。这不仅能够为我国信息产业的可持续发展提供坚实的技术支撑,还将促进信息产业实现突破性增长,增强其国际竞争力。

1.1 数字音视频基础

随着数字技术的迅猛发展,数字音视频技术已成为当代社会不可或缺的一部分,它不仅普及度高,而且应用广泛。这项技术已经深入人们的日常生活、工作和娱乐,极大地丰富了人们的生活方式,并引领了一场深远的信息革命,重塑了我们与信息世界的互动方式。

数字音视频技术是信息领域的基础技术之一,随着大规模集成电路、计算机数字技术的发展,传统的影视传媒、消费类电子以及通信行业几乎全部实现了数字化。数字化促进了这些行业的迅速发展,同时也将原来不同的行业——计算机、通信、影视传媒和消费类电子等汇聚在一起。

数字音视频技术是音视频信息(如文本、图形、图像、声音、动画和视频等)采集、获取、压缩、解压缩、编辑、存储、传输及再现等环节全部数字化的技术。数字音视频技术的进步推动了音视频产品的发展,音视频产品的数字化进一步提高了产品的技术含量。与传统模拟技术相比,数字音视频技术有以下特点:

(1) 传输效率较高。音视频数字信号被压缩后,可以在 6～8 MHz 的传输信道内传送 2～4 套标准清晰度电视(SDTV)节目或一套高清晰度电视(HDTV)节目。

(2) 信息传输、存储灵活方便。数字信号便于存储、控制、修改,存储时间与信号特点无关。存储媒体的存储容量大,存储媒体可以是 CMOS(互补金属氧化物半导体)型存储器,也可以是计算机硬盘、高密度激光盘等。

(3) 信息传输、存储的可靠性高。数字信号的检错、容错、纠错能力强,在数字信号传输放大过程中若出现误码,则很容易实现检错与纠错。

(4) 抗干扰能力强。数字信号不会产生噪声和失真的累积。

(5) 有效保护信息和进行版权管理。数字信号便于实现加密/解密和加扰/解扰,便于专业应用(军用、商用、民用)或条件接收、视频点播、双向互动传送等。

(6) 具有可扩展性、可分级性和可操作性。数字音视频技术易于与其他系统配合使用,在各类通信信道和网络中传输，构成一个灵活、通用、多功能的综合业务信息传输网。

（7）便于与其他数字设备融合。因为数字设备的信号语言是相同的，只要有一套数字信号传输编码、调制协议，就可以做到互联、互通。以音视频数字化为代表的消费类电子，正逐渐与电子计算机、通信技术相融合。

（8）易于集成化和大规模生产，其性能一致性好且成本低。

1.2　数字音视频系统的组成

数字音视频信息系统模型如图1-1所示。信源编码和信源解码统称为信源编码，主要解决有效性问题，只有通过对信源的压缩、扰乱和加密等一系列处理，才能用最少的码数去传递最大的信息量，使信号更适宜传输和存储。信道编码和信道解码统称为信道编码，主要解决可靠性问题，旨在尽可能使处理的信号在传输/存储过程中不出错或少出错，即使出错了也要能自动检错和自动纠错。信道编码通常包括调制编码和纠错编码，前者主要解决码间干扰产生的错误，后者解决"噪声"引起的突发性错误（如光盘划伤、污迹等）。格式编码和格式解码统称为格式编码，主要解决高效性问题，旨在通过对所存储/传输数据的组织达到提高数据存取速度的目的。传输信道或介质统称为信道，实际上信道可以是由光缆或电缆构成的有线信道，也可以是由高频无线线路、微波线路或卫星中继等构成的无线信道。存储介质可以是磁带、磁盘和光盘等。无论是何种介质，都将受到不同性质的噪声干扰。信源和信宿指的是音视频的采集和重放等终端设备。

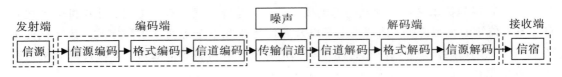

图1-1　数字音视频信息系统模型

1. 数字音视频信息处理

1）信息处理

信息处理包括信息的获取、交换、存储，信息特征的提取与选择，信息的分类与识别、传递、处理分析以及信息安全标准化技术等方面的内容。

信息获取是信息处理的基础，主要包括界面接口技术和提取技术两个主要方面。提取技术是指从已经获取的信号中提取感兴趣的信息，它是信号处理技术的一种应用。信息获取的一般过程如图1-2所示。其主要流程是：首先分析信息需求，即对所需信息进行精确定位；其次对信息来源进行选择；随后确定获取信息所用的方法；最后对获取的信息进行评价。

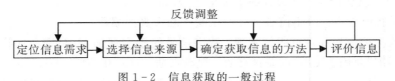

图1-2　信息获取的一般过程

各种音频信号、图像信号都是音视频信源信息的载体,从这些信号中提取音视频信息的主要特征,利用计算机进行自动分类与识别是信息处理的基本方式,也是信息处理的主要内容。

音视频信息的主要特征包括数字化特征、结构特征、几何特征和空时特性等。特征提取与选择的主要任务是根据既定的识别任务,按照预先给定的判别准则,选择合适的特征,以便更好地完成分类与识别任务,因而特征的提取与选择主要是一个统计优化问题。信息特征选择得优劣会直接影响识别性能。自然界中的音视频信息复杂多样且具有海量性,特征选择作为解决这些问题的基本和重要途径,自然而然也就成了音视频信息处理中最重要和最复杂的问题之一。

对于视觉和听觉信息的识别,即语音识别、图像识别或者文字识别等是音视频信息处理中的重要部分,也是模式识别的主要内容。

信息交换也称为存储和转发交换,包括通过网络从节点到节点的信息传送。信息存储是指将获得的或加工后的信息保存起来,以备未来应用。信息存储不是一个孤立的环节,它始终贯穿于信息处理的全过程。信息安全也是信息处理的重要内容。信息安全主要是指信息系统的信息不被泄露给非授权用户、实体或供其使用。

2)信息的数字化处理

计算机系统能够处理通过键盘接收到的字符信息,也能够处理通过扫描仪、视频接收器等接收到的图像信息以及通过话筒或其他语音设备接收到的音频信息等。但计算机并不能直接处理这些不同形态的信息,而必须先将这些信息数字化。信息的数字化是指通过计算机中的编码转换器把各种不同形态的信息转换成机器能识别与运算的二进制数字形式。数字化是计算机处理信息的基础,数字化的重要手段就是利用数字信号处理技术对各种信号进行数字化处理。

数字信号处理通常是对数字信号进行检测、变换、调制、压缩和降噪等方面的处理。

2. 数字音频信息处理系统

数字音频信息处理系统是对音频信号进行采集、获取、编码、解码、存储、变换、合成、识别、理解、传输和编辑等处理的系统。数字音频是一个关键且重要的概念,它可以用来表示声音强弱的数据序列,并由模拟声音经抽样(即每隔一个时间间隔在模拟声音波形上取一个幅度值)、量化、编码(即把声音数据写成计算机的数据格式)后而得到。模拟—数字转换器可以把模拟声音变成数字声音;数字—模拟转换器可以恢复出模拟声音。

语音信息处理以心理声学、物理声学、生理声学、语言学和语音学为基础,涉及电子技术、信号处理技术、微电子技术和计算机控制技术等多个学科领域。

当前,语音处理技术的研究聚焦于多个前沿领域,以实现更高效、更智能的语音交互系统。研究者们正致力于完善语言产生模型,以更准确地捕捉和模拟人类语言的生成机制。同时,加强语言感知模型的研究,提升系统对自然语言的理解和处理能力,而这是实现更自然人机对话的关键。

此外,利用听觉心理学的原理,如声音的掩蔽效应,语音处理技术正在探索新的编码方法,以在不牺牲语音质量的前提下,获得更高的数据压缩比。这不仅有助于提升存储和传输效率，也对移动通信和网络应用具有重要意义。

随着深度学习和机器学习技术的不断进步，这些工具被集成应用于语音处理技术中，以提高系统的自适应性和智能化水平，这使得语音系统能够更好地应对复杂多变的语音环境，并为用户提供更加个性化的服务。

同时，多模态交互的研究也在探索中，通过结合语音、视觉和触觉等多种感官信息，可以创造更自然、更直观的人机交互体验。这些研究不仅推动了语音处理技术的创新，而且为智能语音助手、自动语音识别、语音合成等应用的实际部署提供了坚实的技术基础，预示着语音技术在未来智能系统中的广泛应用前景。

3. 数字图像/视频处理系统

一般数字图像/视频处理系统包括图像/视频输入设备、存储设备、控制设备，用户存/取通信设备，图像/视频输出设备以及专用图像/视频处理设备等。不同的应用环境，所需要的硬件设备、软件环境也不同。

（1）图像/视频输入设备：主要用于将待处理的图像/视频信号输入系统装置或者计算机等，如摄像头、数字照相机、扫描仪、数字摄像机、磁盘和视频采集卡等多种静态或动态图像生成、存储设备或装置。

（2）图像/视频存储设备：主要用于在处理视频/图像过程中对视频/图像信息本身和其他相关信息进行暂时或永久保存，如 U 盘、RAM、ROM、硬盘和磁带等。

（3）图像/视频控制设备：处理图像/视频过程中用到的相关控制设备，如鼠标、键盘、操纵杆和开关等。

（4）用户存/取通信设备：主要用于将图像/视频信号提取或存入视频处理模块。

（5）图像/视频输出设备：主要用于将经过系统或计算机处理后的图像/视频信号以用户能感知的形式显示出来，常见的有显示器、打印机、绘图仪和影像输出系统等。

（6）专用图像/视频处理设备：主要用于对待处理的图像/视频信号进行给定任务的处理。视频处理设备一般可分为两类：一类是软件型视频处理系统，即将视频处理卡插入计算机，视频处理卡中有专用硬件，而相应的处理工作则由计算机软件来完成；另一类是专用型计算机图像/视频处理系统，由专用硬件对图像/视频进行处理。

4. 数字音视频系统的应用

当前，信息技术的发展日新月异，信息技术的普及和应用对于经济、政治、社会、文化和军事等方面，都有着深远的影响。以数字音视频为代表的信息技术已衍生出很多应用，从娱乐媒体到远程工作，从在线教育到医疗健康，音视频技术无处不在，它的影响力不容小觑。

数字音视频技术在娱乐与媒体行业中扮演着核心角色。在影视制作中，数字摄像和编辑软件使得制作过程更加高效和创新。流媒体服务，例如网易云音乐、YouTube 和 QQ 音乐，利用数字音视频技术提供高质量的视听内容，而实时流媒体技术则让全球观众能够观看体育赛事和音乐会等直播活动。

在通信与协作领域，数字音视频系统通过视频会议软件，如 Zoom、腾讯会议和 Microsoft Teams，实现了高效的远程沟通。高清摄像头和麦克风的使用，进一步提升了远程会议的体验。社交媒体平台利用数字音视频技术支持用户生成和分享多媒体内容，实时视频聊天和直播功能则依赖于低延迟的音视频传输技术。

数字音视频系统在教育和培训领域同样发挥着重要作用。在线教育平台，如 Coursera 和 edX，通过视频讲座和互动教学视频为全球学员提供学习资源，使人们足不出户就能获取到新的知识。企业培训中，数字音视频技术用于制作和分发培训材料，互动式视频培训课程增强了员工的学习效果。

在医疗领域，远程医疗通过视频通话实现医生和患者之间的远程诊疗，高质量的视频流使得医生能够清晰地观察患者的症状。手术过程的实时直播不仅可用于医学教育和专业培训，其生成的数字音视频记录还可帮助医生分析和回顾手术过程，从而提高医疗水平。

在安全与监控领域，视频监控系统广泛应用于公共安全和财产保护。数字摄像头和监控系统的高分辨率视频记录为犯罪预防和侦查提供了重要依据。此外，交通管理中数字视频技术可用于监控交通流量和管理交通信号，交通事故的录像记录则可帮助调查和分析事故原因。

数字广告对于广告与市场营销有着重要作用，其在互联网上的广泛使用提升了品牌曝光率和消费者参与度，互动式广告视频吸引用户参与，提高了广告效果。虚拟现实(VR)和增强现实(AR)技术依赖高质量的数字音视频系统提供沉浸式体验，这些技术在广告和产品展示中具有创新性应用，带来了全新的市场营销方式。

公共服务领域也广泛应用数字音视频系统。在数字博物馆和展览中，博物馆和画廊利用这些技术创建虚拟展览，导览视频和互动展示则提高了参观者的体验。智能城市管理中，数字音视频系统用于城市管理和公共服务，如智能交通、环境监控和公共安全，提升了城市管理的效率和服务质量。

数字音视频技术作为电子信息领域数字化的关键组成部分，其应用已经渗透到广播电视、计算机、通信、网络等多个行业，对推动经济发展和社会进步发挥着至关重要的作用。

1.3 数字音视频技术的发展趋势

数字音视频技术的主要关键技术为音频和视频的获取、信源编码技术和信道编码技术、音频处理、视频处理。信源编码技术包括视频编码技术和音频编码技术。视频编码技术的主要目的是在保证一定重构质量的前提下，以尽可能少的比特数来表征视频信息。目前，国内外普遍采用的通用视频压缩标准大多基于混合编码框架，这种框架有效地平衡了压缩效率和编码复杂性。然而，随着计算机网络技术的快速进步和应用需求的不断扩展，视频编码技术的研究正向更高级的方向发展，比如可伸缩编码、多视点编码还有最新的国际视频编码标准 Versatile Video Coding(H.266/VVC)等，这些技术能够提供更灵活的视频质量和分辨率适应性，以满足不同网络条件和用户需求。

在音频编码领域，技术同样经历了从基础到高级的逐步发展。传统的音频编码技术主要分为基于线性预测的混合编码和基于变换的感知音频编码，这些技术在压缩效率和音质保持方面取得了平衡。近年来，随着无损编码和可伸缩编码技术的发展，音频编码开始向更高的音质和更灵活的应用场景迈进。

音频处理技术涵盖了音频合成、检测、分类等关键技术，这些技术在提高音频质量和智能化处理方面发挥着重要作用。视频处理技术的研究则集中在提高视频质量、增强视频分析能力等方面，以支持更复杂的视频应用。

1. 我国研究现状

我国的音视频技术通过引进、消化、吸收、创新、国产化，走出了一条发展快、技术新的成功道路，不仅缩小了与国外先进国家的差距，提高了广大人民群众的生活质量，满足了人们日益增长的物质文明和精神文明的需要，而且带动了国民经济持续、稳定和健康发展。2023年，我国彩色电视机产量达到1.5亿台，出口达到4000万台，智能音箱产量达到2亿台，出口1.2亿台，在国际市场上我国已成为以彩色电视机、智能音箱、Mini LED显示屏等为代表的音视频产品的重要生产基地。音视频产品对电子信息产业的生产增长贡献率达到50%以上。此外，音视频技术领域的飞速发展，带动了模具制造、精密机械制造、微电子、光机电、冶金及化工等相关产业的发展。

目前，我国的音视频行业基本掌握了产品的设计技术和生产制造技术，能自行设计、制造出价廉物美、具有先进水平的音视频产品，我国也成为名副其实的生产、制造和出口大国，但与先进国家相比，我国的音视频技术仍有一定的距离。首先，健全的科技创新体系还未成熟。在音视频技术领域，某些关键技术大多掌握在国外大公司手中，制约了我国产品进入国际市场的利润空间。以平板显示技术为例，我国在LCD显示器方面已经具备了一定的自主研发能力，但仍然存在一些技术和市场的挑战；而在OLED显示器方面，我国也在不断加大投入和创新，但与国际领先水平还有一定的差距。LCD显示器是目前最成熟和应用最广泛的平板显示技术，我国在LCD显示器的生产和销售方面已经占据了全球领先地位。但是，在LCD显示器的核心材料和设备方面，我国仍然依赖于进口，尤其是高世代玻璃基板、液晶材料、驱动IC等。我国在OLED显示器方面也在不断加大投资和创新，已经形成了以京东方、深天马、华星光电、维信诺等为代表的中游面板制造企业群体。但是，在OLED显示器的上游材料和设备方面，我国仍然存在较大的技术差距和依赖度。此外，在OLED显示器的市场竞争方面，我国也面临着三星、LG等国际巨头的强劲挑战。

另外，我国建立了多个音视频研究中心和实验室，为音视频技术的发展提供有力的技术保障和支持。依托武汉大学建设的国家多媒体软件工程技术研究中心（National Engineering Research Center for Multimedia Software，NERCMS）是多媒体软件技术领域第一个国家级研究机构。该中心设置4个核心技术研究室（音视频编码与分析技术研究室、多媒体智能安防技术研究室、多媒体智慧医疗大数据分析技术研究室、多媒体空天大数据分析技术研究室），覆盖了多媒体技术在不同行业中的应用，从基础理论研究到技术开发和应用实践，推动了多媒体技术的创新和产业发展。北京大学的视频与视觉技术国家工程研究中心（NERC）由高文院士领导，专注于视频编解码技术及智能视觉信息处理的研究。该中心实施了"超高清＋超高速"的双轮驱动战略，以推动智能技术的发展，将研究成果转化为IEEE国际标准，建立视频编解码专利池，开发编解码核心软件和芯片IP核，制造原型产品。NERC为国家视频编码标准的制定、大规模产业化进程的推进以及保持在国际标准竞争中的领先地位做出了显著贡献。

2. 国外研究现状

在国外，视频编码技术的研究和发展正由一系列活跃的国际标准组织和企业推动。MPEG 和 VCEG 作为历史悠久的组织，通过联合推出 MPEG-2 和 H.264/AVC 等标准，对行业产生了深远的影响。目前，新一代视频编码标准 AV1 由开放媒体联盟（AOMedia）开发，以其开源和免专利费的优势，吸引了 Google、Netflix、Amazon 等国际大公司的支持，这些企业在流媒体服务和 8K 视频等高带宽应用场景中积极采用 AV1 标准。

AV1 标准的技术创新包括混合编码框架、块划分技术、帧内预测和帧间预测等，这些技术显著提高了视频压缩效率。随着云端编码服务的推广，如亚马逊 AWS Elemental MediaConvert 对 AV1 的支持，视频编码技术的应用变得更加灵活和高效。此外，中国企业如腾讯多媒体实验室也在国际视频编码标准制定中扮演了重要角色，不仅积极参与 AV1 编码器的优化，还推动了其在商业领域的广泛应用。

尽管面临着专利池问题和软件编码效率的挑战，国外研究者和企业正通过持续的技术创新和国际合作寻求解决方案。硬件制造商如联发科、三星、LG 等对 AV1 标准的硬件解码支持的增长，预示着新编码标准将得到更广泛的应用。整体来看，国外在视频编码技术领域的发展呈现出多元化、活跃的创新态势，国际合作在推动技术进步和应用扩展方面发挥了关键作用。

3. 国内外研究发展趋势

目前，国内外音视频技术领域的关键技术和研发趋势如下：

（1）先进的数字信号压缩编解码技术：开发具有更高压缩效率和更先进算法的音视频编解码技术，以实现数据传输的优化和存储成本的降低。

（2）高效的数字信号调制解调技术：致力于提升数字信号的传输效率和质量，通过改进调制解调方法来减少传输过程中的信号损失和干扰。

（3）数字音视频技术的市场化和高清电视的普及：加速将成熟的数字音视频技术产品推向市场，并通过多种途径，如卫星电视直播接收、电缆电视传输系统、地面广播以及互联网流媒体服务，促进高清电视技术的广泛应用，实现从模拟电视到数字电视的转型。

（4）大容量存储媒体的发展：推动存储技术的创新，开发具有更大存储容量的新型存储媒体，包括高集成度的 CMOS 半导体存储器、固态存储器（SSD）以及采用蓝光技术的高密度光盘等，以满足日益增长的数据存储需求。

（5）新型显示器件的发展：正在积极研发具有更高清晰度、对比度和亮度的显示器件，同时致力于降低成本并扩大色彩再现范围。除了已经成熟的平面型阴极射线管（CRT）显示器，当前市场上还有液晶显示屏（LCD）、等离子显示屏（PDP）、有机发光二极管（OLED）等。此外，新型显示技术，如量子点（QLED）、微型 LED（Micro-LED）和柔性显示屏也在探索中，以寻求更优的显示效果和应用场景。

（6）电声显示屏和数字音频技术的创新：正在发展新型电声显示屏和先进的数字音频技术，包括高灵敏度微传声器、基于传声器阵列的语言增强技术、说话定位技术以及多声道回声抵消技术等，以提升音频捕捉和再现的质量。

（7）数字音视频技术在科研和生活中的应用：数字音视频技术正不断拓展其在科研和

日常生活中的应用。这包括新技术和新算法的开发，以及它们在教育、医疗、娱乐和安防等领域的实际应用研究，可以提高信息的获取、处理和共享效率，同时也为用户带来更加丰富的互动体验。

1.4 本章小结

本章介绍了数字音视频系统的组成和应用、数字音视频领域的主要技术以及国内外的研究发展趋势，为后续分析数字音视频技术奠定了基础。

第 2 章　听视觉处理的脑机制

在众多的生物系统中，人脑是最有效的生物智能系统，它具有感知、识别、学习、联想、记忆和推理等功能。人类感知外部世界主要是通过视觉、触觉、听觉和嗅觉等，其中最主要的是视觉。据统计，人类感知的信息中有 80％来自视觉。为此，研究生物体的视觉功能，解析其内在的机理并用机器来实现，成为科学研究领域的一个重要方面。进一步来讲，研究其过程有助于我们从根本上研究音视频处理的脑机制，通过模拟这些机制与规律，可以研究音视频处理的各种方法与模型，为开发智能化信息处理模式开拓新的途径。

2.1　听觉的生理基础

随着信息化社会的发展，生命科学正逐渐成为信息科学领域最值得期待的学科。脑和神经系统的信息加工和信息处理方式已成为信息科学家们着力研究的对象。而信息科学的一个重要组成部分就是语音信息处理，研究人员的主要目标是使计算机语音识别能够逼近听觉感知过程，而对听觉感知模型的研究正是实现这一目标的途径。

听觉是一个接收、理解声音信息的过程，是听者对说话人所传来的声音信息进行编码的过程。感知是指作用于我们的听觉感受器官的声音的各种属性在我们大脑中的反应。听觉感知模型研究是指用数学表达式对听觉系统的特征和信息处理方式作出抽象和描述，从而构成具有人类听觉系统特性的语音信号处理系统。听觉感知模型研究是一项跨学科的研究，它涉及生理声学（研究听觉器官和生理特征的科学）、心理声学（研究声音的主观感知与客观参数间关系的科学）、数理科学和信息科学等。听觉感知模型研究主要包括对生理声学和心理声学的基本理论和实验资料进行分析综合，找出听觉信息加工的本质要素，用适当的数学表达式来描述这些本质要素，并利用这些数学表达式来构成语音信号处理系统。

医用人工耳蜗的研制与听觉感知模型有关，但听觉感知模型研究的最重要的意义在于它将为信息科学和计算机科学提供新的线索和新的思路。

能否有效地将人的听觉处理机制融合到语音信号处理系统中，取得人们所期望的效果，取决于很多条件。首先，需要对听觉系统的处理机制有足够的理解；其次，对于听觉系统的处理机制要能够进行有效的建模，并与相应的语音处理系统有机地结合。

经过多年的研究，人们对于听觉系统已经获得了比较详尽的知识，有些甚至到了细胞层次，例如，耳蜗中内外毛细胞的纤毛排列与听神经突触的触点等细节。人们在生理学实验、理论建模与应用方面取得了可喜的成果。

听觉心理学实验从宏观角度研究听觉行为与现象，研究人对声信号和语言的主观感受能力，包括频率选择性、声音响度、基音、声信号在时间和空间域的处理、听觉模式的感知与语音处理。其主要研究方法是将人看成黑箱系统，由输入(声音刺激)和输出(人的反应)考察听觉系统的感知特性。目前某些听觉感知特性虽然可由听觉生理机制解释，但通常不能确定到底是由听觉系统中的哪些部分完成的。比较有代表性的工作是罗宾逊(Robinson)等人对等响度曲线的测量、弗莱彻(Fletcher)通过遮蔽实验提出临界带(Critical Bandwidth，CBW)的概念、摩尔(Moore)等人通过系列遮蔽实验推出听觉滤波器的形状及听觉的频率选择性并通过调制阈值确定听觉的时间分辨率以及布莱格曼(Bregman)的专著 *Auditory Scene Analysis*(《听觉场景分析》)的出版等。听觉心理学实验获得的一些数据，也可以直接用于听觉建模。例如，根据临界带划分的滤波器组及其派生的 Mel 频率倒谱系数(Mel Frequency Cepstrum Coefficients，MFCC)，现在被广泛应用于语音识别的前端处理及特征提取。听觉心理学与听觉生理学研究相互支撑、相互印证，共同推动了听觉研究的发展。

2.1.1　听觉感知模型的国内外研究现状

计算机语音识别系统需要听觉感知模型研究解决的问题有：① 如何提高语音识别系统在嘈杂环境中的鲁棒性和准确性？(人类听觉系统可以在复杂的背景噪声中有效地分辨出目标语音，而计算机语音识别系统则往往受到噪声的干扰而降低性能。)② 如何提高语音识别系统对不同说话人、不同口音、不同情感和不同语言的适应性？(人类听觉系统可以根据不同的语音特征和语境进行灵活的调整和学习，而计算机语音识别系统则往往需要大量的标注数据和训练时间来适应新的场景。)③ 如何提高语音识别系统对语义和语用信息的理解和利用？(人类听觉系统可以根据语义和语用信息来推断和纠正语音识别的错误，而计算机语音识别系统则往往只关注字面上的匹配程度。)

自从 1961 年贝克西(Bekesy)揭示了内耳基底膜机制以来，随着听觉心理和听觉生理科学的发展，对于听觉模型的研究出现了几个高潮：① 20 世纪 60 年代的物理模型，即对外耳、中耳和内耳基底膜的物理特性的模型化，如对耳蜗管这种一端封闭短管的声学特性进行模块化；② 20 世纪 70 年代的神经生理模型，即对内毛细胞将声波振动转化为电脉冲发放的机理和特性的模型化及对听觉神经纤维电脉冲发放模式的模型化；③ 20 世纪 80 年代的表征模型，即对于声信号在听觉系统中表征(Representation)模式的研究和模型化；④ 20世纪 90 年代著名的听觉模型，即美国麻省理工学院的 Seneff 模型；⑤ 近年来主要以注意选择为主的听觉模型。

1. 注意的选择理论

注意的选择理论有以下四个。

1) 过滤器理论

1958 年，英国心理学家布罗德本特(Broadbent)根据双耳分听的一系列实验结果，提出了一种解释注意选择作用的理论，即过滤器理论(Filter Theory)。布罗德本特认为：神经系统加工信息的容量是有限度的，不可能对所有的感觉刺激都进行加工。当信息通过各种感觉通道进入神经系统时，首先要经过一个过滤装置。只有一部分信息可以通过这个机制，并接受进一步的加工，而其他的信息被阻断在外面。布罗德本特把这种过滤机制比喻为一个狭长的瓶口，当人们往瓶内灌水时，一部分水通过瓶颈进入瓶内，另一部分水由于瓶颈狭小、通道容量有限而被留在了瓶外。这种理论也称为瓶颈理论或单通道理论。

2）衰减理论

过滤器理论得到了某些实验结果的支持，但进一步研究发现，这种理论并不完善。例如，1960 年，格雷（Gray）在双耳分听的研究中发现来自非追随耳的信息仍然受到了加工。基于日常生活观察和实验研究的结果，特瑞斯曼（Treisman）提出了衰减理论。衰减理论主张：当信息通过过滤装置时，不被注意的信息只是在强度上减弱了，但不会完全消失。特瑞斯曼指出，不同刺激的激活阈限是不同的。有些刺激对人有重要意义，如自己的名字、火警信号等，它们的激活阈限低，容易激活。当它们出现在非追随的通道时，容易被人们所接受。特瑞斯曼的理论与布罗德本特的理论对过滤装置的具体作用有不同的看法，但两种理论又有共同的地方：① 两种理论有相同的出发点，即主张人的信息加工系统的容量有限，所以，对外来的信息需要经过过滤或衰减装置加以筛选；② 两种理论都假定信息的选择过程发生在对信息的充分加工之前，只有经过选择以后的信息，才能进一步加工和处理。

3）后期选择理论

1963 年，多伊奇（Deutsch）等人提出了选择性注意的一种观点——后期选择理论，后由诺尔曼（Norman）加以完善。后期选择理论认为，所有进入过滤或衰减装置的信息是经过充分分析的，因此对信息的选择发生在加工后期的反应阶段。后期选择理论也称为完善加工理论、反应选择理论或记忆选择理论。

4）多阶段选择理论

过滤器理论、衰减理论及后期选择理论都假设注意的选择过程发生在信息加工的某个特定阶段。1978 年，约翰斯顿（Johnston）等人提出了一个较灵活的模型，认为选择过程在不同的加工阶段都有可能发生，这就是多阶段选择理论。这一理论的两个主要假设是：① 进行选择之前的加工阶段越多，所需要的认知加工资源就越多；② 选择发生的阶段依赖于当前的任务要求。多阶段选择理论看起来更有弹性，由于强调任务要求对选择阶段的影响，因而避免了过于绝对化的假设所带来的问题。

多阶段选择理论在很大程度上带有假设的性质，原来的很多针对注意方面的研究也能够为多阶段加工理论提供一定的实验依据，如有的研究支持早期选择理论，而有的研究则支持后期选择加工理论。

2. 注意的认知资源理论

上述理论试图解释注意对信息进行选择的机制，而认知资源理论是关于注意分配的，它从另一个角度来解释注意，即注意是如何协调不同的认知任务或认知活动的。

不同的认知活动对注意提出的要求是不相同的。注意的认知资源理论有以下两个。

1）认知资源分配理论

认知资源分配理论是由心理学家卡里曼（Kahneman）提出的，他认为注意资源和容量是有限的。这些资源可以灵活地分配去完成各种各样的任务，甚至可以同时做多件事情，但完成任务的前提是所要求的资源和容量不能超过所能提供的资源和容量。认知资源分配理论认为，与其把注意看成一个有限容量的加工通道，不如将其看成一组对刺激进行归类和识别的认知资源或认知能力。这些认知资源是有限的，对刺激的识别需要占用认知资源，当刺激越复杂或加工任务越复杂时，占用的认知资源就越多。例如，在没有人的高速公路上，熟练的汽车司机可以一边开车，一边和车内的人说话。他之所以能够同时进行两种或两种以上的活动，是因为这些活动所要求的注意容量在他所提供的容量范围之内。而若是在行人拥挤的街道上开车，大量的视觉和听觉刺激占用了他的注意容量，他也就不能再与同伴聊天了。

2）认知资源双加工理论

在注意的认知资源分配理论的基础上，谢夫林等人在 1977 年进一步提出了双加工理论。双加工理论认为，人类的认知加工有两种：自动化加工和受意识控制的加工。其中，自动化加工不受认知资源的限制。这些加工过程由适当的刺激引发，发生的速度比较快，也不影响其他的加工过程；在产生之后，其加工过程会比较难改变。而意识控制的加工受认知资源的限制，需要注意的参与，并且可以随环境的变化而不断进行调整。双加工理论可以解释很多值得注意的现象——我们通常能够同时做好几件事，如可以一边骑自行车一边欣赏路边的风景，或是一边看电视一边织毛衣等。在同时进行的活动中，其中一项或多项已变成自动化的过程（如维持自行车平衡或织毛衣），不需要个体再消耗认知资源，因此个体可以将注意集中在其他的认知过程上。意识控制的加工在经过大量的练习后，有可能转变为自动化加工。例如，初学一种动作技能（如骑自行车）时，需要全神贯注，注意力高度集中；当经过不断练习，已经熟练掌握这一技能时，就不需要占用太多的注意了。

从研究范围来看，目前对于听觉模型的研究在发达国家都在进行，如美国、日本、俄罗斯、英国、加拿大、德国和法国等，印度也开展了这方面的研究。我国起步较晚，但在国内学者的努力下也取得了不错的成果，如赵鹤鸣教授和周旭东教授于 1994 年 9 月提出了听觉感知模型。目前国内重点高校的研究小组对听觉模型也开展了研究工作，如北京大学视觉与听觉信息处理国家重点实验室等。表 2-1 给出了国内外知名听觉模型研究机构及其研究方向。

表 2-1 国内外知名听觉模型研究机构及其研究方向

研究机构	研究方向
北京大学视觉与听觉信息处理国家重点实验室	在机器听觉领域开展机器听觉计算模型、语音语言信息处理系统、人工神经网络及机器学习等研究；在智能信息系统领域开展计算智能、多媒体信息的数据组织与管理、数据挖掘和网络环境下海量信息的集成等方面的研究，为视觉与听觉信息处理提供工具和环境；开展视觉与听觉的神经计算模型和生理心理基础研究，从生理与心理学的角度探索视觉与听觉的感知机理，为视觉与听觉信息处理提供基本理论和方法
中国科学院声学研究所仿生耳与声音技术实验室	语音增强与降噪、人工耳蜗言语策略开发、语音传输编码技术、语音识别与合成、助听器信号处理等；音乐感知、汉语声调感知、电刺激语音感知、声感知的临床研究等；人工耳蜗、助听器、听力计、声级计、各种听力测试软件等
麻省理工麦戈文脑科学研究所	声音信号在听觉皮层中的表征以及认知功能，例如情绪、注意和动机，对这些表征的调控；抑制性神经环路在听觉皮层功能发育中的作用；用现代神经束路追踪方法解析细胞类型特异性的上行和下行听觉通路
美国国立聋聩与其他沟通障碍研究所	开展和支持生物医学和行为学研究，以及有关听力、平衡、味觉、嗅觉、声音、言语和语言的正常和失调过程的研究培训；解决与有交流障碍或交流失调的人有关的特殊生物医学和行为问题；为听力损失或其他交流失调的人创造辅助设备

2.1.2 人类听觉系统简介

1. 人耳的结构

耳朵是人类的听觉器官,其作用就是接收声音并将声音转换成神经刺激。声音感知是指将所听到的声音经过大脑的处理后变成确定的含义。

人耳由外耳、中耳和内耳三部分组成。图 2-1 为人耳的结构示意图。其中,外耳、中耳和内耳的耳蜗是听觉器官。内耳的前庭窗和半规管分别是判定位置和进行平衡的器官。

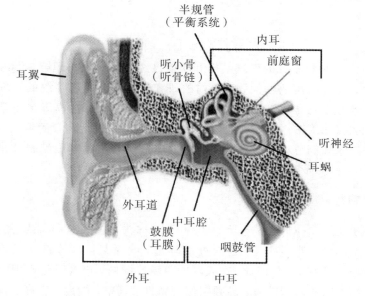

图 2-1 人耳的结构示意图

外耳由耳翼、外耳道和鼓膜构成。耳翼的作用是保护耳孔,其卷曲状具有定向作用。外耳道是一条比较均匀的耳管,声音沿外耳道传送至鼓膜。鼓膜是位于外耳道内端的韧性锥形结构,声音的振动通过鼓膜传到内耳。一般认为外耳在声音感知中有两个作用:一是对声源进行定位;二是对声音进行放大。外耳是声音传导过程的第一个环节。

中耳为一个充气腔体,被鼓膜与外耳隔离,并由圆形窗和卵形窗两个小孔与内耳相连。中耳由咽鼓管与外界相连,以便中耳和周围大气之间的气压得到平衡。中耳的作用有两个:一个是通过听小骨进行声阻抗的变换,放大声压;另一个是保护内耳。

内耳深埋在头骨中,它由半规管、前庭窗和耳蜗组成。其中,前庭窗和半规管属于本体感受器,与机体的平衡机能有关。半规管是三个半环形小管,它们相互垂直,类似于一个三维坐标系统,分别称为上半规管、外半规管和内半规管。耳蜗中有一个重要的部分称为基底膜(Basilar Membrane)。基底膜靠近前庭窗的部分硬而窄,而靠近耳蜗孔的部分软而宽。

2. 听觉的形成

声波经外耳道传到鼓膜,引起鼓膜振动,再经过听小骨的传递作用于前庭窗,引起前庭阶外淋巴的振动,继而振动耳蜗管中的内淋巴,进一步引起基底膜和螺旋器的振动。基底膜的振动以行波方式从基底膜底部沿其顶部传播，使该处螺旋器的毛细胞与盖膜之间的相对位置发生改变，从而使毛细胞由于受刺激而产生微音器电位。后者激发耳蜗神经产生动作电位，并经过听神经传入大脑皮层颞叶听觉中枢，从而产生听觉。图 2-2 为听觉产生模型。

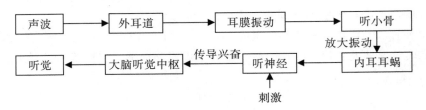

图 2-2　听觉产生模型

尽管我们对人耳听觉系统的生理结构和功能已经有了深入的理解，但由于该系统非常复杂，目前仍然有未完全解决的问题。目前的研究正在逐渐超越传统的心理声学和语言声学范畴，涵盖了神经生物学、分子生物学、生物物理学和计算建模等多个学科领域。这些跨学科的研究有助于我们更全面地理解听觉感知的机制，包括声音的编码、处理和认知等方面。随着先进技术如高分辨率成像技术、电生理记录方法和基因编辑技术的应用，科学家们正在逐步揭示人耳听觉特性的深层奥秘。

2.1.3　听觉特性

人耳对不同强度、不同频率声音的听觉范围称为声域。人耳能听到的声音频率在 20～20 000 Hz 范围内。外耳具有一定长度的耳道，会对某段频率产生共鸣，致使灵敏度提高，这个频率段大约在 3～5 kHz。在人耳的声域范围内，声音听觉心理的主观感受主要有响度、音高、音色以及掩蔽效应、高频定位等特性。其中，响度、音高、音色可以在主观上用来描述具有振幅、频率和相位三个物理量的任何复杂的声音，故又称为声音"三要素"。下面简要介绍一下响度、音高、音色对听觉的影响。

1. 响度

响度又称为声强、音量或者声压级，它主要反映声音能量的强弱程度，是由声波振幅的大小决定的。声音的响度一般用声压（单位为 Dyn/cm^2）或声强（单位为 W/cm^2）来计量。

声音的物理属性与人的主观感受是不同的。一般人耳能够听到的声音频率范围是 20 Hz～20 kHz，正常人的听觉相对强度感受范围为 0～140 dB，也有认为在 -5～130 dB 之间，超出人耳可听频率范围的声波，人耳将无法感受到。

另外，人耳听到声音的响度与声音的频率有关。描述响度、声音声压级以及声源频率之间关系的曲线称为等响度曲线。等响度曲线是将听起来与 1 kHz 纯音响度相同的各频率声音的声压用曲线连接起来的结果，它又称为响度的灵敏度曲线。

声音呈现持续的时间也是影响响度的一个重要因素。恒定刺激法既可以用于测量绝对阈值又可以用来测量差别阈限。通常一个恒定的声音刺激持续 200 ms 或 300 ms 时听觉器官感觉强度会增强，也就是说，在很短的时间内听一个声音的强度与在相对持续较长时间内听一个声音的阈值是有区别的。声音持续时间越短，阈值越高；持续时间越长，阈值越低。

2. 音高

音高也称为音调，是人耳对音调高低的主观感受。音高主要取决于声波基频的高低，频率高则音调高，频率低则音调低。人耳对音高和频率的感觉同样有一个最低到最高的范围，音高与频率之间是非线性关系。此外，音高还与声音的响度及其波形振幅变化有关。

3. 音色

美国国家标准协会将音色定义为一种感官属性，听者可以根据它判断出两个具有相同的响度和音高的音是不相似的。它是由声音波形的谐波频率决定的。声音波形包含的谐波的比例以及声音频率随时间的衰减决定了声源的音色。

此外，声音的其他物理特性还有音长（由振动持续时间的长短决定，持续的时间越长，音长越长）。

2.1.4　听觉掩蔽

在多种音源场合，人耳的听觉掩蔽效应等特性更为重要，它是心理声学的基础。人耳构造对声音的感受具有双耳效应、频率响应以及听觉掩蔽效应，这些效应形成人的听觉特性。人的听觉特性具有方向性、带通滤波器的频率特性以及非线性的掩蔽效应。

听觉掩蔽效应是指对较弱声音的听觉感受受到另一个较强声音（掩蔽音）影响的现象。听不到的声音称为被掩蔽音，而起掩蔽作用的声音称为掩蔽音。掩蔽音的实质是掩蔽音的出现使人耳听觉的等响度曲线最小可闻阈值被提高了。研究表明，3～5 kHz 声音的绝对感受阈限最小，即人耳对 3～5 kHz 的微弱声音最敏感，而对低频和高频区的声音绝对感受阈限要偏高一些。在不同的频率范围内，产生听觉掩蔽的被掩蔽音和掩蔽音之间的强度差异也是不同的。在听觉敏感的频率范围内，产生听觉掩蔽的被掩蔽音和掩蔽音之间的强度差异要小一些；而在听觉不敏感的频率范围内，产生听觉掩蔽的被掩蔽音和掩蔽音之间的强度差异要大一些。此外，被掩蔽音和掩蔽音之间的绝对强度的高低也会影响产生听觉掩蔽的被掩蔽音和掩蔽音之间的相对强度差异。

下面详细介绍不同听觉刺激条件下的听觉掩蔽效应。

1. 纯音的掩蔽效应

对于纯音的听觉刺激，产生的听觉掩蔽效应有如下规律：① 对处于中等强度的纯音来说，最有效的掩蔽音是出现在该频率附近的纯音；② 低频的纯音可以有效地掩蔽高频的纯音，而高频的纯音对低频的纯音的掩蔽效应则要弱一些。

2. 复合音对纯音的掩蔽效应

如果掩蔽音为多频率纯音合成的宽带复合音，被隐蔽音为纯音，则产生的掩蔽音在低频段一般高于高频段的复合音，当隐蔽音超过 500 Hz 时，频率每增加 10 倍，隐蔽音的轻度就增加 10 dB。如果掩蔽音为窄带复合音，被掩蔽音为纯音，则位于被掩蔽音附近的由纯音组成的窄带复合音的临界频带产生的隐蔽作用最明显。

3. 实时与异步的听觉掩蔽效应

1）频域掩蔽效应

一个强纯音会隐蔽在其附近同时发生的弱纯音，这种特性称为频域掩蔽，也称为同时掩蔽。在现实生活中，可以发现人耳在安静的环境中能够分辨出轻弱的声音，但在嘈杂的环境中，即使人耳感觉灵敏的声音也会被淹没。这种当聆听一个声音的同时，由于被另一个声压级较强的声音所掩盖致使听不到原始声音的现象称为声掩蔽。由于频率低的声音在内耳耳蜗基底膜上行波传递的距离大于频率较高的声音，故而低频声音容易掩蔽高频率的声音。

2）时域掩蔽效应

除了同时发出的声音之间有掩蔽现象之外，在时间上相邻的声音之间也有掩蔽现象，称为时域掩蔽，也称非同时掩蔽。时域掩蔽又分为前向掩蔽和后向掩蔽，前向掩蔽指掩蔽音作用在被掩蔽音之前，后向掩蔽指掩蔽音作用在被掩蔽音之后。非同时掩蔽的特点是：掩蔽音在时间上越接近于被掩蔽音，掩蔽量就越大，也就是说掩蔽效应就越强。在生活中也有类似的体验，当两个声音到达耳朵处的时间有前后之差时，即使后到的声音较弱，人耳也能听到。

当掩蔽音与被掩蔽音在时间上比较靠近时，后掩蔽作用就要大于前掩蔽作用。当掩蔽音的声压级提高时，所引起的掩蔽量并不是成比例增加的。例如掩蔽音的声压增大 10 dB，而掩蔽量仅增加 3 dB。至于同时掩蔽情况，其比例将大大超过此值。表 2-2 给出了同时与非同时掩蔽效应的分类及其效果。

表 2-2   同时与非同时掩蔽效应的分类及效果

类别	名称	掩蔽出现时间	掩蔽持续时间	效 果
同时掩蔽	频域掩蔽	与掩蔽音同时	同时掩蔽	在掩蔽声持续时间内，对被掩蔽声的掩盖最为明显
非同时掩蔽	前向掩蔽	在掩蔽音之前	20 ms	由于人耳的积累效应，被掩蔽声尚未被听到，掩蔽声已经出现，其掩盖效果很差
	后向掩蔽	在掩蔽音之后	100 ms	由于人耳的存储效应，掩蔽声虽已消失，掩蔽效应仍然存在

3）其他听觉掩蔽效应

其他一些听觉或者时间因素也可能引起听觉掩蔽效应。例如，当两个不同频率的声音分别作用于两耳时，就会产生中枢掩蔽效应。

声音的掩蔽效应是听觉实验中必须要注意和加以控制的重要因素。如果有同时或先后呈现的听觉刺激导致听觉掩蔽效应，那么实验结果的正确率、可靠性以及反应速度都会受到影响。

2.1.5 听觉加工理论

人耳对语音的感知主要是通过语音信号频谱分量幅度获取的，因此对各分量相位并不敏感，对频率高低的感受近似与该频率的对数值成正比。人耳除了能够感受声音的强度、音调、音色和空间方位外，还能够在两人或两人以上的环境中分辨出自己所需的声音，这种分辨能力是人体内部语音理解机制具有的一种感知能力。人类的这种分离语音的能力与双耳输入效应有关，称为"鸡尾酒会效应"。

听觉加工理论有以下几种。

1. 声音的频率理论

最早解释听觉现象的理论是 1886 年物理学家卢瑟福提出的声音频率理论。频率理论认为，内耳的基底膜是和镫骨按相同频率振动的，振动的数量与声音的原有频率是相适应和一致的。当我们听到一种频率低的声音时，镫骨振动次数较少，因而基底膜的振动次数也较少，如果声音的频率提高，镫骨和基底膜的振动也会随之加快，并在听觉感受器和听觉中枢系统产生与传递振动频率相同的神经电冲动，同时在中枢系统产生听觉感觉。该理论难以解释人耳对声音频率的分析的精细机制，而且人耳基底膜不能做每秒 500 次甚至 1000 次以上的快速振动。因此，用频率理论解释听觉现象有一定的局限性。

2. 共鸣理论

共鸣理论(Resonance Theory)是由郝尔姆霍茨(H. L. F. von Helmholtz)提出来的。郝尔姆霍茨认为，基底膜的横纤维长短不同，靠近蜗顶较宽，因而就像一部琴的琴弦一样，能够对不同频率的声音产生共鸣。一般地，声音的频率高，短纤维发生共鸣；声音的频率低，长纤维发生共鸣。人耳基底膜总共约有 24 000 条长短不同的横纤维，它们分别对不同频率的声音作出反应。基底膜的振动引起听觉细胞的兴奋，因而产生高低不同的音调。

共鸣理论的主要根据是基底膜的横纤维具有不同的长短，因而能对不同频率的声音产生共鸣。后来有研究发现，该理论也存在着不足之处。例如，人耳能够接受的频率范围为 20 Hz～20 kHz，最高频率与最低频率之比为 1000:1，而基底膜上横纤维的长短之比仅为 10:1，这样就很难解释 1000:1 的频率变化范围如何能够通过 10:1 的横纤维的振动产生对不同频率声音的听觉。由此可见，听觉加工中还存在其他的加工机制。

3. 行波理论

行波理论是 20 世纪 40 年代生理学家冯·贝凯西(G. Von Bekesy)在郝尔姆霍茨的共鸣理论的基础上提出的新的理论，用来解释人类的听觉现象。行波理论认为，声波传到人耳后引起基底膜的振动，基底膜振动从耳蜗底部的某一部位开始，当振幅达到最大值时，振动就会停止并消失。随着环境声音频率的不同，基底膜最大振幅的部位也不同，声音频率低，最大振幅接近蜗顶；声音频率高，最大振幅接近蜗底。这样，在蜗顶和蜗底的不同部位对不同频率的声音产生敏感，从而实现了对不同频率声音的听觉加工。

行波理论正确描述了 500 Hz 以上的声音引起的基底膜的运动，但难以解释 500 Hz 以下的声音引起的基底膜的运动。因此人们认为，声音频率低于 500 Hz，频率理论能更好解释听觉现象；声音频率高于 500 Hz，行波理论能更好地解释听觉现象。

4. 神经齐射理论

神经齐射理论(Neural Volleying Theory)是 20 世纪 40 年代由韦弗尔(E. G. Wever)提出的。该理论认为，当声音频率低于 400 Hz 时，个别听觉神经纤维产生的神经电频率与声音频率一致；当声音频率提高时，听觉神经纤维无法单独对声音作出反应，此时，听觉神经纤维则按照神经齐射理论发生作用。个别听觉神经纤维产生较低的频率，它们联合"齐射"，就可以对频率较高的声音作出反应。韦弗尔认为，神经齐射理论可以对 5000 Hz 以下的声音进行频率分析，当声音频率超过 5000 Hz 时，行波理论则更适合对高频率声波的听觉加工进行解释。

2.2　视觉的生理基础

2.2.1　研究现状

人类通过人类视觉系统(Human Visual System，HVS)来获取外界图像信息，当光辐射刺激人眼时，将会引起复杂的生理和心理变化，这种感觉就是视觉(Vision)。视觉是人类认识自然、了解客观世界的重要手段，同时也是理解人类认知功能的突破口。HVS 是由大量神经细胞通过一定的连接组成的一个复杂的信息处理系统，研究它的目的是感知视觉世界的空间存在，了解视觉世界的空间结构、特点、组成以及它们的空间运动变化规律。

HVS 的研究包括色度学、光学、视觉生理学、视觉心理学、神经科学、解剖学和认知科学等许多科学领域。人眼类似于一个光学信息处理系统，但它不仅仅是一个简单的光学信息处理系统。从物理结构看，HVS 由光学系统、视网膜和视觉通路组成，其视觉信息处理模型如图 2-3 所示。

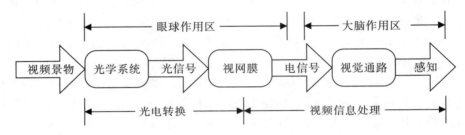

图 2-3　HVS 视觉信息处理模型

视觉认知是一个复杂的过程，人类对它的认识还处在初级阶段。随着神经生理学、认知心理学、模式识别、计算机视觉和人工智能等相关学科的迅速发展，人类视觉系统的理论研究已经取得很大进展，并且在交叉学科等领域已经得到了成功的应用。

近几个世纪以来，科学家们对人类视觉进行了大量深入的研究。1604 年，开普勒(Kepler)对人类视觉系统作了概念化的描述；随后，沙伊尔(Scheiner)观察到视网膜图像，发现图像形成于眼球的内壁视网膜上；1684 年，列文虎克(Leeuwenhoek)在观察视网膜时，发现了锥细胞(Cone Cell)和杆细胞(Rod Cell)；1832 年，韦伯(Weber)通过测量人眼对增量阈限的感知给出了韦伯定律；1912 年，韦特海默(Wertheimer)发表了似动(Apparent Movement)现象的实验研究，标志着格式塔学派的兴起；1932 年，哈特莱(Hartline)首次记录了视神经的活动；1952 年，卡夫勒(Kuffler)第一次记录了哺乳动物视网膜节细胞刺激—兴奋特性，并提出"感受野(Receptive Field)"的概念；1959 年，胡贝尔(Hubel)和韦塞尔(Weisel)首次记录了视皮层神经元的活动特性，提出简单细胞(Simple Cell)、复杂细胞(Complex Cell)和超复杂细胞(Super Complex Cell)的分类；20 世纪 70 年代末，马尔(Marr)首次提出较完整的视觉计算理论，成为计算机视觉研究领域中的一个十分重要的理论框架。马尔的"视觉计算理论"是早期计算机视觉领域的一个基础理论，它尝试通过数学模型来描述和预测人类视觉系统如何处理视觉信息。然而，这个理论在尝试从图像的二维测量值(如灰度)恢复三维场景(如深度和方向)时遇到了困难，因为这个问题本质上是约束不充分的，即从二维图像中恢复三维信息需要更多的信息或者约束条件。

随着研究的深入，人们开始意识到单一神经元编码的局限性，并逐渐认识到神经系统中信息的编码和处理是由大量神经元构成的集群通过协同活动完成的。这种观点促进了对神经元集群输出整合策略的研究，出现了多种模型和策略，其中包括线性组合模型（Linear Combination Model），这类模型的思想可以追溯到早期的神经网络研究，如 Warren Sturgis McCulloch 和 Walter Pitts 在 1943 年提出的 MP 模型，这是最早的人工神经网络模型之一，它使用了线性阈值函数来模拟神经元的活动。这种模型简单直观，适用于一些基本的视觉处理任务，如边缘检测。MAX 模型（Max Model）也称为最大响应模型，其基于竞争性选择的概念。MAX 模型的概念与神经科学中的侧抑制现象有关。二十世纪五六十年代的研究表明，相邻神经元之间的竞争可以增强视觉系统对刺激的响应。在这种模型中，神经元集群中响应最强烈的神经元决定了最终的输出。这种模型适用于那些需要快速反应和选择性注意的视觉任务。分散规范化（Distributed Normalization）策略是一种更复杂的神经元集群输出整合策略，它考虑了神经元之间的相互作用和竞争。它与 20 世纪末和 21 世纪初对视觉皮层中神经元如何通过局部连接进行归一化的研究有关。这种归一化过程有助于解释视觉对比度感知等现象。在这种模型中，每个神经元的输出不仅取决于其自身的激活水平，还受到周围神经元活动的影响。除此之外，还有许多其他的模型和策略被提出来解释神经元集群的输出整合，如基于概率的贝叶斯模型、基于能量的模型等。这些模型试图从不同角度解释视觉信息的编码和处理。

人类视觉系统的许多独特机制，给我们研究数字图像处理等方面提供了一个很好的启迪，可以利用这些特殊的性质设计更好的图像处理算法。这些特性大致可归纳为以下几点：

（1）视网膜上神经节细胞输出的是目标的特征信息，但由于神经节细胞所占比例很小，因此视网膜在提取特征时的效率很高。这为特征提取、目标识别等提供了一个很好的参考。

（2）人眼可以接受 10^{10} 数量级的光强变化范围，人眼的这种强适应能力可利用图像处理学的直方图适应性调整。

（3）人眼处于高频率无意识的振动之中。实验显示，如果这种振动停止，人眼成像就会变得模糊，可见人眼的振动可确保获取的图像质量，因此如何模拟眼球振动对图像质量的影响是改善图像清晰度的一条比较有效的途径。

（4）人眼可分辨比视网膜传感器单元小得多的信息差别，因此可以利用人眼的这种超分辨特性来设计出较高精度的信息获取系统。

（5）人眼具有广阔视野的同时又具有局部分辨能力，可以使人们在对感兴趣的目标保持高分辨的同时，又对视野的其他部分保持警戒。这就为多目标跟踪提供了一个重要的参考。

（6）人类视觉系统是一个并行的多通道系统，视网膜中的神经节细胞构成了视觉系统进行前端处理的若干个并行通道，分别承担着不同的信息传输和处理功能。人类视觉系统的这种复杂并行结构，在并行计算方面为我们提供了一个新的思路。

目前，人类视觉的研究可分为基于视觉生理学（Visual Physiology）和基于视觉心理学（Visual Psychophysics）方面的研究。其中，视觉生理学剖析了生物系统是如何实现视觉感知的，视觉心理学研究视觉感知和人类心理的相互关系。我们希望通过一系列深入研究设计出相应的计算模型来还原视觉系统，进而为计算机视觉及现代图像处理技术提供理论基础。下面具体介绍人类视觉系统。

2.2.2　视觉感知

视觉研究是一个很大的研究领域。生理心理科学(Science of Physiological Psychology)的学者虽然早在几个世纪前就开始研究人眼视觉,同时也取得了很大的发展,但人们对这个神秘的过程并不是完全清楚。虽然最初在这个领域开展研究的是心理学家、生理学家和神经解剖学家,但最近其他领域内的一些科学家也开始对视觉感兴趣起来。色彩知觉科学家试图更好地刻画人眼视觉系统分辨颜色的能力;图像工程技术人员也想知道图像中的哪一部分是可视的(Visible)、哪一部分又是最重要的等。然而不幸的是,在大部分时间里,这些不同领域内的研究者们并没有意识到他们感兴趣的是同一目标,只是出发点不同。因此,结合各方面的努力用来对人眼彩色视觉达成一个共同的认识和理解是众望所归的。而将视觉研究成果应用到工程领域以解决实际问题得到了越来越多的关注。百度的阿波龙无人驾驶系统就运用了基于深度学习的计算机视觉技术,可实时检测汽车周围的车辆、行人、道路标识等,并根据环境信息作出适当的驾驶决策;ABB、KUKA 等工业机器人公司,已经将视觉传感器和 3D 视觉算法集成到机器人系统中,使其能够精确识别和定位工件的位置和姿态,实现灵活的抓取和操作;Meta、HTC 等厂商在 VR/AR 头显中集成了视觉传感器,通过手部关键点识别和运动捕捉技术,可实时捕捉手部动作,使得 VR 交互操作更加自然流畅;英伟达的 Clara 医学影像 AI 解决方案就运用了基于深度学习的计算机视觉技术,能够自动分析医学 CT、MRI 等影像数据,辅助医生诊断疾病并提供治疗建议。综上所述,视觉研究成果已经并将更为广泛地运用到自动与辅助驾驶、辅助医疗等领域,展现出计算机视觉技术的巨大应用潜力。

1. 视觉感知的生理学基础

人类主要是通过视觉、触觉、听觉和嗅觉等来感知外部世界的,其中最主要的是视觉。人类感知的外界信息中 80% 以上来自视觉,让计算机或机器人具有视觉是人类多年以来的梦想,也是人类科学研究中所面临的最大挑战之一。虽然,目前还不能让计算机像生物那样也具有高效灵活的视觉,但这种希望正在逐步被实现。

视觉皮层包括很多区域并按照一定的层次结构进行组织,图 2-4 为视觉通路的层次结构。一般地,视觉皮层内的信息流主要包括两路并行通道:腹侧视觉流(What 通路)和背侧视觉流(Where 通路)。What 通路经历了由神经节细胞—侧膝体—V1—V2—V4—下颞叶皮层的视觉信息传递过程,Where 通路经历了由神经节细胞—侧膝体—V1—V2—中颞叶区—顶叶皮层的视觉信息传递过程,并且各个层次之间存在着前向、水平和反馈的交互作用。

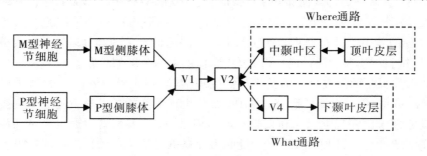

图 2-4　视觉通路的层次结构

视觉系统是神经系统的一个组成部分，它使物体具有了视知觉能力。人类视觉系统示意图如图 2-5 所示，主要包括以下几个部分。

1）眼睛

图 2-6 所示是人眼球剖面图。眼的前方被一层称为角膜（Cornea）的透明表面所覆盖，表面的其余部分称为巩膜（Sclera），它由包围着脉络膜（Choroid）的纤维外壳组成。脉络膜的内侧是视网膜（Retina），它由杆状和锥状细胞两种接收器组成，连到视网膜的神经通过光神经束而离开眼球。进入角膜的光线通过水晶体（相当于透镜）十字聚焦到视网膜上。水晶体在肌肉控制下改变其形状，以执行聚焦功能。虹膜（Iris）的作用就如同照相机的光圈一样，控制进入眼睛的光通量，虹膜又称为瞳孔。视网膜中的杆状细胞是长而薄的接收器，而锥状细胞一般短而厚。杆状细胞比锥状细胞

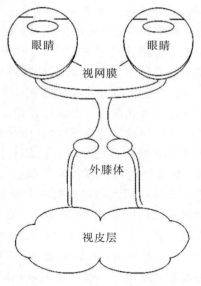

图 2-5　人类视觉系统示意图

更具有光灵敏度。在低照度下，杆状细胞提供被称为"微光视觉"的视觉响应，但它没有色觉；锥状细胞则提供被称为"亮视觉"的视觉响应，它有色觉。视网膜上分布着约 650 万个锥状细脑和 1 亿个杆状细胞。在靠近光神经束的被称为"黄斑区"的中心凹（Fovea）处锥状细胞的密度最大，这是最尖锐的亮视觉区，色觉很强。在紧靠光神经束的地方，有一个既无杆状细胞也无锥状细胞的区域，称为"盲点"。锥状细胞和杆状细胞的光觉和色觉不同，说明了在观看明亮的物体时，依靠锥状细胞工作，色觉很强；而在观看夜晚微光情况下的物体时，依靠杆状细胞工作，没有色觉，只有灰度不同的感觉。

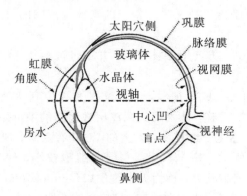

图 2-6　人眼球剖面图

2）视网膜

人眼中最重要的视网膜实际上是由许多种神经细胞组成的复杂的神经系统。在厚约 250 pm 的无色透明的薄膜内，无间隙地排列着视细胞层、双极（Bipolar）细胞层、神经节（Ganglion）细胞层（即下、中、上三层）以及水平（Horizontal）细胞层和无长突细胞层。前述视细胞即锥状细胞和杆状细胞作为光电变换器件，从光的入射方向看是处在最远的一层，它的输出经双极细胞传送到作为视网膜输出细胞的神经节细胞。水平细胞和无长突细胞则是在其间对信号进行某种处理。这些神经细胞之间并不足以一对一相耦合，而是在"突触

(Synapse)"处的特定领域与特定的神经细胞相耦合。神经节细胞收到的是处理过的模拟信号；但是由神经行细胞经过神经纤维（Optic Nerve Fibers）输出到神经中枢（脑）的则是脉冲密度调制的脉冲信号。在接收信号的中枢细胞上，由于积分作用，将脉冲密度调制信号解调成模拟信号。

人们早已清楚视网膜的基本结构，但对它的各类神经细胞的机能研究，只是利用微小电极的探针、放大器及示波器等电子设备，进行动物实验，进一步外推到人的视觉机制上而得到相关结论的。视网膜结构图如图 2-7 所示。它主要由以下几个方面构成：

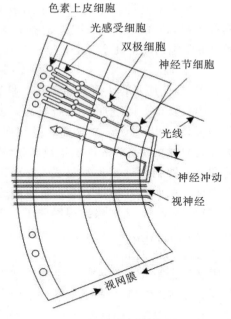

图 2-7　视网膜结构图

（1）视细胞。人们发现，把微小电极插入鲤鱼的锥状细胞中，可成功地记录视细胞对光的反应，其内部电位因光的作用而有负方向的变化。

（2）双极细胞。与视细胞不同，双极细胞的反应有两种形式：一种与视细胞的反应一样，是负极性的，称为"OFF 型"双极细胞；另一种的反应则相反，随着光强度增大电位呈正方向变化，称为"ON 型"双极细胞。

（3）神经节细胞。作为视网膜输出细胞的神经节，从上述接收区域收到双极细胞传来的信号。几个杆状或锥状细胞连到一个双极细胞上，而一个水平细胞联系其周围的几个视细胞，一个无长突细胞又联系几个双极细胞。因此，神经节细胞并不是向中枢传送视网膜上某一点的亮暗信息，而是传送视网膜上相应的某狭小范围的信息的组合，该范围就称为"接收范围"。

视网膜提取空间、时间、方向等各种信息，并通过视神经纤维送向神经中枢。

3）外膝体

视网膜神经节细胞轴突形成视神经，经视交叉和视束到达外膝体（Lateral Geniculate Nucleus，LGN）。外膝体属丘脑，是眼睛到视皮层视通路的中继站。

外膝体是丘脑的一个感觉中继核团，人类的 LGN 有六层，规则地排列为弯曲的结构，外膝体结构图如图 2-8 所示。其 3、4、5、6 层内细胞较小，称为小细胞层（Parvocellular Layers，P 层）；1、2 层内细胞较大，称为大细胞层（Magnocellular Layers，M 层）。

（1）对单侧外膝体核来说，其 1、4、6 层只接受对侧眼（鼻侧）的视网膜来的投射输入，而 2、3、5 层仅接受同侧眼（颞侧）的视网膜来的投射输入，单侧外膝体只能得到双眼输入的对侧视野内的视觉信息。

（2）来自视网膜相应点的神经节细胞轴突，投射到外膝体核各层时是有规律的，如将外膝体各层接收投射的响应细胞部位连接起来，就会得到大体上与各层边界垂直的线，称为投射线。

（3）视网膜中央区细胞在外膝体所占的投射区面积要比视网膜边缘区细胞在外膝体所占的投射区大得多，因为在视网膜中央区，各类视网膜细胞密度最高。

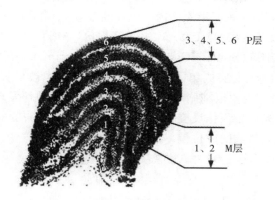

图 2-8　外膝体结构图

4）视皮层

视皮层结构图如图 2-9 所示。现在已知与视觉有关的大脑皮层多达 35 个，自皮层表面到白质分为 6 层，外膝体核处理后的视觉信息首先传到皮层 17 区（第 I 视区或纹状皮

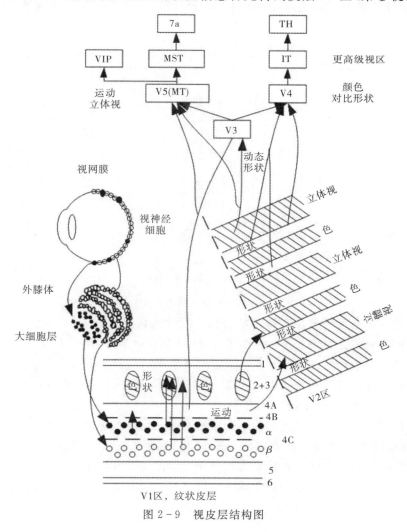

图 2-9　视皮层结构图

层）。外膝体细胞轴突末梢终止于第4层内，然后再与第2、第3层细胞，第5、第6层细胞建立突触联系。V1 为纹状皮层（17 区），V 为第 2 视区，MST 为内侧上颞区，MT 为中央颞区。细胞类型有星形细胞（Stellate Cell）和锥体细胞（Pyramidal Cell）。

大脑皮层 17 区即纹状皮层或第 I 视区，是大脑皮层中被研究得最透彻的区域。当 Hubel 和 Wiesel 首次研究视皮层细胞对光刺激的反应时，意外地发现这些细胞都有共同的特点，即对大面积弥散光刺激不作反应，而对有一定方位或朝向的亮暗对比边或光棒、暗棒有强烈反应，如果该刺激物的方位偏离该细胞"偏爱"的最优方位，细胞反应便停止或骤减。因此，强烈的方位选择性是绝大多数视皮层细胞的共性。

具体地说，视皮层 17 区和 18 区的细胞可分为简单细胞（Simple Cells）和复杂细胞（Complex Cells）两大类。简单细胞主要分布在视皮层 17 区的第 4 层内，感受野较小，呈狭长形，用小光点可以测定，对大面积的弥散光不作反应，而对处于拮抗区边缘一定方位一定宽度的条形刺激有较强的反应，因此比较适合于检测具有明暗对比的直边，对边缘的位置和方位有严格的选择性，对每一个简单细胞，都有一个最优方位，在此方位上细胞的反应最强烈。简单细胞的方位选择性如图 2-10 所示。

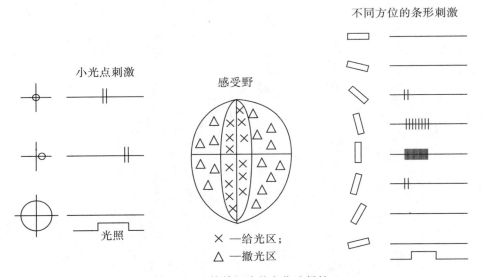

图 2-10 简单细胞的方位选择性

复杂细胞同样要求刺激具有特定的方位，但对其在感受野中的所处位置没有严格要求。大多数分布在皮层 17 区（占大部分细胞）和 18 区，而 19 区则很少看到。形态学上可能是第 3 层和第 5 层中的锥体细胞。超复杂细胞对条形刺激的反应与复杂细胞类似，不同之处在于，超复杂细胞感受野的一端或两端有很强的抑制区，因此要求条形刺激有一定长度，过长时就产生抑制，反应减少或消失。

Hubel 和 Wiesel 用单细胞的微电极纪录结合某些特殊的组织学技术，发现许多具有相同视觉功能特性的皮层细胞，在视皮层上按一定的规则（空间上的结构）排列起来，这种按功能排列的皮层结构称为皮层的功能构筑（Functional Architecture）。他们从 1962 年开始研究，1981 年因此获得诺贝尔生理学或医学奖。

2. 视觉感知的心理物理学基础

实际上，在计算机图像生成和处理的过程中，都需要人去观看，处理的中间过程需进行交互，即使是中间过程不需要显示。例如，红外热图像处理，最终也要转化成可见光图像给用户观看。因此，除了需要了解人眼构造外，还需要掌握人眼视觉特征，这样才能为计算机图像生成提供更加可靠的科学依据。

1）视觉敏锐度

视觉敏锐度（Visual Acuity）也称为视敏度、视力，它表示视觉中用来分辨细小物体或是物体某个细小部分的能力。它表明我们能够观察或是感觉到的刺激有多么细微或是不同刺激之间的差别有多大。在一定条件下，人的眼睛能观察到的物体越小，表示视觉敏锐度越大。视觉敏锐度还与距离有关，距离越远、视敏度就会越小，就如同我们近距离观看物体时，可以看到比较清楚的细节和特征，而远距离观看物体时，则只能看到它的大致轮廓。

人眼的视敏度还与所处环境的亮度有关。一般在昏暗的环境中，人眼会变得特别敏感，所以能检测到细微的亮度变化。但对物体的细节特征和颜色的识别就变弱了。而当处于亮光充足的环境中时，人就拥有比较敏锐的色觉和很强的视敏度。但此时对于亮度的敏感度就会变低，需要较大的变化量才能被人所感觉到。这个现象首先是由沙勒（Shlaer）在1937 年做实验后提出的，根据他的实验可以得到背景亮度同视敏度的关系。

2）对比度

对比度表示相邻物体间亮度的差异，一般用两者之间的亮度比来表示对比度，也可用最大亮度和最小亮度之间的比例关系表示，定义如下

$$C = \frac{L_{max} - L_{min}}{L_{max} + L_{min}} \tag{2-1}$$

其中，L_{max} 和 L_{min} 分别代表最大亮度和最小亮度。当 L_{max} 大于 L_{min} 时，C 的值将总是小于 1.0。在相同亮度的情况下，对比度越高，给人的感觉就越强烈。也就是说，人对亮度的感觉还跟背景的亮度有关。同样绝对亮度的物体，放置在不同背景亮度的环境中，也会给人完全不同的感觉。目标与背景不同对比度示意图如图 2-11 所示。尽管中间矩形框的亮度值实际上都是一样的，但是由于它们所在的背景亮度不同，所以看起来这些矩形框的亮度是不同的，其中最左边图中的矩形框看起来要比最右边图中的矩形框亮度值低些。

图 2-11 目标与背景不同对比度示意图

3）色彩学基础

颜色是人的视觉系统因接收到不同波长的光信号而产生的感觉反应。这里需要注意的

是，颜色不属于物理量而是属于感知的范畴。在现实世界中，光在空间中的传输可以被看成粒子或波在空间传输，可以用不同的频率来表示。人的视觉能够接受 $400\sim700$ nm 之间的光谱。视杆细胞峰值频度为 495 nm 左右，视锥细胞的峰值频度为 560 nm 左右。人眼中有三种不同的视锥细胞，通常称为 L、M、S 视锥细胞，分别对应于长、中、短波长敏感的视锥细胞，在光线比较微弱的环境中，只有一种感光细胞进行作用，而视杆细胞不能感知颜色，这也是为什么人在黑暗的环境中不能分辨颜色。

因为色彩属于感知的范畴，那么不同的人就可能有不同的感知。为了方便日常描述，特别是光照模拟，需要对色彩有标准化的定义。心理学上设计了色彩匹配 (Color-matching) 实验，在实验中给出单色光，然后混合红、绿、蓝三色光使混合的结果尽可能与单色光一致。对于光谱上可见光部分，都可以通过混合这三种颜色光来表示。色彩学上还引入另一个颜色空间——CIEXYZ 颜色空间。同 RGB 三色一样，CIEXYZ 也是通过混合三者比例匹配某波长单色光的感知的。人类视觉系统对于亮度的响应，主要是跟其中的 Y 分量相关。通过实验数据，可以在 RGB 颜色空间和 CIEXYZ 颜色空间之间通过矩阵变换而相互转化，用公式表示为

$$\begin{bmatrix} 0.5141 & 0.3239 & 0.1604 \\ 0.2651 & 0.6702 & 0.0641 \\ 0.0241 & 0.1228 & 0.8444 \end{bmatrix} \begin{bmatrix} R \\ G \\ B \end{bmatrix} = \begin{bmatrix} X \\ Y \\ Z \end{bmatrix} \qquad (2-2)$$

在应用过程中，输入 RGB 的图像，可以将其转化到 CIEXYZ 颜色空间上，实现对亮度的改变。

2.2.3 人类视觉系统概述

俗话说："眼睛是心灵的窗户，是人与外界沟通的桥梁"。人类视觉系统具有高度并行的特点，且拥有非常特殊精密的结构。它对信息的处理非常快，外界的感官刺激到达人眼后，转化为神经信号传输到大脑中进行实时处理。在这个处理过程中，各种信息如位置、深度、颜色、纹理、运动和外观都能被提取出来。而随着解剖学、生理学等学科的快速发展，目前人们对人眼的视网膜及其上面的神经分布有了更加深入的了解，而人的感知却是个更加复杂的过程。有实验表明，人类视觉系统中的表象并不是由某种机制单独作用产生的，而是由多种不同机制交叉作用而成，因此科学家们也很难完整描述感知的全部处理过程。

视觉是一个根据图像发现周围景物中有什么物体和物体在什么地方的过程，也就是从图像中获得对观察者有用的符号描述的过程。因此视觉是一个有明确输入和输出的信息处理问题。

人类视觉系统主要由视觉器官、视觉通路和多级视觉中枢组成，实现视觉信息的产生、传递和处理。但由于视觉信息传递过程比较复杂，科学家们又将其划分为视感觉处理和视知觉处理两个阶段。人眼视觉信息的传递过程如图 2-12 所示。

图 2-12 人眼视觉信息的传递过程

　　目前人类的视觉信息处理过程已经发展到较完善的阶段。神经解剖学和神经生理学的研究表明，视觉信息在大脑中按照一定的通路进行传递。首先，外界场景的光信号由角膜经过瞳孔进入人的眼球，经过晶状体和玻璃体达到视网膜，在视网膜内完成光电转换和信息初级加工。其中，柱状细胞主要感应光照条件的变化，椎状细胞则主要感应信号颜色的变化。视网膜内有两种神经节细胞：M 细胞和 P 细胞。M 细胞的感受域范围较大，主要接收轮廓和形状等信息；P 细胞的感受域比较小，主要接收颜色和细节信息。然后，视网膜的神经节细胞将信号通过视神经交叉和视束传到中枢的外膝体，完成特征变换。最后，外膝体通过视辐线与大脑视皮层直接相连，信息到达大脑的皮层细胞。图 2-13 为视觉信息从视网膜到视皮层的处理过程。

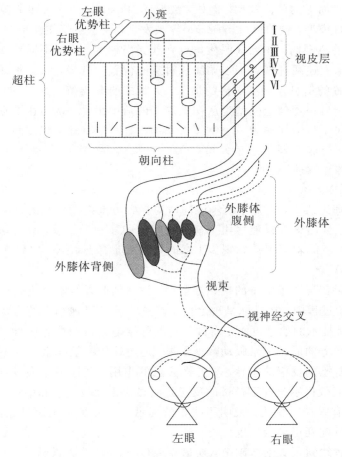

图 2-13　视觉信息从视网膜到视皮层的处理过程

　　对人类视觉系统的描述如下：

　　（1）人类视觉系统是分层的光学系统。它把大量的连续信息摄入视网膜光感应细胞进行信号转换的同时及时地对信息进行合并处理，又能进一步对信息进行融合。简约视觉信息以紧凑的表达方式进入大脑，大脑对抽象的信息进行复杂的高层处理后，再将结果传送到执行机构。

　　（2）人类视觉系统是能抓主要矛盾的光学系统。它能很好地聚焦并注视所关注的目标，使大脑能很好地注意感兴趣的目标，这些都说明了人类视觉系统正是通过丢掉许多的细枝末节才保证了对主体工作的圆满完成。

（3）人类视知觉是能够自我完善的知觉，是对事物的各种属性、各个部分及其相互关系的综合的、整体的反映。它能够根据过去的经验产生对物体的相关知识，并对所见物体进行自动完善。

2.2.4 视觉注意机制

1. 早期的理论模型

20世纪70年代以来，在大量行为研究和脑功能研究的基础上，研究者们提出了一些新的关于视觉注意加工的理论模型。例如，波斯纳（Posner）等从认知资源的有限性出发提出了注意的聚光灯模型。拉伯格（LarBerge）等人发现，注意不仅能够指向特定的空间位置，而且在这个特定的范围内，注意资源从焦点到外周呈梯度分布，不同梯度上的刺激会得到不同程度的加工。上述两种观点都强调注意对空间位置的选择，认为被注意位置的所有信息比未被注意位置的信息得到了更多的加工。大量的研究支持了这一观点，并形成了基于位置的注意理论。另一种理论模型是从知觉加工的角度出发，认为在视觉选择注意加工过程中，观察者倾向于将物体作为一个整体来识别。即视觉注意系统按照直觉经验或知觉对象的表征，将空间与非空间信息单元整合为一个整体，并将这个整体作为注意加工的对象，即基于物体的注意理论。

1）基于位置的理论

基于位置的理论认为，视觉系统不能同时对视野范围内的所有的刺激都进行有效的加工，因为注意在任何时刻都只能聚焦于视觉空间中的某一个区域，只有该区域内的刺激才能被加工，其他区域的刺激则被忽视。注意的作用被形象地比喻为"聚光灯（Spot Light）""透视（Zoom Len）"。

许多实验结果都证明了注意的聚光灯模型。波斯纳前置线索范式是目前使用最为广泛的实验范式。实验过程中，在目标呈现之前，首先给被试呈现一个符号，提示目标将要出现的位置，符号所提示的信息可能是有效的，也可能是无效的或者中性的。要求被试在尽快完成目标检测任务的同时记录眼动数据结果，通过比较有效线索条件下的反应与无效线索或中性线索条件下的反应的差异，来考察注意的作用。波斯纳等人发现，当线索的有效概率为80%时，有效提示条件下被试的反应是明显快于无效提示和中性提示条件下的，而且实验中被试没有眼动的变化。说明了线索的提示可以使被试预知目标出现的空间位置，从而将注意预先分配到正确的位置。

在波斯纳前置线索范式的基础上，埃里克森（Eriksen）等人设计了一个字母搜索实验。在一个假想的圆周上等距离呈现8个字母，字母呈现之前被试会看到提示线索，要求被试搜索位于提示符号上方的字母。实验中控制了提示线索的位置，结果发现随着空间提示范围的增大，被试搜索目标的时间逐渐延长。他们认为注意在视野范围内的分布具有连续变化的特点：一方面，注意资源被分布到整个视野中；另一方面，注意资源又被分布到一个较小的范围内，如透镜一般有一个聚焦过程，也就是注意的透镜模型。拉伯格等人对注意的这种透镜式分布特点进行了详细的描述。在一个字母识别任务中，首先让被试识别第一个字母，然后再识别第二个字母，并且两个字母之间存在一定的距离间隔。结果被试识别出第二个字母的反应随两个字母间的距离变化而变化，呈现"V"形的关系。由于两个字母都是识别目标，因此被试的注意会分布在两个字母所在的视野范围内，首先识别到的第一个字母则成了注意的焦点。反应是随着第二个字母与第一个字母之间距离的增大而变长的，这说明了注意的分布是从焦点到外周持续递减的。此外，还有人认为，注意在视野范围内进行的是一种指针式的、恒速的、连续的运动，注意的转移速度为 1°/8 ms（Tsal 等），或者是一种离散性的运动（Remington 等）。

前置的空间线索可能会使被试将注意尽可能指向目标出现的位置，那么注意的分布是否会受前置线索的影响，从而表现出不同的特点呢？在空间搜索的范式中，位置的因素在实验过程中被强调，被试很容易将注意分布到目标所在的视野范围之内。如果变换前置线索的性质，也就是说其本身不具有任何关于空间位置的信息，如使用颜色或者形状等作为线索，这样对视觉注意分布的考察便比较直接。在线索不提供空间位置信息的条件下，被试对目标反应时会产生两种模式：一种是线索对注意分布产了生影响，与线索提示特征一致的目标（同一种颜色的目标、同一种形状的目标）的识别速度并没有差异，不管这些目标以何种空间状态分布；另一种是线索没有起作用，视野中位置邻近的目标的识别速度没有差异。实验的数据支持后者，表明了即使线索不提供任何空间信息，注意仍然指向目标所在的视野范围。

视觉注意的神经电生理的研究为基于空间的注意理论提供了更详细的数据。希利亚德（Hillyard）等人发现基于空间的注意与特定的 ERP（事件相关电位）变化模式相关，是一种特殊的脑机制。当一个位置被注意，而其他位置被忽视时，被注意的位置引发的早期 ERP 波幅明显增大，这些增大的 ERP 有 P1（80～110 ms）和 N1 成分，这两种成分的增加，反映了对非注意位置的抑制。因此，他们认为视觉空间注意可能由抑制和增强两种不同的过程组成，二者分别在视觉通路的不同阶段发生，前者发生于 80～130 ms，对注意聚光灯之外的输入信息进行抑制；后者发生于 130～180 ms，对注意聚光灯内的刺激信息进行增强。

从以上行为实验和电生理实验的结果可以看出，在视觉系统信息加工过程中，注意不是均匀地被分配在整个视野范围内，而是选择性地被分配到了目标所在的某个位置。在这个位置上的所有信息都得到了有效的加工。然而遗憾的是，这些实验范式在处理物体及其所在空间关系上有许多不足之处。有可能视觉注意不是被分布到视野中特定的位置，而只是分布到某个位置的物体上。

2）基于物体的理论

克莱默（Kramer）等人分别控制了"空间"或"物体"的因素，而操作另外的因素，深入探讨了视觉注意的加工机制。实验结果表明，"物体"和"空间"在注意加工过程中都会有影响，由此发展出基于物体的注意理论。基于物体的注意理论以早期的格式塔知觉心理学理论为基础，认为注意是在前注意计算已组织好的知觉单元或物体的基础上发挥作用的。因此，当注意集中于某一物体时，隶属于该物体的各个构成成分均可获得时间上的平行加工，而对其他物体只能进行时间上的系统加工。因此，视觉注意是分布到呈现在视野中的某个特定的物体上的。

根据这个假设，对同一物体内的特征的加工要快于对不同物体的特征的加工。特瑞斯曼（Treisman）等人用快速呈现的方式同时给被试呈现一个一边开口的方框和一个方框开口的位置，再报告看到的是什么词。结果显示，当词呈现在方框内时，被试完成两个任务的时间明显少于当词呈现在方框外的时间。如果需要识别的目标的特性分别属于一个物体或者分布在两个物体上，则实验中被试对前者的反应时间比对后者的反应时间要短，这就是单一物体优势效应（Single-object Precedence Effect）。舍尔（Scholl）等人应用了一种称为目标融合（Target Merging）的新技术。在追踪显示过程中，通过各种不同的方案融合一对项目（一个目标和一个分心物），使位置截然不同的目标和分心物能够明显被感知为同一物体的一部分。数据结果表明，目标融合使追踪任务变得困难，困难程度依赖于两个项目在连通性、局部结构和其他知觉组织方式上的融合程度，即融合度越高，追踪起来就越困难。因此，追踪显然是基于物体的加工过程。莫尔蒂尔（Mortier）等人在研究注意吸引的实验中也发现了基于物体的注意分布。让被试搜索作为目标的源泉，源泉可能出现在两个实心长方形的四个端点的任何一端。

巴尔德斯–索萨（Valdes-Sosa）等人为基于物体的注意提供了 ERP 证据。给被试呈现两种刺激：一种为空间上重叠的两个物体；另一种为单一物体。结果表明，当知觉刺激包含两个物体时，非注意物体 ERP 的 P1、N1 成分明显被抑制；当视野中只有一个物体时，未发现波形被抑制的现象。由于两个物体位于相同的位置，上述 P1、N1 被抑制现象不能用于基于空间的注意机制解释，而只能用早期视觉加工阶段的基于物体的注意分布来解释。

2. 新近的理论模型：基于特征的注意理论及各理论之间的融合趋势

人类对视觉信息的注意加工是基于空间还是基于物体，与加工对象的特征有密切的关系。对视觉对象的注意并非绝对是基于空间或基于物体的加工。特瑞斯曼对特征整合理论（Feature Integration Theory）进行了修正，提出了一种特征控制抑制模型（Feature Controlled Inhibition Model），该模型认为注意的作用是通过三种方式在位置导向图中选择位置信息的表征。这三种方式分别是：① 某种非特异性的内部的力量使注意指向某个特定的位置；② 特征范围内的横向联系抑制了无关的非空间特征的位置；③ 物体的表征可以在位置地图中选择一个区域。这些选择是以位置导向图中不同节点的不同的激活方式为中介。高激活水平位置上的特征被结合起来形成整合的物体表征，即物体档案；低激活水平位置上的特征是不能被结合的，这些物体就不会被注意。

德西蒙（DeSimone）和邓肯（Duncan）提出了偏向-竞争模型（Biased-competition Model）将基于位置和基于物体的注意加工理论相结合。该模型认为，当多个刺激同时呈现时，大脑在视觉皮层对刺激的表征具有选择性。表征的选择性会因为视觉皮层或者自下而上的加工，如新异刺激，或者是自上而下的注意加工而发挥作用。视觉注意任务的完成需要这两种加工方式的相互协调与平衡。来自物体的信息提供自下而上的资源。当基于物体的信息不明显或不能引起有效的注意加工时，被试就会使用来自空间位置提供的自上而下的加工资源。根据该模型，当多个物体同时进入视觉注意系统时，物体之间就会产生竞争，而如果空间朝向注意并使注意指向某个特定位置，这个位置的信息会首先被加工，同时来自临近位置的干扰信息就被有效过滤掉了。

3. 多目标注意追踪与 FINST 模型

20 世纪 80 年代以来，研究者在静态视觉信息的选择注意加工方面已经取得了大量的研究成果。由于在研究技术、实验方法和实验条件控制等方面存在困难，对视觉动态信息加工的研究相对较少。而在实际生活中，视觉接收的大部分信息是动态变化的，因此，对动态视觉信息加工的研究不仅有助于更全面地了解视觉信息加工机制，而且对实际工作与生活中自然、高效的人机界面的设计以及特殊专业领域的人员选拔都有重要的理论和实践价值。

　　视觉注意系统在特定时间段内加工信息的容量是有限的，面对大量的视觉信息，注意系统只能对其中少部分进行选择性地加工。那么，视觉信息的选择性注意加工过程是如何进行的？这个过程受到哪些因素的影响？研究者围绕着这两个问题开展了大量的研究工作。在视觉选择性注意加工的研究中，视觉信息可以分为两类：一类是空间信息，如物体的位置、大小、形状、角度和距离等；另一类是非空间信息，如颜色、亮度、对比度及饱和度等。根据以往的经验，视觉对空间信息和非空间信息的加工可能存在一定的差异。有研究表明，空间信息具有显著的线索效应，而非空间信息则没有线索效应。派利夏恩（Pylyshyn）等人提出了FINST（Fingers of Instantiation）模型。FINST 模型认为前注意阶段可分为两个阶段，先是平行加工阶段；然后是 FINST 阶段。平行加工阶段就是指视觉系统会同时处理外界各种不同的刺激，无选择性地对刺激进行编码，此阶段通常被认定为是资源无限的。

　　FINST 模型用来解释视觉注意的加工机制，当大量的视觉信息呈现在视野中时，有很少一部分关于刺激位置和特征的信息可以被建立索引。建立索引的作用是将视野内相关的刺激信息和无关的刺激信息区分开来，并使相关的信息直接进入视觉注意系统，以便提高注意和知觉加工效率。建立视觉索引是视觉加工的一种普遍的、重要的加工方式，那些没有建立索引的信息则需要通过逐一搜索的方式才能够注意和知觉。

　　Pylyshyn 等人通过多目标追踪范式（Multi-object Tracking，MOT）探讨了索引在视觉注意追踪中的作用，实验中让被试在一定的视野范围内追踪一些相对独立的、随机运动的物体，并对所追踪目标的特征及形式变化作出反应。结果发现，当目标物体被有效追踪时，目标的特征和形式变化比非目标的变化容易引起注意，对目标反应的速度不受非目标（分心刺激）数量的影响。此外，还有研究发现，当追踪对象的数量为 5 个以下时，反应的正确率可达 90％以上；当追踪对象为 6 个以上时，正确率明显下降。这样在视觉信息加工的过程中，就出现了进入视觉系统的信息量与注意加工容量之间的矛盾。视觉注意系统是如何解决这个矛盾的呢？扬蒂斯（Yantis）认为，群组效应（Grouping Effect）是视觉索引的延伸，在加工大量视觉信息时起着十分重要的作用。当目标以特定的形式呈现时，被试会将多个目标知觉为一个整体来进行追踪。因此，能够被注意加工的信息就相对增加了。

　　民植（Min-Shik）和凯尔（Kyle）研究发现，当注意对象的空间特征具有连续性时，在视觉搜索过程中，目标会被知觉组织为整体进行加工。阿德里安（Adrian）和赫尔曼（Hermann）也发现，对象运动方向的一致性对视觉搜索效率有显著的影响。邓肯认为，人在注意加工阶段倾向于将视野中具有一致性特征的对象知觉为整体。他在实验中使用相互重叠（Superimposed）的刺激，要求被试对呈现刺激的两个特征进行判断，这两个特征可能同时出现在同一个刺激物上，也可能出现在不同的刺激物上。结果发现，当特征出现在同一个刺激物上时，被试判断的正确率比特征出现在不同刺激物上要高。他认为这是因为被试将两个重叠的刺激视为两个不同的物体，做判断时采用来源于不同物体的信息而忽略了来源于空间位置的信息。埃里克（Erik）、派利夏恩（Pylyshyn）和霍尔科姆（Holcombe）的研究也支持了邓肯的理论，即对象特征的一致性有助于目标的注意和知觉的加工。布莱恩（Brain）、Pylyshyn 和雅各布（Jacob）采用目标融合（Target Merging）技术考察了人对运动物体的视觉选择性注意的加工机制。结果发现，知觉融合有助于被试将目标与分心物作为相对单独的对象进行追踪。这种基于物体的注意加工策略使注意资源得到分散，因而使反应速度下降。这说明在追踪运动的物体时，被试也同样会采用基于物体的注意机制。

2.3　本章小结

本章主要介绍了人类视觉感知系统的相关概念和理论，首先简要介绍了人眼的结构及其各组成部分在人感光作用中所起的作用，然后介绍了心理物理学及色彩学的基本概念和属性，最后描述了人眼在高动态亮度变化情况下的适应过程及其内在的生理学机制。

本章所介绍的生理学和视觉感知等方面的基础知识，将为我们学习以后章节中的具体算法实现打下坚实的理论基础。

第3章　音视频信号获取软件及应用

　　近年来，随着信息技术的迅猛发展，多媒体技术正与我们的生活融为一体。随手的一条语音信息或者灵光一现的抓拍，都成了日常生活中不可或缺的一部分，因此，了解并掌握音视频处理软件的使用也成为一个现代人应具备的技能。本章将分别介绍音频处理软件（Sound Forge 9.0）、照片处理软件（Google Picasa 3）以及视频处理软件（会声会影 10.0 Plus），并对每款软件的基本操作进行演示。

3.1　音视频信号采集软件及应用

3.1.1　常见的音频信号采集设备的特点

　　常见的音频信号采集设备是麦克风，它可以搭载在不同的设备上以满足人们日常的需求。方便易用的手持设备如录音笔、手机等，能够达到即时录音的目的。大型录音设备和场所，如配有麦克风的计算机、录音棚等，则具有相对更好的录音效果及强大的后期处理功能。

　　有了这些音频信号采集设备的支持，再配备一定的计算机软件，就可以完成音频信号的采集工作。以下我们介绍几种常用的音频信号采集软件工具。

3.1.2　音频信号采集软件——Windows 11 录音机

　　Windows 11 中的录音机是操作系统自带的一款简单易用的音频录制工具，它允许用户录制音频并进行基本的编辑和管理。

　　1. Windows11 系统中录音机(版本号 11.2103)介绍

　　用鼠标单击任务栏中的"开始"按钮，然后选择菜单中的"所有应用"，在最上方搜索栏中输入"录音机"，单击"录音机"图标，即可打开录音机的主界面，如图 3-1 所示。下面介绍录音机中的各个操作部分。

　　（1）"导入文件"按钮：将现有的音频文件导入录音机应用中，以便进一步编辑或管理。

　　（2）文件目录：用户可以浏览和选择他们想要播放、编辑或删除的音频文件。

　　（3）录音设备选择按钮：用户可以用于浏览并选择可用的麦克风设备，一般包括内置麦克风、外接麦克风或蓝牙麦克风等。

　　（4）"开始录制"按钮：录音应用中的主要功能按钮之一，通常以一个圆形的红色按钮表示，中间有一个白色的圆点。用户点击此按钮开始录制音频，录制界面如图 3-2 所示，其功能同主界面。

　　（5）"开始/暂停"播放按钮：录音机应用中的核心，用于开始新录音或暂停当前录音。

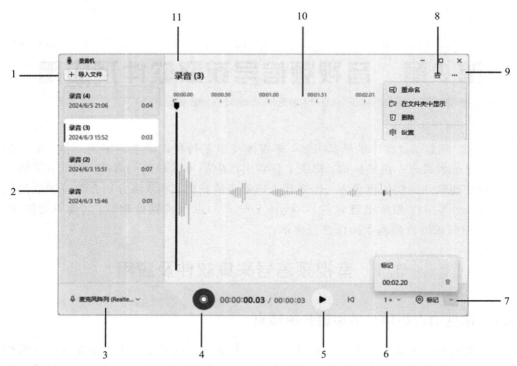

1—"导入文件"按钮；2—文件目录；3—录音设备选择按钮；4—"开始录制"按钮；
5—"开始/暂停"播放按钮；6—倍速选择按钮；7—标记及标记选择按钮；8—"更多录制"按钮；
9—共享录音；10—进度尺；11—进度标识。

图 3-1 "录音机"的主界面

开始按钮通常是一个三角形，暂停按钮则由两个垂直的条形组成。

（6）倍速选择：用于调整录音的播放速度。用户可以选择正常速度、慢速或快速播放，这在需要仔细听录音细节时非常有用。

（7）标记及标记选择按钮：用户可以对录音文件中的特定点进行标记，这有助于用户查找特定内容，点击该按钮旁的下箭头，可以选取与快速定位或删除标记点。

（8）共享录音：用户可以通过这个功能将录音分享给其他人，无论是通过电子邮件、社交媒体还是其他共享服务。

（9）"更多录制"：通常是一个菜单或按钮，点击后会展开更多的高级选项。重命名：允许用户更改录音文件的名称。在文件夹中显示：打开包含录音文件的文件夹，方便用户在文件系统中直接访问和管理文件。删除：从录音机应用中删除选定的录音文件。设置：提供应用的配置选项，包括录制格式、音频质量和应用主题，其中用户可以选择的录音的文件格式包括 ACC、MP3、WMA、AAC、FLAC、WAV 等，每种格式都有其特点，例如 WAV 提供无损音质但文件较大，而 MP3 和 AAC 则提供有损压缩以减少文件占用的空间。

（10）进度尺：显示了录音的时长与进度，是一个水平条，随着录音的进行而逐渐增大。它允许用户直观地看到录音已经进行了多长时间。

（11）进度标识：进度尺上的一条竖线，显示当前播放或录制的位置。用户可以通过点击进度尺上的不同位置来跳转到录音的特定部分。

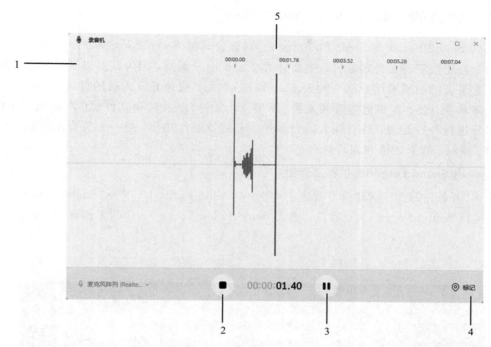

1—进度尺；　2—停止录制按钮；　3—"暂停/开始"按钮；　4—"标记"按钮；　5—进度标识。

图 3-2　录音机录制界面

2. 音频制作

以下是使用录音机录制音频的详细步骤，包括用户界面上按钮的操作。

（1）打开录音机应用：用鼠标单击任务栏中的"开始"按钮，然后选择菜单中的"所有应用"，在最上方搜索栏中输入"录音机"，单击"录音机"图标，打开录音机。

（2）选择麦克风：如果有多个麦克风选项，点击录音设备选择按钮，然后在弹出的选项中选择拟使用的麦克风。

（3）开始录制：点击"开始录制"按钮之后，进入录制界面，如图 3-2 所示。

（4）监控录音：在录音过程中，观察界面上的波形图或其他指示器，以监控录音的音量和质量。并且可以在特定位置点击"标记"按钮进行标记。

（5）暂停与恢复录制：如果需要暂停录音，点击"暂停"按钮，点击"继续"或再次点击"开始录制"按钮，可以从暂停的地方继续录音。

（6）完成录制：完成录音之后，点击"停止录制"按钮，即可停止录音。

（7）命名和保存录音：录音完成后，点击"更多录制"按钮即可对录音文件进行重命名，可以在文件夹中进行查看和删除等操作。

（8）播放音频：可以点击左上角的"导入文件"按钮从电脑中导入音频，或者从左侧的文件目录中选择想要播放的录音，单击播放按钮，即可播放音频。

（9）退出录音机：完成所有操作后，点击界面右上角的"关闭"按钮，退出录音机应用。

3.1.3　音频处理工具——Sony Sound Forge

Sony Sound Forge 是 Sonic Foundry 公司（该公司被 Sony 公司收购）开发的一款功能强大的专业化数字音频处理软件，主要针对 Flash 用户编写，因为其可以满足从最普通用户到专业录音师的所有用户的各种要求，所以一直是多媒体开发人员的首选软件之一。该软件能够非常方便、直观地对音频文件（如 WAV 文件）以及视频文件（如 AVI 文件）中的声音部分进行各种处理，具有强大的音频处理和特效制作功能，是一套符合工业标准的音频编辑、录制、效果处理和编码的程序。

1. Sony Sound Forge 15.0 界面介绍

单击"开始"按钮，选择"所有程序"→"Sony Sound Forge 15.0"→"Sound Forge 15.0"命令，运行 Sound Forge 15.0 软件，进入 Sony Sound Forge 15.0 的工作界面，如图 3-3 所示。

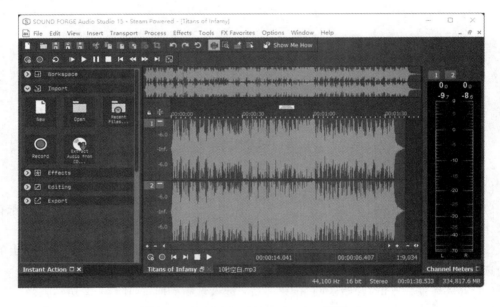

图 3-3　Sony Sound Forge 15.0 工作界面

状态栏位于 Sound Forge 窗口的最下端，主要显示当前工作窗口内声音文件的基本参数，包括采样频率、采样位数、立体声/单声道、声音总长度和硬盘缓冲区可用的交换空间等。

峰值表位于 Sound Forge 窗口的右侧，左右两个声道各有两个彩条，较细的外条表示声音文件播放过程中的节目峰值表，较粗的内条表示节目音量表。两种仪表显示均基于具有精确定义的显示特性的标准化峰值仪表，在播放声音文件的时候，节目峰值表显示音频信号的峰值，而节目音量表显示特定计量时间段内的计量值。峰值表会显示声音的音量变化，彩条顶端的四个数值表示的是导入音频文件进行播放过程中节目峰值表和节目音量表的最大值，如图 3-4 所示。如果这个数值标记为空，则表示静音；如果变成了红色，则表示音量太大了，已经超出了计算机所能识别的范围。

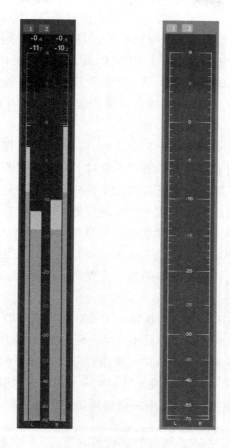

图 3 - 4　左右声道音量变化条

音量表是进行电台节目监测的专用仪表，它的技术性能与质量好坏，都会直接影响播出质量。

目前直播室使用最广的一种音量表是"音量单位表"，又称 VU(Volume Unit)表。它是采用平均值检波器(二级和桥式整流器)并按简谐信号的有效值确定的，因此是一种准平均值表。它的刻度用对数和百分数表示，并将参考电平(0VU，100%)定在满刻度以下的 3 dB 处。标准 VU 表的 0VU(100%)相当于信号的准平均值 1. 228 V，但在具体使用时也可插入所需的衰减器或放大器，因此 0VU(100%)的参考值实际上是可以任意决定的。

VU 表的指示动作特性(时间特性)是：当以稳态时达 0VU(100%)的 1kHz 简谐信号突然加入 VU 表时，指针达到刻度上 99% 处所需的时间应为 300±30 ms，指针的过冲不得超过稳态值的 1.5%，过冲的摆动不应超过一次；当信号突然消失后，指针从 100% 降到 1% 所需的时间也应是 300±30 ms。VU 表对声音信号的指示值读作"音量单位值"，又叫"VU 值"。虽然 VU 表也是用对数表示信号准平均值(电平)，但是由于有 300 ms 这样一个不短的积分时间，表的指示值(VU 值)有时还是跟不上信号的实际准平均值电平(dB 值)的变化，因此不能将 VU 值与 dB 值相混淆。同时 VU 值也不能完全反映出声音信号的听感响度(因为后者需要更短的积分时间)，更不能反映声音信号的幅摆峰尖情况(因为声音信号峰平比随其波形的不同而异)，这是 VU 表的缺点。

针对 VU 表的缺点，另一种音量表——"峰值节目表"逐渐得到推广，又叫 PPM(Peak Programme Meter)。PPM 实际上是准峰值电平表，因为它是采用峰值检波器按简谐信号的有效值确定刻度的(也用电平值标示)。PPM 的最大特点是指针上升快、恢复慢，能比较真实地反映出声音信号的准峰值变化，从而可避免设备过载，便于有效地控制和利用好传输入系统的最大动态。PPM 的另一个特点是量程宽，有 50 dB 的有效刻度，其额定电平(0dB)到满刻度一般留有 5 dB 的余量。

工作窗口是声音文件的处理窗口。Sound Forge 允许同时打开多个声音文件，也可以同时对多个声音文件进行处理。在工作窗口中有以下几个重要的部分：

(1) 声音波形显示区：用于显示当前声音文件的波形。在对声音文件进行操作时，窗口中有一条闪动的竖线，表示当前播放点的时间位置，声音波形相当于 CD 唱机的激光头或录音机的磁头读取的音频信息。具体数值可以从窗口下方的状态栏中读出。可以通过滑动鼠标选定某一段波形区域，选定的波形范围也可以从窗口下方的状态栏中读出。窗口中间的横线表示波形的中心，也就是音量的最小位置，上方和下方的两条线(标有"- Inf.")表示计算机最大允许音量的一半。

(2) 音量标尺：用于显示声音波形振幅的大小。声音波形的振幅大小决定了声音音量的大小。在音量标尺中，中间点的音量最小，而声音的波形偏离中心越远，表明音量越大。在 Sound Forge 软件中，音量的度量可以分别用百分比和分贝值表示。在音量标尺中单击鼠标右键，在弹出的菜单中有两个选项："Label in Percent"(用百分比表示)和"Label in dB"(用分贝值表示)，在操作时可以根据需要选择切换，如图 3-5 所示。

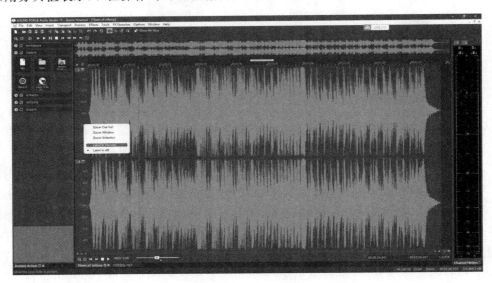

图 3-5 音量标尺菜单

提示：当音量以 dB 表示时，计算机所能识别的最大音量为 0 dB，也就是音量标尺的最外侧为 0 dB，向内依次减小；当音量以百分比表示时，最大音量设定为 100%，最小音量设定为 0%。

2. Sound Forge 15.0 的简单音频处理

1) 声音的剪辑

（1）删除：选择相应的波形区域，然后直接按"Delete"键进行删除，删除后，删除点以后的波形会自动填补。

（2）静音：选择相应的波形区域，执行"Process"→"Mute"（静音）命令，波形会被删除，删除点以后的波形保持不动。

（3）复制：选择相应的波形区域，使用快捷键"Ctrl＋C"，或执行"Edit"→"Copy"命令进行复制（也可使用鼠标右键菜单中的"Copy"命令）。然后把指针移到需要粘贴的地方，按下快捷键"Ctrl＋V"，或执行"Edit"→"Paste"命令进行粘贴（也可单击鼠标右键，选择菜单中的"Paste"命令）。

（4）插入空白声音：定位指针到相应的波形点，执行"Process"→"Insert Silence"（插入静音）命令，在弹出的对话框中设置好插入的时间，单击"OK"按钮确认。

提示：要对声音进行剪辑编辑，首先应建立选择区域。Sound Forge 15.0 默认的是对整个波形文件进行操作。

2) 调节音量

（1）音量调节：执行"Process"→"Volume"（音量调节）命令。

（2）淡入淡出：执行"Process"→"Fade"命令对一段声音的音量进行渐进式改变，其下有三个子项，分别是 Graphic、In 和 Out。简单的淡入和淡出分别使用 In 和 Out，可实现声音的渐强和渐弱。复杂的淡入和淡出可以执行 Graphic 命令，在弹出的"Fade Curve"对话框中对声音波形的包络线进行调整，以实现声音强弱的改变，如图 3-6 所示。

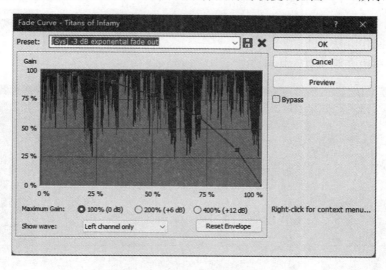

图 3-6　淡入淡出设置窗口

（3）音量规则化：按照某种规格总体提高或降低音量。例如，在实现峰值最大化处理时，可以执行"Process"→"Normalize"（规格化）命令，在弹出的"Normalize"对话框中选中"Normalize using：Peak level"选项，并将"Scan Levels"调到零分贝即可。

（4）混音：将两段声音混合成一段声音。首先执行"File"→"Open"命令打开两段声音文件，然后对两段声音进行混音，操作如下：

① 在声音文件 1 的波形窗口中选择某一段进行复制。

② 转到声音文件 2 的窗口中，定位指针到混音的位置，执行"Edit"→"Paste Special"→"Mix"命令，弹出"Mix/Replace"对话框。

③ 在"Mix/Replace"对话框中通过调节两部分的音量达到声音混合的目的。左侧的滑块表示混音过程中剪贴板上的声音音量程度，右侧的滑块表示混音过程中目标文件声音音量程度。

④ 在混音过程中，可以单击"Preview"按钮对混合效果进行监听，边监听边调整。调整好两侧音量滑块后，单击"OK"按钮确定完成混音，如图 3-7 所示。

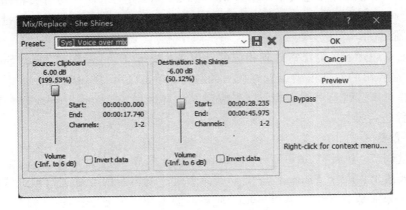

图 3-7　混音设置窗口

3. Sound Forge 15.0 的典例剖析

下面利用 Sound Forge 15.0 进行立体声音效的制作，以说明 Sound Forge 15.0 的具体使用过程。制作方法如下：

(1) 打开一段音频文件，其窗口如图 3-8 所示。

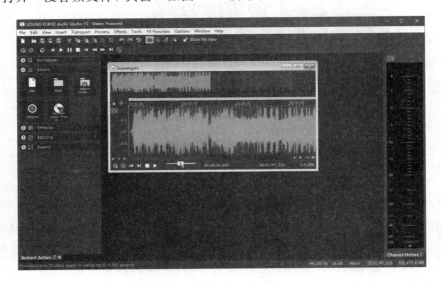

图 3-8　打开文件窗口

（2）右键单击状态栏中的"Memo"框，然后从快捷菜单中选择"Stereo"，如图 3 - 9 所示。

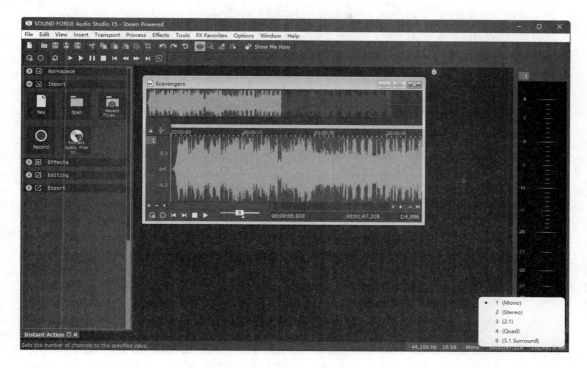

图 3 - 9 声道转化快捷菜单

（3）在弹出的"Mono To Stereo"对话框中，单击"Left Channel"按钮将单声道数据放置在左声道中并将右声道设置为静音；单击"Right Channel"按钮将单声道数据放入右声道并将左声道设置为静音；单击"Both Channels"按钮将单声道数据放置在左右通道中。声道设置窗口如图 3 - 10 所示。

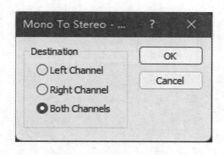

图 3 - 10 声道设置窗口

（4）这样就将一个单声道文件转换成了立体声文件，转换后的效果图如图 3 - 11 所示。

（5）接下来对得到的立体声进行处理，这里我们选择"Process"→"Pan"→"Graphic"命令，如图 3 - 12 所示。

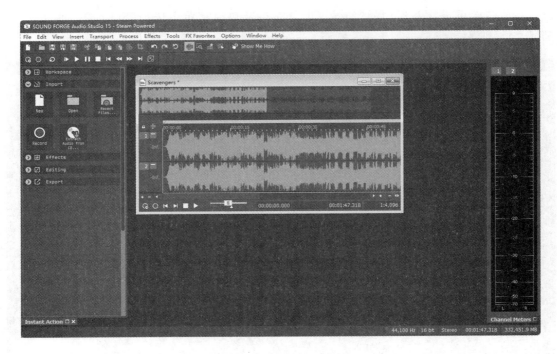

图 3-11 转换后的效果图

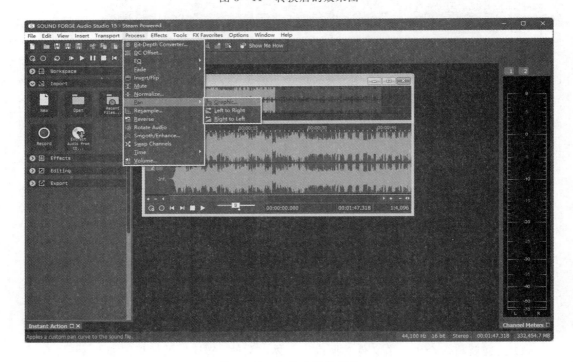

图 3-12 立体声处理菜单

（6）在波形窗口中可以看到一条水平线，水平线左侧的"Left"和"Right"标识分别代表左右声道。例如，当"向上弯曲水平线"时，表示增强左声道同时减弱右声道，如图 3-13所示。

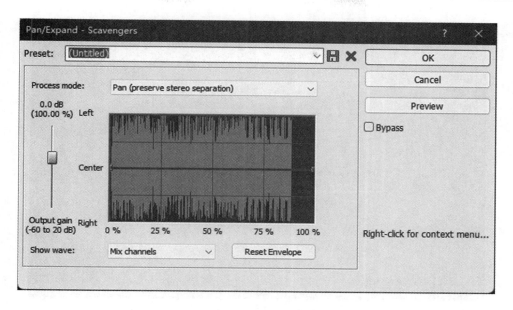

图 3 - 13　立体声处理窗口

（7）在"Pan/Expand"对话框的"Preset"选项中，选择"[Sys]Left to right（exponential）"
选项，如图 3 - 14 所示。

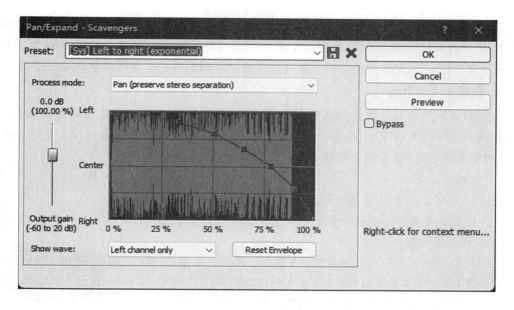

图 3 - 14　左右声道处理窗口

（8）单击"OK"按钮，最终得到处理后左右声道的波形，如图 3 - 15 所示。

经过上述处理，我们就将一个单声道的音频信号变成了一个从左耳到右耳渐变的立体
声音频信号。另外，根据声音或个人的需求，Sound Forge 中还预设了许多其他效果，用户
可以根据需要进行编辑并保存。

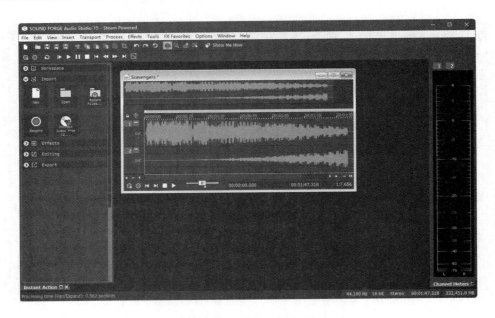

图 3-15　左右声道的波形处理效果图

3.1.4　视频处理工具

　　下面介绍两款不同类型的视频剪辑软件，即剪映专业版和 Premiere Pro。其中，剪映专业版是一款容易上手且满足日常简单剪辑需求的常用软件。Premiere Pro 则为专业摄影、视频制作者等相关人员使用的一款专业型视频剪辑软件，适合高质量视频的产出。

　　1. 剪映专业版介绍

　　剪映专业版是一款全能易用的桌面端剪辑软件，由深圳市脸萌科技有限公司推出，常用的版本有 Mac OS 版本和 Windows 版本。剪映专业版拥有强大的素材库，支持多视频轨/音频轨编辑，用 AI 为创作赋能，适合多种专业剪辑场景。

　　1）软件模块介绍

　　图 3-16 所示为剪映专业版的主界面，其各部分功能如下：

　　（1）时间线面板：拖曳该面板即可在时间线上添加或调整片段，支持多视频轨/无限音频轨和素材片段编辑。

　　（2）高频功能栏：用于高频操作，如撤销、恢复、分割、删除、倒放、镜像、旋转等。

　　（3）素材面板：具有丰富的素材库，包括视频/音频/文本/贴纸/特效/转场/滤镜/调节等。

　　（4）播放器：支持剪辑预览、比例调整等。

　　（5）功能面板：选中时间线上的片段可以唤起对应功能面板，支持变速、智能踩点等操作。

　　2）素材采集

　　将素材添加到时间线面板中的方法如下：

　　（1）在素材面板中点击"媒体"，支持本地素材、云素材及素材库素材采集。

　　（2）点击"导入"选中本地设备中的素材文件，也可直接使用素材库中的相关素材。

　　（3）选中后，在播放器模块中可提前预览。

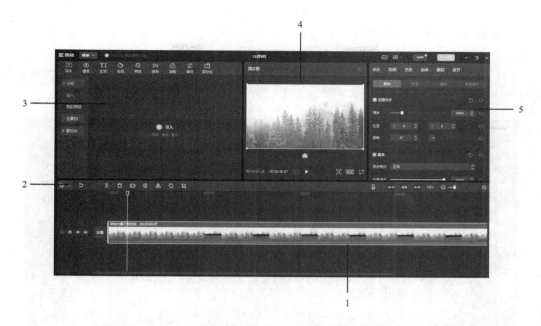

1—时间线面板；2—高频功能栏；3—素材面板；4—播放器；5—功能面板。
图 3-16　剪映专业版的主界面

（4）点击视频素材右下角的"＋"，此时会根据时间轴的位置将选中素材插入到时间线面板的默认轨道中，也可以直接将素材拖入到时间线面板中的任意一个轨道，实现多条轨道的素材导入，如图 3-17 所示。

图 3-17　素材采集界面

3）素材编辑

对素材进行编辑的常用操作包括分割、定格、倒放、旋转、镜像、自动吸附、调整时间线面板大小、添加转场效果、编辑文本素材等。

（1）分割。如图 3-18 所示，在时间线面板中选中相应素材，将时间轴移动到需要分割的位置，点击"分割"或者按"Ctrl＋B"键，即可完成分割。

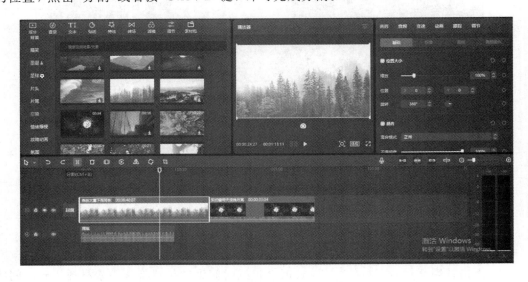

图 3-18　素材的分割

（2）定格。如图 3-19 所示，只有当选中的素材为视频素材时，定格功能才会启动。将时间轴移动到需要定格的位置，点击"定格"按钮，此时在素材上会出现一段 3 s 的定格画面。定格时间的长短可以通过拉动标记点进行调整。

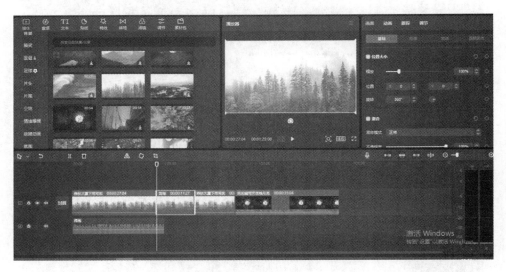

图 3-19　素材的定格

（3）倒放。只有当选中的素材为视频素材时，倒放功能才会启动。选中视频素材后，点击"倒放"按钮，等待加载一段时间后，视频素材的播放顺序将会倒转过来。

（4）旋转。如图 3-20 所示，选中视频或图片素材后，点击"旋转"按钮，当播放到此素材时，播放器面板中显示的是旋转后的素材，可自定义旋转角度。

图 3-20　素材的旋转

（5）镜像。镜像与旋转的使用方法相同，当播放镜像后的素材时，播放器面板中显示的是镜像后的素材。

（6）自动吸附。如图 3-21 所示，建议打开自动吸附，因为将两个素材拼接在一起保证能连续播放时，手动拼接可能会造成两个素材之间留有缝隙，当自动吸附功能打开时，两个素材靠近的时候会自动吸附到一起，保证中间不会留有缝隙。

图 3-21　自动吸附

（7）调整时间线面板大小。如图 3-22 所示，通过拉动时间线控制按钮，可以根据自身需要调整时间线的长短。控制时间线缩放还可以通过 Ctrl 和"＋"或者"－"的快捷键来实现，或者按住 Ctrl 键，然后滑动鼠标滑轮来控制时间线缩放。

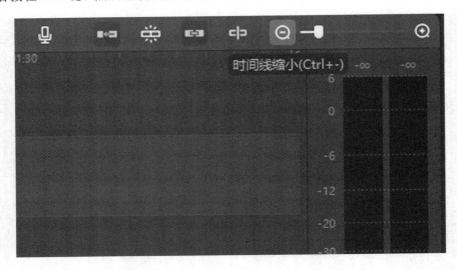

图 3 - 22 调整时间线面板大小

（8）添加转场效果。多个素材之间的切换往往需要添加转场效果。在素材面板中点击"转场"，转场素材库提供了大量的转场效果，用户可以根据自身的喜好与需求进行选择。如图 3 - 23 所示，点击转场效果后可以发现下方两个素材之间的时间线多出了一段转场时长，用户可以通过右上方的功能面板自由调节。

图 3 - 23 添加转场效果

（9）编辑文本素材。

① 添加文本素材。如图 3-24 所示，添加文本素材到素材库时，同视频素材一样，既可以选择本地导入，也可以直接使用素材库中的相关素材。值得注意的是，添加文本素材时必须先添加一段视频素材或者图片素材，然后才可以在预览面板中显示添加的文字样式。

图 3-24　添加文本素材

② 识别字幕。如图 3-25 所示，点击文本菜单列中的"智能字幕"按钮，"识别字幕"可以识别视频中的人声，自动生成字幕；而"文稿匹配"则需要提前输入音视频对应的文稿，软件会自动匹配画面。

图 3-25　智能字幕

③ 识别歌词。文本菜单列中的识别歌词功能与上述的识别字幕功能异曲同工，用户在导入音频后选中音频，点击"开始识别"，就会出现歌词轨道，此时在播放器界面中也会自动生成歌词字幕，如图 3-26 所示。

图 3-26 歌词识别对比图

④ 编辑文本。无论是选中字幕文本还是歌词文本素材，右上方的功能面板中都会出现文本选项，如图 3-27 所示，用户可以自行修改文本的字体、样式、颜色、大小等。

图 3-27 文本功能面板

4）导出视频

对素材编辑完成后，点击右上角"导出"按钮即可。如图 3-28 所示，在导出过程中，用户可根据实际需要修改对应参数。

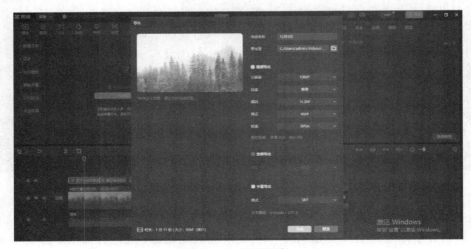

图 3-28 导出视频

2. Premiere Pro 介绍

Premiere Pro(简称 Pr)是视频编辑爱好者和专业人士必不可少的视频编辑工具。它可以提升创作能力和创作自由度,是一款易学、高效、精确的视频剪辑软件。Premiere Pro 提供了采集、剪辑、调色、美化音频、字幕添加、输出、DVD 刻录等一整套流程,并能与其他 Adobe 软件高效集成,可以胜任在编辑、制作、工作流上遇到的所有挑战,满足创建高质量作品的要求。

Premiere Pro 相比其他剪辑软件的优势还在于无论多长的视频或多大的内存都可以在其上完成剪辑且质量不变。用 Premiere Pro 编辑的视频和用市面上其他一些不专业的软件编辑的视频相比,效率和质量都有明显优势。Premiere Pro 还可以编辑很多类型的视频,比如 Vlog、短视频电影、婚礼剪辑、宣传片等。

1) 软件模块介绍

图 3-29 所示为 Premiere Pro 的主界面。

1—资源面板;2—源监视器;3—节目监视器;4—音频指示器;5—时间轴面板;6—工具面板。

图 3-29　Premiere Pro 的主界面

(1) 资源面板:资源面板中包含用户当前添加的素材,也可以利用素材箱查找添加其他素材。

(2) 源监视器:源监视器用来查看或编辑原始素材。

(3) 节目监视器:节目监视器用来预览时间轴面板中显示的当前素材。

(4) 音频指示器:音频指示器主要用来调节音频素材的各项属性,例如左右声道分贝数的显示、声道调节等。

(5) 时间轴面板:大部分编辑工作都在时间轴面板中完成,用户可以在面板中查看或编辑当前素材。

(6) 工具面板:工具面板中的每个图标都对应一个工具,用来在时间轴中执行特定功能。这些工具包括波纹编辑工具、剃刀工具、外滑工具等。

2）素材采集

将素材添加到时间轴面板中的方法如下：

（1）如图 3-30 所示，在资源面板中点击"媒体浏览器"，从本地设备中找到所需视频或音频素材。

（2）将所需素材直接拖曳至右方时间轴面板，按 Shift 键可批量选取。

（3）将单个素材拖曳至上方源监视器中可对该素材进行查看或编辑。

图 3-30 资源面板选取素材

3）素材编辑

（1）分割。如图 3-31 所示，在工具面板中选中"剃刀工具"按钮，将鼠标移动到对应素材时间轴上需要分割的位置，点击鼠标左键将素材分割。

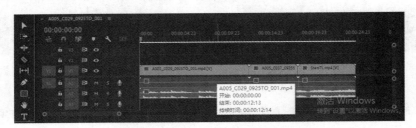

图 3-31 素材分割

（2）删除时间轴中的素材。在时间轴中选中需要删除的素材，按"Delete"键可直接删除，或者点击鼠标右键在菜单列表中选择"清除"也可删除素材。

（3）变速。如图 3-32 所示，在时间轴中选中素材，点击鼠标右键选择"速度/持续时间"选项，调节素材播放速度，点击"确定"即可完成素材的变速。

（4）转场。如图 3-33 所示，点击界面右上角"工作区"，在菜单列表中点击"效果"，此时会出现多种效果类型，包括音频效果、音频过渡、视频效果、视频过渡等。用户可直接将转场效果拖曳至时间轴的两个素材之间，双击添

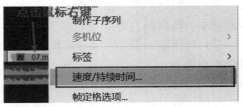

图 3-32 素材变速

加后的转场效果可设置效果持续时间。

图 3 - 33　添加转场效果

（5）添加字幕。如图 3 - 34 所示，在工具面板中点击"文字"选项，将鼠标移至节目监视器任意位置，点击左键即可添加文本，此时时间轴上也会出现对应的文本，通过拉动时间轴上的文本素材方块，可自由设置文本起始时间及结束时间。位于节目监视器右边的文本编辑模块可调节文字的字体、颜色等属性。

图 3 - 34　添加字幕

4）导出视频

如图 3-35 所示，对素材编辑完成后，首先点击左上角"文件"，然后选择"导出"，再点击"媒体"按钮。在后续界面中设置文件保存位置及视频相关参数，用户也可以再一次预览或核对剪辑完成后的视频成果。

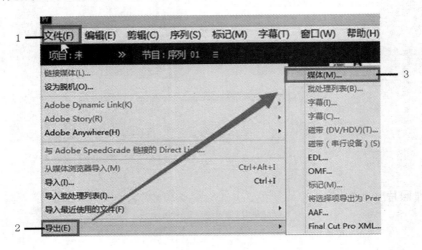

1—文件；2—导出；3—媒体

图 3-35 导出视频

3.2 图像/视频信号采集及应用

3.2.1 图像信息采集技术

计算机中的图像是由特殊的数字化设备将光信号量化为数值，并按一定的格式组织得到的。常用的数字化设备有扫描仪、图像采集卡和数码相机等。扫描仪对已有的照片、图片等进行扫描，将图像数字化为一组数据存储。图像采集卡可以对 VCD、电视上的信号进行"抓图"，对其中选定的帧进行捕获并对其进行数字化处理。数码相机采用电荷耦合器件（Charge Coupled Device，CCD）或互补金属氧化物半导体（Complementary Metal-Oxide Semiconductor，CMOS)作为光电转换器件，将被摄景物以数字信号方式直接记录在存储介质（存储器、存储卡或软盘）中，可以很方便地在计算机中进行处理。

下面介绍一种常见的图像处理软件 Google Picasa 3，简称 Picasa，它是由 Google 开发的一款优秀的免费图像处理软件，具有自动搜索、整理用户计算机上所有照片和编辑、美化照片等功能。接下来介绍几种常用功能。

1. 添加照片

在用户安装完成 Picasa 后，Picasa 会自动关联用户所指定区域的照片信息，若不想显示某个文件夹中的照片信息，可以通过点击"文件"→"文件管理器"命令来控制；若不想显示某种格式的照片，同样可点击"工具"→"选项"命令来控制。导入图片操作如图 3-36 所示。同时，用户也可以通过"导入"功能从相机或计算机中导入新照片。

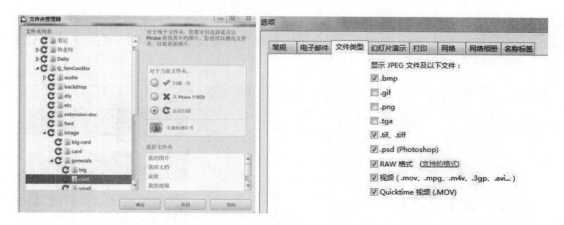

图 3 - 36　导入图片操作

2. 整理照片

软件左侧的文件夹列表是 Picasa 的组织中心，在这里可以访问 Picasa 中的所有图片。要掌握好 Picasa，首先要了解三个基本图集，如图 3 - 37 所示。

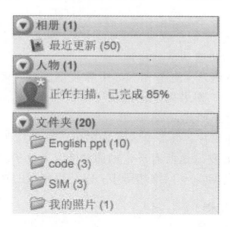

图 3 - 37　Picasa 中的三个基本图集

Picasa 中的三个基本图集如下：

（1）文件夹。Picasa 中的文件夹表示用户计算机中的文件夹。在 Picasa 中对文件夹所作的更改会影响计算机硬盘上相应的文件夹。

（2）相册。与文件夹不同，相册仅存在于 Picasa 中。用户可以使用相册来创建从计算机上的多个文件夹中获取的照片的虚拟组合。相册会显示这些照片，但实际却不会移动照片的位置，它就像是照片的播放列表。当用户从相册中删除或移动照片时，原始文件仍会保留在计算机的原始文件夹中。

（3）人物。在照片集中，用户可以按通常意义上最重要的内容（即照片中的人物）来整理照片。Picasa 会使用头像识别技术在用户的整个照片集中查找相似的头像并将其分成一组，通过添加名称标签到这些头像组中，即可以创建新的人物相册。这些人物相册就像上述的相册功能一样，在移动或删除头像标识时，原始文件会保留在原处。

3. 修整照片

用户双击选定的照片即可进入修整模式。Picasa 提供了一些基本的美图工具，主要包括三大类：基本修正、微调和效果。用户可以根据自己的需求调整照片。美图工具窗口如图 3 - 38 所示。

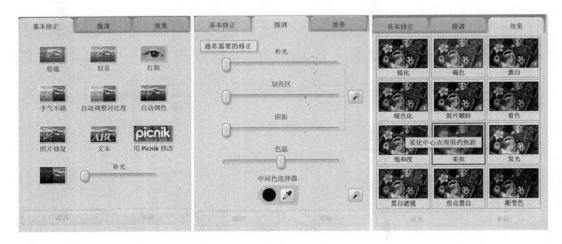

图 3 - 38　美图工具窗口

4. 共享照片

通过以下两种方法可以快速共享照片：

（1）在网络相册中共享照片。使用 Picasa 中的共享按钮，只需点击几次即可在 Picasa 网络相册中上传和共享照片。如果用户已注册 Google＋账号，则可以使用 Picasa 直接与 Google＋中的人员和圈子共享照片。

（2）通过电子邮件发送照片。点击 Picasa 中的电子邮件按钮可使用用户选择的电子邮件提供程序快速向其亲朋好友发送所有选定的照片。因为电子邮件无法容纳大量照片，所以一般是将这些照片上传到 Picasa 网络相册中，以利用免费的在线存储空间。

3.2.2　视频信息采集技术

视频采集时要注意以下两个问题：

（1）所采集素材的质量。首先是信号来源的质量，拍摄时所用摄像机的质量不同，采集信号的质量也不同。其次是对摄像机与采集卡之间的信号接口的选择。对模拟信号来说，有复合信号接口、S(Y/C)信号接口和 YUV 分量信号接口三种，其质量依次越来越高。专业的采集卡一般具备以上三种接口，而家用级的采集卡只具备复合信号接口。数字信号的接口主要有 IEEE‐1394 接口和 SDI 接口，两者均为串行接口，通过 IEEE‐1394 接口采集的素材压缩比固定为 5∶1，而通过 SDI 接口采集的是高质量的数字视频。一般比较高档的采集卡采用 SDI 接口。随着采集技术的发展，现有的接口还有 VGA、DVI、HDMI 等。第三个因素与采集卡有关。不同档次的采集卡所采集的素材质量不同，对同一块采集卡来说，压缩比是可调的，用不同的压缩比进行采集同步所得到的信号质量也不同。

（2）采集时对摄像机的控制。专业的采集卡具有控制接口，与带有编辑控制功能的摄像机连接实现控制采集。另外，对带有 DV(IEEE‐1394)接口的录像机（一般是带有 DV 接口的数字摄像机)和采集卡来说,通过 1394 线可以实现自动控制采集。常用的采集方法有手动采集、自动采集和批量采集。

手动采集是一种无控制接口或不用控制接口的采集方法,当软件无法控制采集设备或者是采集没有时间信息的源素材时,可以采用手动采集。手动采集操作简单,一边用手动来控制录像机的播放,一边用鼠标点击采集图标进行采集。

自动采集通常用在带有控制功能的采集卡和录像机之间。自动采集的好处就是可以在采集时精确地设定所采集素材的入、出点,初步实现了采集和粗编的结合,从另一个角度上来说也有效节省了硬盘空间。自动采集时要注意的问题是,最好在入、出点前后预留出一些帧,这样可以为日后的编辑留有余地。

批量采集是最有工作效率的方法。作为编辑工作的第一步,首先要采集素材。为了提高效率,在素材输入时就应该对其进行挑选,对确实不需要的素材就不必输入。对于需要的素材或者是不能确定信息是否有用的素材,在硬盘容量允许的情况下,尽可能多地输入到硬盘中。在非线性编辑系统中一般采取批量采集的方法。

下面具体介绍会声会影这款软件。

1. 会声会影介绍

会声会影 2022 是 Corel 公司开发的一款操作简单的 DV、HDV 影片剪辑软件,具有成批转换功能与捕获格式完整的特点。会声会影采用了逐步式的工作流程,可以轻松捕获、编辑和分享视频。会声会影还提供了一百多个转场效果、专业标题制作功能和简单的音轨制作工具。图 3-39 为会声会影的主界面。

图 3-39　会声会影的主界面

(1)制作进度栏:显示并控制从视频采集到制作完毕的全过程,便于对每个过程的操作,在制作过程中具有较高的灵活性。

(2)视频监视窗与视频控制栏:用于监视并控制当前正在处理的视频或图片、声音等。

(3)素材库与素材库管理按钮:用于添加图片、声音和视频等文件,对其进行排序等操作。

(4)素材编辑窗口:用于对当前素材进行色彩校正、翻转等处理。

（5）时间轴及时间轴编辑按钮：调整素材的播放顺序。

2．会声会影 2022 的简单视频处理

1）向素材库添加视频素材

素材库是视频剪辑中需要用到的所有媒体的来源，包括视频素材、照片和音乐，还包括模板、转场、效果及项目中可以使用的多种其他媒体资源。

将素材导入素材库的方法如下：

（1）单击应用程序窗口顶部的"编辑"选项卡，打开编辑工作区。素材库面板出现在应用程序右上角，如图 3-40 所示。

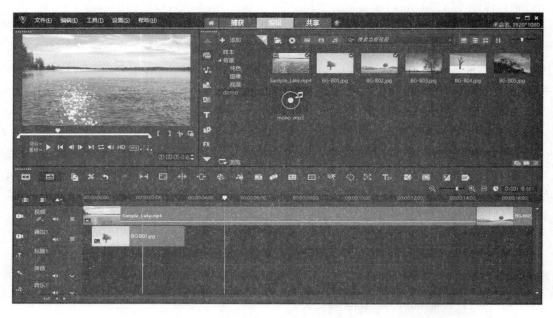

图 3-40　素材库面板

（2）为项目创建文件夹，通过单击"添加新文件夹"按钮，将所有视频放在一起。

（3）键入文件夹的名称。

（4）在素材库顶部，单击"导入媒体文件"按钮，选择要使用的视频素材和照片，并单击"打开"。

注意，可以启用和禁用图 3-41 所示的素材库顶部的按钮，按照视频、照片和音乐筛选略图。如果看不到所希望的媒体，请检查这些媒体按钮的状态。

图 3-41　素材库顶部按钮

将素材添加到素材库后，只需将需要的视频素材和照片的略图从素材库拖动到时间轴，即可为视频项目添加素材和照片，如图 3-42 所示。

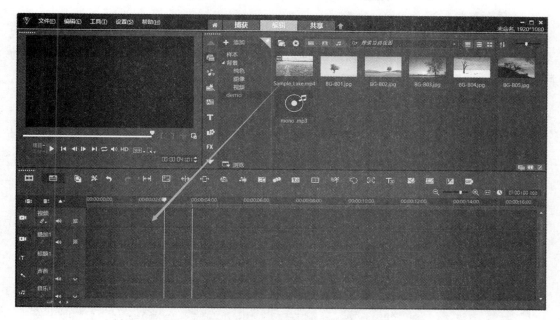

图 3-42　将素材拖动到时间轴示意图

2）检查和修整视频素材

在会声会影中，检查和修整视频素材的步骤如下：

（1）在编辑工作区，单击时间轴中的视频素材。

（2）在播放器面板的导览区域，单击"素材"，然后单击"播放"按钮。

（3）检查完素材后，将橙色修整标记从原始起始位置拖动至新起始位置，将滑轨移动至所选帧，如图 3-43 所示，该帧显示在预览窗口中。

图 3-43　修整标记与滑轨

（4）将第二个修整标记从原始终止位置拖动至新终止位置。

（5）单击"播放"。

也可以拖动素材的结束拖柄，在时间轴内修整视频素材，如图 3-44 所示。

图 3-44　结束拖柄

3）添加标题

虽然一张图像胜过千言万语，但视频作品中的文字（如副标题和字幕等）有助于提升观众的理解力。通过会声会影的"标题"功能，可以创建出具有特殊效果的专业化外观的标题。

以下是添加标题的方法：

（1）在时间轴中，将滑轨拖到需要的位置。

（2）如图 3 - 45 所示，单击素材库略图左边的"标题"按钮。

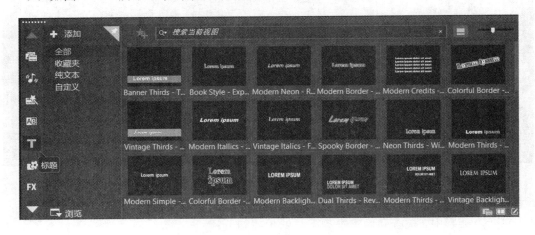

图 3 - 45　标题按钮

（3）可以在预览窗口中直接键入，但要获得外观专业的标题，最简单的方法是将其中一个标题略图从素材库拖动至时间轴中的标题轨。

（4）将标题拖动至标题轨的任意位置，并通过拖动素材的结束拖柄调整标题区间。

（5）要编辑标题框，需双击时间轴中的标题素材，在预览窗口中选择文本并键入新文本。

（6）如图 3 - 46 所示，选项面板显示在素材库面板中。在选项面板的文本设置页面，可使用控件设置标题文本的格式。例如，可以对齐文本或更改字体、大小和颜色等。

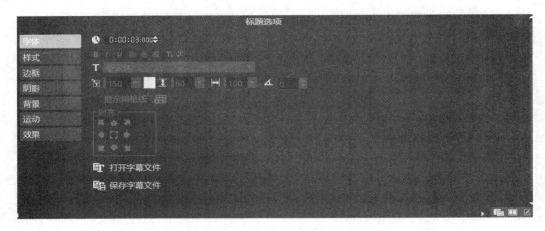

图 3 - 46　选项面板

4）应用转场

素材库提供了大量的预设转场效果，从"交叉淡化"到"爆炸"，用户可以根据自己的需求将它们添加到项目中。

以下是添加转场效果的方法：

（1）在素材库中，单击"转场"按钮 。

（2）单击素材库顶部的"画廊"下拉列表，如果想要看到可用内容，选择"全部"。

（3）将想要的转场略图拖动至时间轴，并将其放置在两个素材之间或两张照片之间，如图 3 - 47 所示。

图 3 - 47　转场

如果想要在视频轨中的所有素材和照片之间应用相同转场，可在素材库中右击转场略图，并选择对视频轨应用当前效果，此时将提示替换所有已有转场。

5）添加音乐

声音是决定视频作品成败的要素之一。会声会影有两个音轨："声音"和"音乐"。用户可以将旁白插入到"声音轨"，而将背景音乐或声音效果插入到"音乐轨"。

纪录片和新闻常常使用旁白来帮助观众理解视频内容。"会声会影"让用户可以创建清晰完整的旁白。添加声音旁白的方法如下：

（1）将滑轨移动到视频中要插入旁白的部分。

（2）在时间轴视图中单击"录制/捕获"选项按钮并选择"画外音"，将显示调整音量对话框。

（3）对话筒讲话，检查仪表是否有反应。可使用 Windows 混音器调整话筒的音量级别。

（4）单击"开始"并开始对话筒讲话。

（5）按下"Esc"或"Space"以结束录音。

添加音乐的方法与添加视频类似，只需将音乐素材从素材库拖动到时间轴。

6）保存和共享

完成项目后，可以通过多种方式保存和共享。

（1）在保存和共享选项卡上，单击"计算机"按钮。

（2）选取"与项目设置相同"，或单击以下某个按钮，选择视频的配置文件。

· AVI

· MPEG-2

· AVC/H.264

· MPEG-4

· WMV

（3）在配置文件下拉列表中，选择一个选项。

（4）在文件名框中键入文件名。

（5）在文件位置框中指定要保存此文件的位置。

（6）单击保存影片。

以下给出一些具体实例来说明会声会影的具体使用方法。

例 4-1　通过会声会影来提取视频中感兴趣的帧，如图 3-48 所示。

导入视频文件并选取文件，此时视频文件将显示在左侧视频监视框中。进入编辑阶段，定位视频到感兴趣的帧的位置，在时间轴上方菜单栏中选择"录制/捕获"选项，单击"快照"按钮。此时本帧图像就保存在了素材库中。

图 3-48　提取视频中感兴趣的帧

例 4-2　用会声会影将静态图片制作成视频，如图 3-49 所示。

图 3-49　将静态图片制作成视频

将需要制作成视频的图片集导入会声会影中，并将其按用户指定次序依次拖入时间轴中，图中每张照片的长度表示在此视频中持续的时间。

此时，再通过分享功能，就可以初步完成视频的制作。一般情况下，还需要在这些图片上加上一些效果来达到特定的目的，可以通过改变图片间的连接方式来使视频变得更加美观，或加上一些字幕或者背景音乐来丰富视频内容。下面就在此基础之上，简单添加覆盖轨道标题及背景音乐：

（1）添加第二图层。如图 3-50 所示，我们同样添加图片类型的图层来对第一图层中的一幅图像进行标记。在画图工具中画出一个红色圆圈，并将保存好的圆圈拖放到第二图层的相应位置。

图 3-50　添加第二图层

通过编辑可以调整圆圈大小，然后点击选项面板中的色度键去背面板。选择色度键去背，如图 3-51 所示。调整圆圈的透明度及高宽，最后得到效果如图 3-52 所示。

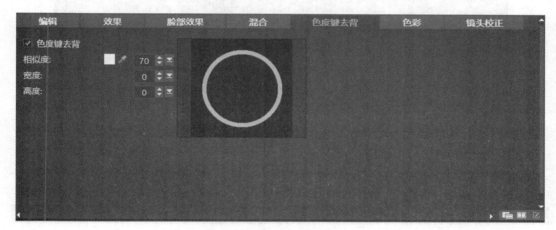

图 3-51　色度键去背选项

图 3-52　添加覆盖轨道效果图

（2）添加字幕。单击素材库左边的标题按钮，双击屏幕上视频预览窗口即可添加字幕，同时可以通过选项面板对字幕的位置、颜色和字体等信息进行修改。添加字幕效果如图3-53所示。

图 3-53　添加字幕效果

（3）添加背景音乐。如图3-54所示，将预先需添加的背景音乐拖动到音频轨，然后根据视频长度调整音频持续时间即可。

图 3-54　添加背景音乐

3.3　音频/视频格式的转换

　　随着各种音频/视频录制工具的升级换代以及多种移动终端的普及，出现了多种多样的音频/视频格式，为了有效利用这些不同格式的文件，不用格式之间的转换是非常重要的。下面以 Adobe Media Encoder 这款视频编码软件为例介绍音频/视频格式转换的操作。

　　Adobe Media Encoder(以下简称 ME)是 Adobe 公司开发的一款功能强大的转码和渲染应用程序，可以各种格式交付音频和视频文件。它既可以用作 Adobe 其他软件如 Adobe Premiere Pro、Adobe After Effects、Adobe Audition、Adobe Character Animator 和 Adobe Prelude 的编码引擎，也可以作为一款独立的视频/音频编码器。Adobe Media Encoder 的主界面如图3-55所示。

　　使用 ME 转换视频/音频格式的过程如下：

　　（1）导入视频/音频文件。点击工具栏中的"文件"→"添加源"，将需要转换的文件或项

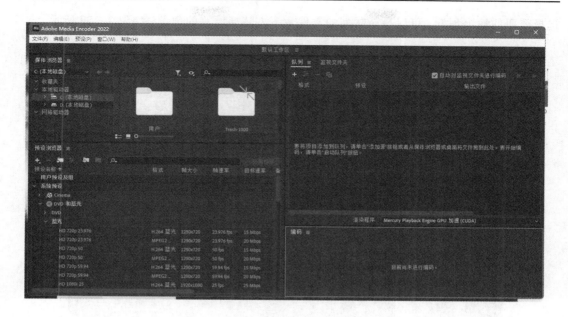

图 3-55　Adobe Media Encoder 的主界面

目添加到队列中，或直接从 Windows 资源管理器以及左上角部分的媒体浏览器拖入队列。
如图 3-56 所示，在队列中添加了一个 mp4 格式的视频文件和一个 mp3 格式的音频文件。

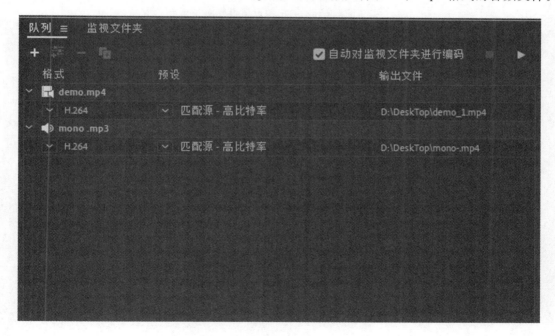

图 3-56　在队列中添加视频文件和音频文件

（2）设置输出预设。队列中每个文件下的蓝色字体代表了输出格式和输出位置，初始
的输出预设与原文件格式一致，点击下方的字体可以修改输出的详细设置，如图 3-57 所
示。手动设置输出格式过于烦琐，ME 左下角的预设浏览器提供了丰富且专业的输出预设，

选择需要的输出预设，可以拖至队列的文件名下方替换原有的预设，如图 3-58 所示。

图 3-57　导出预设编辑界面

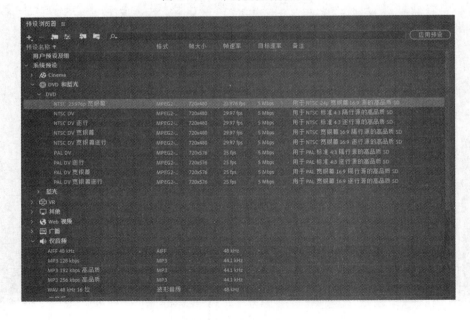

图 3-58　预设浏览器

（3）设置好导出格式后，点击队列中文件下方的导出路径设置目标路径，点击右上角的启动队列，即可导出队列中的所有媒体。如图 3-59 所示，我们将 mp4 格式的视频与 mp3 格式的音频分别设置了 m4v 格式的视频与 acc 格式的音频。

图 3-59　输出队列设置

3.4　本章小结

本章主要介绍了几款音视频信号获取方面常用的软件。对 Sony Sound Forge 15.0、Google Picasa 3 以及会声会影 2022 等软件的基本操作进行了演示说明。希望能引导读者对音视频处理有一个整体的把握，为今后的深入学习打下坚实的基础。

第4章 音频压缩编码

随着人们对物质生活的追求，对音频的关注度越来越高。近些年来，音频技术经历了一次又一次的技术变革，从模糊到清晰，从模拟到数字。数字技术的大量普及与应用，对人类的生活方式产生了深刻久远的影响，如今人们生活的世界几乎已经完成向数字化的转变，而数字音频技术便是数字技术中的一项关键技术，应用范围极广。随着5G网络、智能手机等新技术的发展普及，音频服务类型也日趋多样化和丰富化，如有声书、播客、音频直播等，数字化带来了巨大消费市场，海量的产品和应用促成了本章的主题——数字音频压缩技术。

音频信号数字化之后面临巨大的数据量存储和传输所带来的压力，所以我们有必要对数字音频信号进行压缩，但是否可以在不影响质量的前提下进行有效的音频压缩以及如何对其进行压缩，则成为音频压缩的主要课题。

近几十年来，音频压缩编码取得了突飞猛进的发展，在国际标准化工作中堪称最为活跃的领域，已具备了比较完善的理论和技术体系，并进入实用阶段。

4.1 音频压缩概述

4.1.1 音频信号

音频信号（audio signals）是表示机械波的信号，是机械波的波长、强度变化的信息载体。根据机械波的特征，可分为规则信号和不规则信号，其中规则信号又可以分为语音、音乐和音效等。通常将人耳可以听到的频率在 20 Hz～20 kHz 的声波称为音频信号。人的发音器官发出的声音频段在 80～3400 Hz，人说话的信号频率在 300～3000 Hz，有的人将频率为 300～3000 Hz 的信号称为语音信号。在多媒体技术中，处理的主要是音频信号，包括音乐、语音、风声、雨声、鸟叫声和机器声等。

数字音频信号就是将模拟音频信号进行采样、量化和编码后所得到的信号。常见的数字音频分类如表 4-1 所示。

表 4-1　常见的数字音频分类

信号类型	频率范围/Hz	采样率/kHz	量化精度（采样位数）
电话话音	200～3400	8	16
宽带话音	50～7000	16	16
调频广播	20～15 000	32	16
高质量音频	20～20 000	44.1	16

4.1.2　音频压缩的必要性和可能性

1. 必要性

音频信息在人们的工作和生活中具有非常重要的作用，数字化音频信息的数据量也相当巨大，为更好地存储、传输和使用数字化的音频信息，需要对音频信息进行标准化的编码压缩。

未经压缩的数字音频信号，其数据量具体有多大呢？以 CD 音质的信号为例，其所采用的采样频率是 44.1 kHz，量化精度是 16 bit。当为双声道立体声时，其码率约为 44.1 k×16×2＝1.411 Mb/s，1 s 的 CD 立体声信号需要约 176.4 KB 的存储空间，一张 CD 光盘的容量只有一个小时左右。这种编码方式所产生的数据量太大，如果没有通用、有效的高质量音频编码方案，数字存储和传输技术的进一步发展将会受到严重的束缚。因此，必须采用相应的方法来降低数字音频信号的数据量。未进行任何形式编码和压缩的窄带语音信号需要 128 b/s 的速率，即两倍于普通电话的速率。未被压缩的宽带话音信号需要 256 b/s 的速率。

在保持原始信号质量的前提下，窄带语音速率可以压缩到 4 kb/s(30∶1 的压缩比)，宽带话音速率可以压缩到约 16 kb/s(15∶1 的压缩比)，CD 音频速率可以压缩到 64 kb/s(22∶1 的压缩比)。显然，为利用有限的资源，在对音频进行有效的存储和传输之前必须进行处理，而最关键的处理方法就是进行音频压缩。

2. 可行性

既然音频压缩如此重要，那么我们是否可以对数字化后的音频信号进行压缩呢？回答是肯定的。统计分析表明，无论是语音还是音乐信号，都存在着多种冗余，包括时域冗余、频域冗余和听觉冗余。由此，数字音频压缩编码主要基于两种途径：一种是去除声音信号中的冗余部分；另一种是利用人耳的听觉特性，将声音中与听觉无关的不相关部分去除。

声音信号中的冗余部分包括时域信息冗余和频域信息冗余。时域信息冗余度主要表现为幅度非均匀分布，即不同幅度的样值出现的概率不同，小幅度的样值比大幅度的样值出现的概率高。频域信息冗余度主要表现在非均匀功率谱密度，即低频成分能量较高，高频成分能量较低。

声音信号中的不相关部分是基于人耳的听觉特性，因为人耳对信号幅度、频率和时间的分辨能力是有限的。压缩编码就是要将那些人耳可感知的信息传递出去，而舍去那些感知不到的信息，在可接受的信号质量下降的前提下，取得较低的比特率。为了达到这样的目的，必须充分利用人耳听觉的心理声学特性。人耳听觉系统的特性有三个。第一个特性是人耳对各频率的灵敏度是不同的。在 2～5 kHz 频段，很低的信号电平就能被人耳听到；在其他频段时，相对要高一点的信号电平才能被听到。这样可以将输入信号与最小听觉阈值相比较，去除那些低于阈值的信号，从而可以压缩数据。第二个特性是频率之间的掩蔽效应(Frequency Masking Effect)。当高电平的频率点信号和低电平的不同频率点信号同时出现时，将听不到电平低的频率点的声音，因而，可以不对低于掩蔽阈值的信号进行编码，对高于掩蔽阈值的信号重新分配量化比值。第三个特性是时域的掩蔽效应(Temporal Masking Effect)。它是指在一个强信号之前或之后的弱信号如果被遮蔽掉，也可以不进行编码。

4.2　音频编码技术

为什么要采用编码技术？因为在数字通信中，通信质量比模拟通信有了很大提高，但在信道环境等因素的干扰下，传输质量的提升仍具有很大的难度，这种情况尤其体现在移动通信中。采用合适的编码技术就是一种有效的解决方法。在数字信号中，我们已经将语音的连续模拟信号转换为离散的二进制数字信号，用 1 和 0 来表示。在编码技术中，我们通过合适的方式将数码进行变换，得到另外一组适于传输的数码，或者用其他的一些数码对原来的数码进行监察，以保证其在传输过程中不被误判。这就是编码技术。

音频压缩技术是指对原始数字音频信号流运用一定的数字信号处理技术，在不降低有用信息量或者是降低的信息量可忽略的条件下，降低（压缩）其码率，也称为压缩编码。它的逆变换称为解压缩或解码。音频信号在通过一个编解码器后可能引入一定的失真和大量的噪声。

音频压缩技术的研究和应用已经发展了很久，如 A 律、μ 律编码就是比较简单的准瞬时压扩技术，并且被应用在 ISDN 话音传输中。语音信号的研究较早，目前也较为成熟，已得到广泛应用，如自适应差分脉冲编码调制（Adaptive Difference Pulse Code Modulation，ADPCM）、线性预测编码（Linear Predictive Coding，LPC）等技术。在广播领域中，音频压缩技术被应用在了准瞬时压扩音频复用（Near Instantaneous Companded Audio Multiplex，NICAM）系统中。

对数字音频信息的压缩主要是依据音频信息自身的相关性以及人耳对音频信息的听觉冗余度。音频信息在编码技术中通常分成两类来处理：分别是语音和音乐，各自采用的技术有差异。现代声码器的一个重要的问题是，如何把语音和音乐的编码融合起来。语音编码技术分为三类：波形编码、参数编码以及混合编码。音乐的编码技术主要有心理声学模型、自适应变换编码（频域编码）和霍夫曼（Huffman）编码等技术。本节主要讲述基于心理声学模型的感知编码。

4.2.1　波形编码

波形编码是指直接对音频信号时域或频域波形采样值进行编码。它主要利用音频采样值的幅度变化规律和相邻采样值间的相关性进行编码，目标是使重建后的音频信号的波形与原音频信号波形保持一致。由于波形编码保留了信号原始样值的细节变换，从而保留了信号的各种过渡特征，因此适应性强、算法复杂度低、编解码延时短、重建音频信号质量一般较高，但其压缩比不高。脉冲编码调制（Pulse Code Modulation，PCM）、增量调制（Delta Modulation，ΔM）以及它的各种改进型自适应增量调制（Adaptive Delta Modulation，ADM）、自适应差分脉冲编码调制（ADPCM）等，都属于波形编码技术。它们分别在 64 kb/s 以及 16 kb/s 的速率上能有较高的编码质量，当速率进一步下降时，其性能会下降较快。

1.脉冲编码调制（PCM）

采用脉冲编码调制的模拟信号数字传输系统如图 4-1 所示。由图 4-1 可知，模拟信号经过抽样量化以后，可以得到一系列输出，它们共有 Q 个电平状态。当 Q 比较大时，如

果直接量化成 Q 进制信号，其抗噪声性能将会很差，因此，通常在发射端通过编码器将 Q 进制信号变换为 k 位二进制数字信号。而在接收端将收到的二进制码元经过译码器再还原为 Q 进制信号，这种系统就是脉冲编码调制系统。

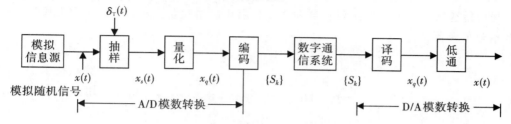

图 4 - 1　采用脉冲编码调制的模拟信号数字传输系统

2. 差分脉冲编码调制（DPCM）

差分脉冲编码调制（Differential Pulse Code Modulation，DPCM）是利用样本与样本之间存在的信息冗余度来进行编码的一种数据压缩技术。差分脉冲编码调制的思想是：根据过去的样本信号值去预测下一个样本信号值，这个值称为预测信号，然后对实际信号值与预测信号值之差进行量化编码，从而减少了冗余度。它与 PCM 的不同之处在于，PCM 是对采样信号进行量化编码，而 DPCM 是对实际信号值与预测信号值之差进行量化编码。由于存储或传送的是信号差值而不是信号幅度绝对值，因此降低了传送或存储的数据量。此外，它还能适应大范围变化的输入信号。

DPCM 的原理框图如图 4 - 2 所示。图中，差分信号 $d(k)$ 是离散输入信号 $S(k)$ 和预测器输出的预测值 $S_e(k-1)$ 之差。需要注意的是，$S_e(k-1)$ 是对 $S(k)$ 的预测值，而不是过去样本的实际值。DPCM 系统实际上就是对差分信号 $d(k)$ 进行量化编码，用来补偿过去编码中产生的量化误差。DPCM 系统是一个负反馈系统，采用这种结构可以避免量化误差的积累。重构信号 $S_r(k)$ 是逆量化器产生的量化差分信号 $d_q(k)$ 与过去样本信号的估算值 $S_e(k-1)$ 之和。所得到的和 $S_r(k)$ 就是预测器估算下一个信号估算值的输入信号。由于在发送端和接收端 $S_e(k-1)$ 都使用相同的预测器和逆量化器，因此接收端的重构信号 $S_r(k)$ 可从传送信号 $I(k)$ 获得。

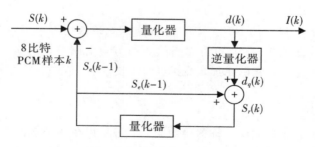

图 4 - 2　DPCM 的原理框图

3. 自适应差分编码调制（ADPCM）

自适应差分编码调制（Adaptive Difference Pulse Code Modulation，ADPCM）综合了自适应脉冲编码调制（Adaptive Pulse Code Modulation，APCM）的自适应特性和 DPCM 系统的差分特性，是一种性能比较好的波形编码。它的核心思想是：① 利用自适应的特性改变量化阶的大小，即用小的量化阶（Step-size）来编码小的差值，使用大的量化阶来编码大的差值；② 使用过去的样本值估算下一个输入样本的预测值，使实际样本值和预测值的差达到最小。ADPCM的原理框图如图4-3所示。接收端的译码器使用与发送端相同的算法，利用传送来的信号来确定量化器和逆量化器中的量化阶大小，并且用它来预测下一个接收信号的预测值。

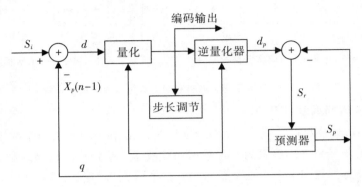

图 4 - 3   ADPCM 的原理框图

自适应差分编码调制（ADPCM）的中心思想是对差值进行编码与预测，并采用非均匀量化，使不同幅值的信号信噪比接近一致，避免大幅值语音信号信噪比大，而小幅值语音信号信噪比小。由图4-3可知，输入 S_i 是一个 16 位二进制补码语音信号，其范围在 $-32\ 767\sim+32\ 367$ 之间。预测采样值 S_p 与线性输入 S_i 的差值为 d。量化器对差值进行量化产生一个有符号的 4 位编码值 I，这个位的表示范围在 $-7\sim+7$ 之间，最高位为符号位。

编码时，首先计算 16 位的二进制补码的当前采样值 S_i 和上一采样值 S_p 之间的差值 d，对这个差值进行量化编码得到了输出 4 位 ADPCM 值 I。在算法实现中，首先定义一个结构变量存储预测采样值 S_p 和量化步长索引，同时制定了两个表：一个表为索引调整表，其输入为差值量化编码值 I，用来更新步长索引；另一个表为步长调整表，其输入是步长索引，输出步长 q。在编码过程中利用上一个采样点的步长索引查询步长调整表求出步长 q。如果当前采样值 S_i 和采样预测值 S_p 之间的步长 d 为负，则 I 的 D3 位置为 1；如果步长的绝对值大于步长 q，则 I 的 D2 位置为 1；如果 $d-q$ 大于 $q/2$，则 I 的 D1 位置为 1；如果 $(d-q-q/2)$ 大于 $q/4$，则 I 的 D0 位置为 1。如果以上条件均不满足，则对应位置为 0。通过这样的方法来确定编码值 I。然后将编码值 I 作为索引调整表的输入，查表输出索引调整，并与结构变量中原步长索引相加，得到新的步长索引，在下一个采样值的编码中使用。

4.2.2 参数编码

与波形编码不同，参数编码又称为声源编码。它是指在频率域或其他正交变换域中对信源信号提取特征参数，并将它转换成数字代码进行传输。其反过程为解码，主要将收到的数字经变换恢复特征参数，再根据所得的特征参数重建语音信号。具体来说，参数编码是通过对语音信号特征参数的提取和编码，使重建语音信号具有尽可能高的可靠性，即保持语音信号的原意，但重建信号的波形同原语音信号的波形可能会有很大的差异性。这种编码技术可实现低速率语音编码，比特率可压缩到 $2\sim4.8$ kb/s，甚至更低，但语音质量并不高，特别是自然度较低，甚至连熟人都不一定能辨别出讲话人是谁。

　　线性预测编码(LPC)及其他各种改进型编码都属于参数编码。线性预测编码是一种非常重要的编码方法。从它的原理上来讲,LPC 是通过分析话音波形来产生声道激励和转移函数的参数,对声音波形的编码实际上就是对这些参数的编码,这就降低了声音的数据量。在接收端使用 LPC 分析得到的参数,通过话音合成器重构话音。合成器实际上是一个离散的随时间变化的时变线性滤波器,它代表人的话音生成系统模型。时变线性滤波器既可以作为预测器使用,又可以作为合成器使用。当分析话音波形时,它主要是作为预测器使用的;当合成话音时,它主要是作为话音生成模型使用的。随着话音波形的变化,周期性地使模型的参数和激励条件适合新的要求。

　　线性预测器是使用过去的 P 个样本值来预测当前时刻的采样值 $x(n)$,其预测原理如图 4-4 所示。预测值 x_{pre} 可以用过去 P 个样本值的线性组合来表示,有

$$x_{pre} = -[a_1 x(n-1) + a_2 x(n-2) + \cdots\cdots + a_p(n-P)]$$

$$= \sum_{i=1}^{P} a_i x(n-i) \qquad\qquad (4-1)$$

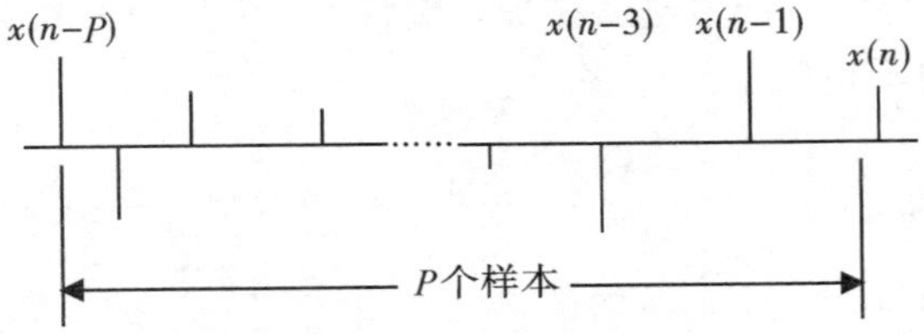

图 4-4　LPC 的预测原理

为方便起见,式(4-1)中采用负号。残差误差(Residual Error)即线性预测误差为

$$e(n) = x(n) - x_{pre}(n) = \sum_{i=0}^{n} a_i x(n-i) \qquad\qquad (4-2)$$

　　式(4-2)是一个线性差分方程。在一定的时间范围里,如$[n_0, n_1]$,使 $e(n)$ 的平方和,即 $\beta = [e(n)]^2$ 为最小,这样可使预测得到的样本值更精确。通过求解偏微分方程,可得到系数 a_i 的值。如果把发音器官等效成滤波器,这些参数值就可以理解成滤波器的系数。这些参数值不再是声音波形本身的值,而是发音器官的激励参数。在接收端重构的话音也不再是具体复现真实话音的波形,而是合成的声音。

4.2.3　混合编码

　　计算机的发展为语音编码技术的研究提供了强有力的工具,而大规模、超大规模集成电路的出现,则为语音编码的实现提供了基础。自 20 世纪 80 年代以来,语音编码技术有了实质性的进展,产生了新一代的编码算法,这就是混合编码。它将波形编码和参数编码结合起来,克服了原有波形编码和参数编码的缺点。同时,结合双方的优点,即尽可能保持波形编码的高质量和参数编码的低速率,在 4～16 kb/s 速率上就能够得到高质量的合成语音。多脉冲激励线性预测编码(Multi-Pulse-Linear Predictive Coding,MP-LPC)、规划脉冲激励线性预测编码(Regular Pulse Excited-Linear Predictive Coding,RPE-LPC)和码本激励线性预测编码(Code Excited Linear Prediction,CELP)等都属于混合编码技术。很显然,混合编码是适合数字移动通信的语音编码技术。

　　码本激励线性预测编码采用合成分析法(Analysis by Synthesis)进行语音编码,是一

种典型的混合编码方案。在中低速率 4～16 kb/s 能够给出高质量的合成语音且其抗噪声和多次转接性能较好，是目前语音编码算法中的主要编码方法。

码本激励线性预测编码采取分帧技术进行编码，其帧长一般为 20～30 ms，每一语音帧再被分成 2～5 个子帧，在每个子帧内搜索最佳的码字矢量（简称码矢量）作为激励信号。CELP 编码流程图如图 4－5 所示。模拟话音信号（带宽为 300～3400 Hz）经 8 kHz 采样后，首先进行线性预测（Linear Prediction，LP）分析，去除语音的相关性，将语音信号表示成线性预测滤波器系数，并由此构成编译码器中的合成滤波器。CELP 在 LP 声码器的基础上，引进一定的波形准则，采用了合成分析和感觉加权矢量量化（Vector Quantization，VQ）技术，通过合成分析的搜索过程搜索到最佳矢量。码本中存储的每一个码矢量都可以代替 LP 余量信号作为可能的激励信号源。激励主要由两部分码本组成，分别为模拟浊音和清音。CELP 一般用一个自适应码本中的码矢量逼近语音的长时周期性结构（基音 Pitch）；用一个固定的随机码本中的矢量来逼近语音经过短时、长时预测后的余量信号。CELP 编码算法将预测误差看成是纠错信号，将残余分成矢量，然后通过搜寻两个码本来找出最接近匹配的码矢量，乘以各自的最佳增益后相加，代替 LP 余量信号作为 CELP 激励信号源来纠正线性预测模型中的不精确度。

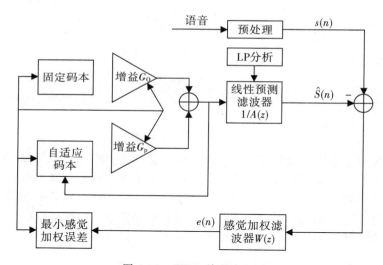

图 4－5　CELP 编码流程图

4.2.4　感知编码

1. 理论基础

1）心理声学模型

心理声学模型的核心思想是对信息量进行压缩，同时使失真尽可能不被觉察出来。利用人耳的掩蔽效应就可以达到此目的，即较弱的声音会被同时存在的较强的声音所掩盖，从而使得人耳无法听到。在音频压缩编码技术中，利用掩蔽效应就可以给不同频率处的信号分量分配不同的量化比特数，用这种方法来控制量化噪声，使得噪声的能量低于掩蔽阈值，从而使得人耳感觉不到量化过程的存在。

2）闻域和临界频段

音频压缩理论建立在心理声学模型基础上，是从研究人耳的听觉系统开始的。人耳实际上可看成一个多频段的听感分析器，在接收端的最后，它对瞬间的频谱功率进行了重新分配，这就为音频的数据压缩提供了依据。

我们知道，声源振动的能量通过声波传入人耳，引起耳膜的振动，于是人们就产生了声音的感觉。但人耳所能听到的振动频率大约在 20 Hz～20 kHz 之间，低于 20 Hz 或高于 20 kHz 频率，则不能引起人类听觉器官的感觉。心理声学模型中的一个基本的概念就是听觉系统中存在一个听觉阈值电平，人耳听不到低于这个电平的声音信号，因此就可以把这部分信号去掉。听觉阈值的大小随声音频率的改变而改变，每个人的听觉阈值也不同。大多数人的听觉系统对 2～5 kHz 之间的声音最敏感。一个人能否听到声音取决于声音的频率及声音的幅度是否高于或者低于这种频率下的听觉阈值。也就是说，在听觉阈值以外的电平可以去除，相当于压缩了数据。另外，听觉阈值电平不是定值，而是会随听到的声音的不同频率而发生自适应变化。我们有这样的体验，在安静的房间里的普通谈话可以听得很清楚，但在播放摇滚乐的环境下同样的普通谈话就听不清楚了。音频压缩编码同样可以确立这种特性的模型来减少更多的冗余数据。

3）掩蔽效应

心理声学模型中的一个基本概念就是听觉掩饰特性——掩蔽效应，即一种频率的声音阻碍听觉系统感受另一种频率的声音的现象。前者称为掩蔽声音（Masking Tone），后者称为被掩蔽声音（Masked Tone）。

掩蔽效应的基础是感知编码（Perceptual Coding）中的一个重要概念——临界频段，即人耳对不同频率段声音信号的反应灵敏程度有所差别。人耳包含了 3 万个毛细胞，它们能够检测到基膜的振动，通过生理脉冲将音频信号传送到大脑，但这些细胞在不同频段的敏感程度不同，在低频区域对几赫兹的差异都能分辨出来，而在高频区域，需要好几百赫兹的差别才能分辨。所以，一般毛细胞会对其周围的强刺激作出反应，这就是临界频段。实验结果表明，低频区域的临界频段比高频区域的临界频段窄，在低频段临界频段很窄，频段宽度只有 100～200 Hz，在频率高于 5000 Hz 以后，临界频段的宽度 1000 Hz 至几万赫兹。

掩蔽可分为频域掩蔽和时域掩蔽。频域掩蔽是指掩蔽声与被掩蔽声同时作用时发生掩蔽效应，即较强的音频信号可以掩蔽临界频段中同时发出的较弱的信号。这种特性被称为频域掩蔽，也称为同时掩蔽（Simultaneous Masking）。这时，掩蔽声在掩蔽效应发生期间一直起作用，是一种较强的掩蔽效应。也就是说，如果在某一频段出现了一个较强的信号，那么该频段中低于某一门槛值的信号都将被强信号掩蔽掉，成为人耳不可听闻的信号。掩蔽特性与掩蔽声音的强弱、掩蔽声音的中心频率、掩蔽声音与被掩蔽声音的频率相对位置等有关。通常情况下，频域中的一个强音会掩蔽与之同时发声的附近的弱音，弱音离强音越近，一般越容易被掩蔽；反之，离强音较远的弱音不容易被掩蔽。滤除这一弱信号将不会对音质产生不良影响，而且能减少编码后的数据量，因此可以把它们作为噪声信号来对待。

除了同时发出的声音之间有掩蔽效应之外，在时间上相邻的声音之间也有掩蔽效应，称之为时域掩蔽。时域掩蔽是指掩蔽效应发生在掩蔽声和被掩蔽声不是同一时刻出现时，又称为异时掩蔽。时域掩蔽又分为超前掩蔽和滞后掩蔽，掩蔽效应发生在掩蔽声音出现之前，称为超前掩蔽；否则称为滞后掩蔽。发生时域掩蔽的主要原因是人的大脑处理信息需要花费一定的时间。一般来说，超前掩蔽很短，只有大约 5～20 ms，而滞后掩蔽可以持续 50～200 ms。异时掩蔽也随着时间的推移而衰减，是一种弱掩蔽效应。

2. 感知编码原理

感知编码首先分析输入信号的频率和振幅，然后将其与人的听觉感知模型进行比较。编码器用这个模型去除音频信号的不相关部分及统计冗余部分。尽管这个方法是有损的，但人耳通常感觉不到编码信号质量的下降。感知编码器可以将一个声道的比特速率从 768 kb/s 降至 128 kb/s，将字长从 16 b/s 减少至平均值 2.67 b/s，数据量减少了约 83%。

感知编码器的有效性主要是由于采用了自适应的量化方法。在 PCM 中，所有的信号都分配相同的字长，感知编码器则可以根据可听度来分配所使用的字长，即重要的声音就多分配一些字长来保证可听的完整性，对于轻言细语的声音编码字长就会少一些，不可听的声音就根本不进行编码，以此降低比特速率。编码器的压缩率是输入的比特数与输出比特数之比。一般常见的压缩率是 12∶1、6∶1 和 4∶1。

一般感知编码器采用两种比特分配方案：一种是前向自适应分配方案，即所有的分配都在编码器上进行，这个编码信息也包含在比特流中。前向自适应编码的一个突出优点是在编码器中采用了心理声学模型，它利用编码数据完全地重建信号。当改进了编码器中的心理声学模型后，可以利用现有的解码器来重建信号。这种方法的一个缺点是需要占用一些比特位来传递分配信息。另一种是后向自适应分配方案，即比特分配信息可以直接从编码的语音信号中推导出来，不需要编码器中详细的分配信息，分配信息也就不占用比特位。然而解码器中的比特位分配信息是根据有限的信息推导出来的，从而降低了精度。另外，解码器相应地比较复杂，而且不能轻易地改变心理声学模型。

感知编码器有一定的抗噪性。在 PCM 中误差引入了宽带噪声，而对于许多感知编码器，根据预编码信号的典型带宽，噪声被限定在窄带内，从而限制了它的强度。误差仅仅引入了一个低电平的噪声。感知编码系统还可以对目标噪声进行校正，例如，可以对于极弱的声音(弱音节)、比较强的声音(强音节)给予更多的保护。像任何编码系统一样，感知编码系统也是根据综合存储量、传输速率等因素来考虑合适的误差校正方案。

由于感知编码器是根据人耳的灵敏度来编码的，它也可以输出音效系统所要求的响应。实况播送的音乐不需要通过放大器和扬声器而直接进入人的耳朵，但是录制的音乐必须通过放音系统。由于感知编码器去除了不可听的信号成分，从逻辑上讲，加强了放音系统传送可听声音的能力。简言之，感知编码器很适合对需要经过音频系统的音频信号编码。感知编码器的原理框图如图 4-6 所示。

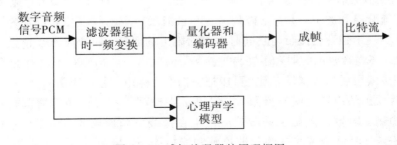

图 4-6　感知编码器的原理框图

　　既然声音的掩蔽作用和频段有关，所以有必要将输入的声音信号分成许多子带以逼近人耳的临界频带响应。滤波器组子带的划分如图 4-7 所示。

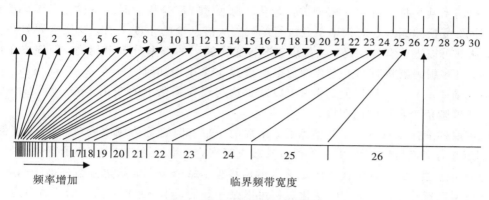

频率增加　　　　　　　　　　　　　　临界频带宽度

图 4-7　滤波器组子带的划分

　　每个子带中的样值均被分析，并与心理声学模型比较。编码器利用心理声学模型对每个子带中能明显听到的部分进行自适应量化，而对那些在最低阈值曲线之下的部分，或被更强的信号所遮蔽的部分则判定为听不到而不去进行编码。每个子带依据分配给子带内不同的比特数进行独立的编码，在输出之前再加以合成。

　　在感知编码中，是依据听觉来分配比特数的，对主要的音调分配了较多的比特数，以确定听觉的完整性，对弱的音调则分配较少的比特，对听不到的音调则根本不编码，最终的结果是使比特数减少了。

3. 感知编码技术

1) 子带编码

　　子带编码理论的基本思想是将信号分解为若干子频带内的分量之和，然后对各子带分量根据其不同的分布特性采取不同的压缩策略以降低码率。

　　子带编码是将一个短周期内的连续时间取样信号送入滤波器中，滤波器组将信号分为多个(最多 32 个)限带信号，以近似人耳的临界频段响应。对于这些子带，利用快速傅里叶变换(FFT)将信号变换到频域分析其能量，利用心理声学模型来分析这些数值，给出这组数据的合成掩蔽曲线。编码器通过分析每个子带的能量来判断该子带是否包含可听信息。计算每个子带的平均功率，计算当前子带及邻接子带的掩蔽级，最好根据最小闻域推导出各个子带最后的掩蔽级。每个子带的峰值功率与掩蔽级的比率由所做的运算来决定，并根据信号振幅高于可听曲线的程度来分配量化所需的比特数。

　　由于在子带压缩编码技术中应用了心理声学中的声音掩蔽模型，因而在对信号进行压缩时引入了大量的量化噪声。当重建信号时，每个子带的量化噪声被限制在该子带内，由于每个子带的信号会对噪声进行掩蔽，因此其子带内的量化噪声是可以容忍的。因为根据人耳的听觉掩蔽曲线，在解码后，这些噪声被有用的音频信号掩蔽掉了，使人耳无法察觉；同时由于子带分析的运用，各频带内的噪声被限制在了频带之内，不会对其他频带的信号产生不良影响。因而在编码时各子带的量化阶数不同，采用了动态比特分配技术，这也正是此类技术压缩效率高的主要原因。

2) 变换编码

　　在变换编码中，将时域音频信号变换到频域。编码器中的变换方法可以采用离散傅里叶变换(Discrete Fourier Transformation，DFT)或改进的离散余弦变换(Modified Discrete Cosine Transform，MDCT)。变换能近似地对基膜沿其长度针对振动的频率成分进行分析。变换的系数根据心理声学模型进行量化。与通过频率分析对时间采样进行编码的子带编码不同，变换编码则是对频率系数进行编码。从信息论的角度来看，变换编码减少了信号熵，从而可以进行有效编码。块长度越长，变换编码的频率分辨率越高，但损失了时间分辨率。许多编码器将时间上连续的数据块重叠 50% 来增加时间分辨率。当前块前一半的取样值是前一块后一半取样值的重复，以减少块与块在频谱上的变化。在一些设计中，所取块的长度随信号自适应地变换。

时域取样变换到频域产生频谱系数，系数的个数有时也称为频率仓(Bin)个数。例如，一个 512 点的变换可以产生 256 个频率系数或频率仓。将系数分成 32 个子带来仿效临界频段的分析过程，这个频谱代表时域输入的取样值。每个子带的频谱系数根据编码器的心理声学模型来量化，每个子带的量化过程可以是一致的、非一致的、固定的或者自适应的。

在自适应变换编码中，应用模型自适应且要一致地对每个独立子带进行量化，但是子带内的系数都被量化到相同的比特。比特分配算法是通过计算每个子带的最佳量化噪声，以达到要求的信噪比。循环分配提供附加的比特数来增加编码的余地，并且保持比特速率。通常在传输之前，已经被减少的数据可以经过熵编码如霍夫曼编码和游程编码，得到无损编码。

图 4-8 所示的是一个自适应变换编码的示例，即使用 FFT 和循环量化方法来达到最佳压缩效果的自适应变换编码。信号经过 DCT(离散余弦变换)变换到频率域，利用频谱系数计算每个临界频段的信号能量，以决定每个临界频段的掩蔽阈值。用两个重复的循环进行量化，使用分析合成技术进行编码。计算对信号编码需要的比特数，如果超过了允许分配给这块数据的比特数，就取较大的量化台阶，重新计算所需的比特数。在重建信号中外循环计算可能出现量化误差，如果误差超出了掩蔽模型所允许的范围，就适当减小这个子带的量化台阶。所有循环不断地重复，直至达到最佳编码效果。这样的编码器可适用于低比特速率信号。

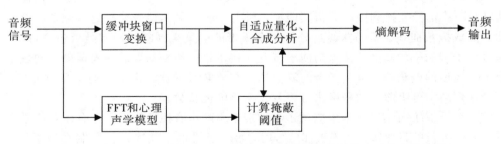

图 4-8　使用 FFT 和循环量化方法来达到最佳压缩效果的自适应变换编码

4.3　MPEG 音频编码标准

目前已有多种数字音频标准，但音频编码标准主要由国际标准化组织(International Organization for Standardization，ISO)的动态图像专家组(Motion Pictures Experts Group，MPEG)来制定，数字音频广泛采用的是 MPEG 音频编码标准。

4.3.1　MPEG-1 音频压缩编码标准

MPEG-1(ISO/IEC 11172)是世界上第一个高保真音频数据压缩标准,它是针对最多两声道的音频而开发的。

MPEG-1 标准的第三部分(ISO/IEC 11172-3)称为 MPEG-1 Audio。MPEG-1 Audio 的压缩编码技术采用的是 MUSICAM(掩蔽型通用子带综合编码和复用)方案,它是基于两种机理来减少音频信号码率的:一是利用统计相关性,去除音频信号的冗余;二是利用人耳的心理声学现象(如频率掩蔽和时间掩蔽等)去除听觉冗余。

MPEG-1 Audio 按照压缩编码复杂程度规定了三个层次,即 Layer Ⅰ、Layer Ⅱ 和 Layer Ⅲ,每个层次针对不同的应用,但是三个层次的基本模型是相同的。每个后继的层都有更高的压缩比,但需要更复杂的编解码器。三个层次的解码器后向兼容,即 Layer Ⅲ 的解码器可以对三个层次的码流解码,Layer Ⅱ 解码器可以解码 Layer Ⅰ 和 Layer Ⅱ, Layer Ⅰ 解码器只能解码 Layer Ⅰ。三个层次的分述如下:

(1) Layer Ⅰ 是简单型,通常目标码率为每通道 192 kb/s,立体声码率为 384 kb/s,压缩比为 1:4。Layer Ⅰ 被广泛应用在 VCD 的音频压缩方案中。

(2) Layer Ⅱ 是以 Layer Ⅰ 为基础的,但压缩编码的复杂度增加了。通常目标码率为每通道 128 kb/s,立体声码率为 256 kb/s,压缩比为 1:6。Layer Ⅱ 广泛应用于数字音频广播和数字电视演播室等数字音频专业的制作、交流、存储和传送。

(3) Layer Ⅲ 采用混合压缩技术,复杂度相对较高。Layer Ⅲ 通过使用非均匀量化、自适应分割和量化后的熵编码来提高编码效率。目标码率为每通道 64 kb/s,立体声码率为 128 kb/s,压缩比为 1:12。Layer Ⅲ 在低码率下有高品质的音质,主要应用于需要较低码率的领域。

1. Layer Ⅰ

Layer Ⅰ 音频编码器的原理框图如图 4-9 所示。

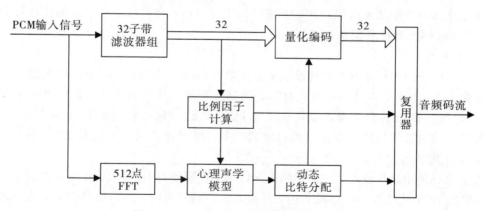

图 4-9　Layer Ⅰ 音频编码器的原理框图

1) 多通道滤波器

输入的数字音频信号首先通过一个多通道滤波器组,变换成 32 个等宽频带子带。这些滤波器组的输出是临界频带系数样值,输出样值是经过量化的,如果一个子带覆盖若干个临界频带,就选择具有最小噪声掩蔽的临界频带,并利用那个临界频带来计算分配给子带量化信号的比特数。

2）心理声学模型

心理声学模型决定各个子带中允许的最大量化噪声，小于它的量化噪声都会被掩蔽。如果子带内的信号功率低于掩蔽阈值，不进行编码；否则，需要确定编码的系数所需的比特数，使量化引起的噪声低于掩蔽效应。MPEG 音频心理声学模型主要实现步骤如下：

（1）用 FFT 将音频样值转换到频域。这个转换和滤波器组不同，因为心理声学模型需要更精细的频率分辨率来精确决定掩蔽阈值。Layer Ⅰ 的 FFT 为 512 点，Layer Ⅱ 的 FFT 为 1024 点。

（2）将得到的频率组成临界频带。

（3）在临界频带的谱值中，将单音（似正弦）和非单音（似噪声）分开。

（4）在临界频带决定噪声掩蔽阈值之间，模型在不同的临界频带给信号应用适当的掩蔽函数。

（5）计算由临界频带引起的每个子带的掩蔽值。

（6）计算每个子带的信号掩蔽比（Signal to Mask Ratio，SMR），即将子带的信号能量除以子带的最小掩蔽阈值。一组 32 个 SMR（每个子带含有 1 个）构成模型的输出。

（7）最后将该子带的最大信号与掩蔽阈值的比值输入量化器。

3）比特分配

比特分配过程决定分配给各个子带的编码比特数，分配的依据是心理声学模型的信息。Layer Ⅰ 和 Layer Ⅱ 的比特分配过程是从计算掩蔽噪声比开始的，即

$$MNR = SNR - SMR \tag{4-3}$$

式中，MNR 为掩蔽噪声比（Masking to Noise Ratio）；SNR 为信号噪声比（Signal to Noise Ratio）；SMR 为从心理声学模型中得到的信号掩蔽比，所有的值都用 dB 表示。

一旦计算出所有的子带的 MNR，就可以找到其中具有最低 MNR 的那个子带，并给这个子带分配多一点比特。如果一个子带获得了更多的比特，那么就找出信噪比的新估计值并重新计算那个子带的掩蔽噪声比。上述过程重复进行，直到再没有多余的比特可分配为止。这个过程称为比特分配。

4）比例因子

按输入信号的大小来缩放量化步长，输入信号小用较小的量化步长，输入信号大用较大的量化步长。为此，在对信号量化时需要知道这个量化步长有多大，需要将码字中的比特分为两组，一组比特用来描述量化步长大小，这组比特代表幅度值的"比例因子"，其余的比特用来均匀量化与这些量化步长对应的信号，这组比特代表幅度值的"尾数"。通常，SNR 取决于尾数的比特数。

为了充分利用量化值在[−1,1]的工作区域，从而使 SNR 最大，首先检测每个子带的样值，找出 12 个连续样值中的最大值，并用 6 比特给其编码，称为比例因子。这个最大值用来归一化这个子带的样值，每 12 个样值可以得到一个比例因子。Layer Ⅰ 中每个子带为 12 个样值一组，Layer Ⅱ 中将每个子带分为三组，各有 12 个取样，因此有 3 个比例因子。

5）码流格式化——帧形成

MPEG-1 音频数据是分成帧（Frame）传送的，Layer Ⅰ 每帧由 32 个子带，每个子带 12 个样值，共 384 个样值的数据组成。Layer Ⅰ 的帧结构如图 4-10 所示。

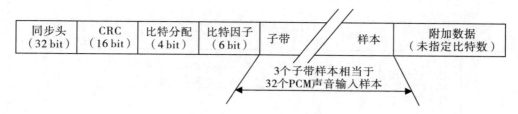

图 4-10　Layer Ⅰ 的帧结构

帧同步为 32 bit，其中，12 bit 作为帧同步，其余的 20 bit 为系统信息，如比特率标记、取样频率、加重类型等通用数据。紧接着是循环冗余码（Cyclic Redundancy Code，CRC），长度为 16 bit。接下去是用于描述比特分配的比特分配域（长度为 4 bit）、比例因子域（长度为 6 bit）、子带样本域等。

2. Layer Ⅱ

Layer Ⅱ 和 Layer Ⅰ 编码原理类似，其不同之处有以下几点：

（1）Layer Ⅱ 的每个子带不是均匀带宽。因为在同样的掩蔽值下，低频端有窄的带宽，高频端则有较宽的带宽。在按临界频带划分子带时，低频端取的带宽窄，即意味着对低频端有较高分辨率，在高频端时则相对有较低一点的分辨率。这样的分配更符合人耳的灵敏度特性，可以改善对低频端压缩编码的失真，但需要较复杂一些的滤波器组。

（2）Layer Ⅱ 使用的 FFT 精度高一些，是 1024 点的 FFT 运算方式，提高了频率的分辨率，得到原信号更准确的瞬间频谱特性。

（3）Layer Ⅱ 的帧长度码流是 Layer Ⅰ 的 3 倍，每个子带有三个连续的尺度因子，这就意味着带内在进行动态比特分配时，增加了压缩率。

（4）Layer Ⅱ 和 Layer Ⅰ 帧结构的不同之处在于描述比特分配的比特位数是不一样的。Layer Ⅱ 的帧包含 1152 个 PCM 的样值，如果取样频率为 48 kHz，一帧相当于 1152/48＝24 ms 的声音样值，则 Layer Ⅱ 的精确度为 24 ms。而对于 Layer Ⅰ 而言，精确度为 8 ms，如果用于编辑，则 Layer Ⅰ 更精确。

Layer Ⅱ 音频编码器的原理框图和帧码流结构分别如图 4-11 和图 4-12 所示。

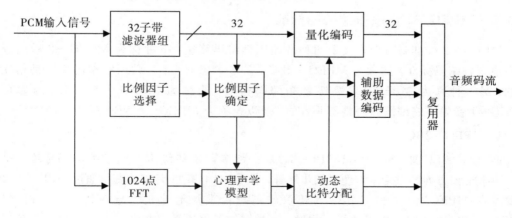

图 4-11　Layer Ⅱ 音频编码器的原理框图

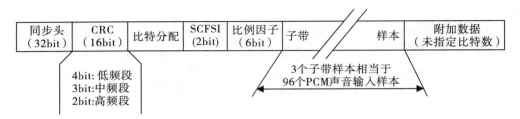

图 4 - 12　Layer Ⅱ音频编码器的帧码流结构

3. Layer Ⅲ

Layer Ⅲ（即 MP3）采用了 Layer Ⅰ和 Layer Ⅱ未用到的技术。例如，使用比较好的临界频带滤波器，多相/MDCT（改进余弦变换）混合滤波器组，把声音频带分成非等带宽的子带。心理声学模型除了使用频域掩蔽特性和时域掩蔽特性之外，还考虑了立体声数据的冗余，并且使用了霍夫曼编码等，因此提高了编码效率，即以非常低的数据率得到高保真度的音质，使得 MP3 在市场上得到广泛应用。Layer Ⅲ音频编码器的原理框图如图 4 - 13 所示。

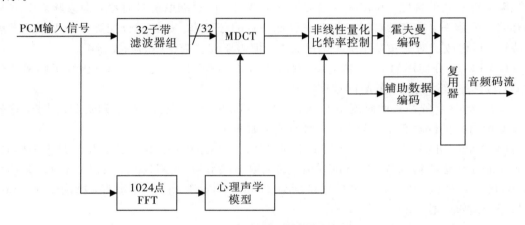

图 4 - 13　Layer Ⅲ音频编码器的原理框图

4.3.2　MPEG - 2 音频压缩编码标准

MPEG - 2 标准委员会定义了两种音频压缩编码算法：一种称为 MPEG - 2 后向兼容多声道音频编码标准，简称为 MPEG - 2BC，它与 MPEG - 1 音频压缩编码算法是相互兼容的；另一种称为 MPEG - 2 高级音频编码标准，简称为 MPEG - 2 AAC，因为它与 MPEG - 1 音频压缩编码算法是不兼容的，所以也称为 MPEG - 2 NBC 标准。

1. MPEG - 2BC

MPEG - 2BC 即 ISO/IEC13818 - 3，是一种多声道环绕声音频压缩编码标准。早在 1992 年初，该方面的讨论工作便已初步展开，并于 1994 年 11 月正式获得通过。MPEG - 2BC 主要是在 MPEG - 1A 和 CCIR775 建议的基础上发展起来的。与 MPEG - 1 相比较，MPEG - 2BC 主要在两方面进行了改进：一是增加了声道数，支持 5.1 声道和 7.1 声道的环绕声；二是增加了某些低声道数码率应用场合，如多语言声道节目、体育比赛解说等，增加了 16 kHz、22.05 kHz 和 24 kHz 三种较低的采样频率。同时，标准规定的码流形式还可与 MPEG-1 的第一层和第二层做到前、后向兼容，并可依据国际无线电咨询委员会 775 号建议做到与单声道、双声道形式的向下兼容，还能够与杜比环绕声形式兼容。

在 MPEG-2BC 中，由于考虑到其前、后向兼容性以及环绕声形式的新特点，在压缩算法中除继承了 MPEG-1 的绝大部分技术外，为在低数码率条件下进一步提高声音质量，还采用了多种新技术，如动态传输声道切换、动态串音、自适应多声道预测和中央声道部分编码等。

然而，MPEG-2BC 的发展和应用并不如 MPEG-1 那样一帆风顺。通过对一些相关论文的比较可以发现，MPEG-2BC 的编码框图在标准化过程中发生了重大的变化，上述的许多新技术都是在后期引入的。事实上，正是与 MPEG-1 的前、后向兼容性使得 MPEG-2BC 不得不以牺牲数码率的代价来换取较好的声音质量。一般情况下，MPEG-2BC 需 640 kb/s 以上的数码率才能基本达到欧洲广播联盟（EBU）的无法区分声音质量的要求。由于 MPEG-2BC 标准化的进程较快，其算法自身仍存在一些缺陷。这一切都成了 MPEG-2BC 在世界范围内得到广泛应用的障碍。

2. MPEG-2AAC

由于 MPEG-2BC 强调与 MPEG-1 的后向兼容性，不能以更低的数码率实现高音质。为了改进这一不足，后来就产生了 MPEG-2 AAC，现已成为 ISO/IEC 13818-7 国际标准。MPEG-2 AAC 是一种非常灵活的声音感知编码标准。与所有的感知编码一样，MPEG-2 AAC 主要利用了听觉系统的掩蔽特性来压缩声音的数据量，并且通过把量化噪声分散到各个子带中，用全局信号把噪声掩蔽掉。

MPEG-2 AAC 支持的采样频率范围为 8~96 kHz，编码器的音源可以是单声道、多声道和立体声，其多声道扬声器的数目和位置及前方、后方和侧面的声道数都可以设定，因此能支持更灵活的多声道构成。ACC 支持 48 个全带宽声道、16 个低频声道、不多于 16 个耦合声道和资料流。MPEG-2 AAC 在压缩比为 11:1，即在每个声道的数码率为 $(44.1 \times 16)/11 = 64$ kb/s（5 个声道的总数码率为 320 kb/s）的情况下，很难区分解码还原后的声音与原始声音之间的差别。与 MPEG-1 的第二层相比，MPEG-2 AAC 的压缩比可提高一倍，而且音质更好；在音质相同的条件下，MPEG-2 AAC 的数码率大约是 MPEG-1 第三层的 70%。

1）MPEG-2 AAC 编码算法和特点

MPEG-2 AAC 编码器的原理框图如图 4-14 所示。在实际应用中不是所有的模块都是必需的，图中凡有阴影的模块是可选的，可根据不同应用要求和成本限制对可选模块进行取舍。以下对各个模块进行简单的介绍。

（1）增益控制。增益控制模块用在可分级采样率类别中，它由多相正交滤波器、增益检测器和增益调节器组成。这个模块把输入信号划分到 4 个等带宽的子带中。在解码器中也有增益控制模块，通过忽略多相正交滤波器的高子带信号获得采样率输出信号。

（2）分析滤波器组。分析滤波器组是 MPEG-2 AAC 系统的基本模块，它把输入信号从时域变换到频域。这个模块采用了改进离散余弦变换（MDCT），它是一种线性正交交叠变换，使用了一种称为时域混叠抵消（Time-Domain Aliasing Cancellation，TDAC）技术，在理论上能完全消除混叠。MEPG-2 AAC 提供了两种窗函数：余弦窗和凯塞-贝塞窗

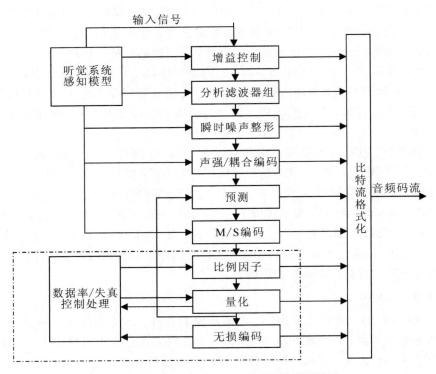

图 4-14　MPEG-2 AAC 编码器的原理框图

（KBD 窗）。余弦窗使滤波器组能较好地分离出相邻的频谱分量，适合于具有密集谐波分量（频谱间隔小于 140 Hz）的信号。对于频谱成分间隔较宽（大于 220 Hz）的信号则采用 KBD 窗。MEPG-2 AAC 允许正弦窗和 KBD 窗之间无缝切换。

MEPG-2 AAC 的 MDCT 的帧长分为 2048 和 256 两种。长块的频域分辨率较高、编码效率也较高。对于时域变换快的信号则使用短块，切换的标准根据心理声学模型的计算结果显示不是突变的，而是中间引入了突变块。

（3）听觉系统感知模型。听觉系统感知模型即心理声学模型，它是包括 MEPG-2 AAC 在内的所有感知音频编码的核心。MEPG-2 AAC 使用的心理声学模型原理上与 MP3 所使用的模型相同，但在参数和具体计算的方面并不一样。MEPG-2 AAC 用的模型不区分单音和非单音成分，而是把频谱数据划分为分区，分区范围与临界频带带宽有线性关系。

（4）瞬时噪声整形。在感知声音编码中，瞬时噪声整形（Temporal Noise Shaping，TNS）模块是用来控制量化噪声的瞬时形状的，解决掩蔽阈值和量化噪声的错误匹配问题。这是一种增加预测增益的方法。这种技术的基本思想是：时域较平稳的信号，频域上变化较剧烈；反之时域上变化剧烈的信号，频谱上就较稳定。TNS 模块在信号的频谱变化较平稳时，对一帧信号的频谱进行线性预测，再将预测残差编码。在编码时判断是否要用 TNS 模块由感知熵决定，当感知熵大于预定值时就采用 TNS 模块。

（5）声强/耦合编码和 M/S 编码。声强/耦合（Intensity/Coupling）编码有多种名称，有的称为声强立体声编码（Intensity Stereo Coding），有的称为声道耦合编码（Channel Coupling Coding），它们探索的基本问题是声道间的不相关性。

声强/耦合编码和 M/S 编码都是 MEPG - 2 AAC 编码器的可选项。人耳听觉系统在听 4 kHz 以上的信号时，双耳的定位对左右声道的强度差比较敏感，而对相位差不敏感。声强/耦合编码就是利用这一原理，在某个频带以上的各子带使用左声道代表两个声道的联合强度，而右声道谱线则设置为 0，不再参与量化和编码。整体而言，大于 6 kHz 的频段用声强/耦合编码较合适。

在立体声编码中，左右声道具有相关性，利用"和"及"差"方法产生中间（Middle）和边（Side）声道替代原来的 L/R 声道，M/S 和 L/R 的关系很简单，即

$$M = \frac{L+R}{2} \tag{4-4}$$

$$S = \frac{L-R}{2} \tag{4-5}$$

在解码端，将 M/S 声道再恢复为 L/R 声道。在编码时不是每个频带都需要用 M/S 联合立体声替代的，只有 L/R 声道相关性较强的子带才用 M/S 转换。对于 M/S 开关的判决，ISO/IEC 13818 - 7 中建议对每个子带分别使用 M/S 和 L/R 两种方法进行量化和编码，再选择两者中比特数较少的方法。而对于长块编码，需要对 49 个量化子带分别进行两种方法的量化和编码，因此运算量很大。

（6）预测。在信号较平稳的情况下，利用时域预测可进一步减小信号的冗余度。在 MEPG - 2 AAC 编码器中是利用前两帧的频谱来预测当前帧的频谱，在要求预测的残差的基础上，对残差进行量化和编码。预测使用经过量化后重建的频谱信号。

（7）量化。真正的压缩是在量化模块中进行的，前面的处理都是为量化做的预处理。量化模块是根据心理声学模型输出的掩蔽阈值，把限定的比特位分配给输入谱线，并尽量使量化所产生的量化噪声低于掩蔽阈值，达到不可闻的目的。量化时需计算实际编码所用的比特数，量化和编码是紧紧结合在一起进行的。MEPG - 2 AAC 在量化前先将 1024 条谱线分成数十个比例因子频带，然后对每个子频带采用 3/4 次方非线性量化，起到幅度压扩作用，提高小信号时的信噪比和压缩信号的动态范围，有利于霍夫曼编码。

（8）无损编码。无损编码实际上就是霍夫曼编码，它对被量化的谱系数、比例因子和方向信息进行编码。

最后，要把各种必须传输的信息按 MEPG - 2 AAC 标准给出的帧格式组成 MEPG - 2 AAC 码流。MEPG - 2 AAC 的帧结构非常灵活，除支持单声道、双声道和 5.1 声道外，可支持多达 48 个声道，并具有 16 种语言兼容能力。MEPG - 2 AAC 中的数据块类型有单声道元素、双声道元素、低音增强声道元素、耦合声道元素、数据元素、声道配置元素、结束元素和填充元素。

2）MPEG - 2AAC 的类

开发 MPEG - 2 标准采用的方法与开发 MPEG - 2BC 标准采用的方法不同。后者采用的方法是对整个系统进行标准化；而前者采用的方法是模块化的方法，把整个 MEPG - 2 AAC 系统分解成一系列模块，用标准化的 MEPG - 2 AAC 工具模块进行定义。因此，在文献中往往把"模块（Modular）"和"工具（Tool）"等同对待。

MEPG - 2 AAC 为在编解码器的复杂程度与音质之间得到折中，定义了以下三个种类：

（1）主类。在这一种类中，除了"增益控制"模块之外，MEPG－2 AAC系统使用了图4－14中的其他所有模块。主类在三个种类中提供最好的声音质量，而且其解码器可对低复杂度类的编码比特流进行解码，但对计算机的存储容量和处理能力的要求较高。

（2）低复杂度类。在这一种类中，不使用预测模块和增益模块，瞬时噪声整形滤波器的级数也有限，这就使声音质量比主类的声音质量低，但对计算机的存储容量和处理能力的要求可明显降低。

（3）可扩展采样率类：编码器首先对音频数据进行基本采样率编码，以提供基本的音频质量和兼容性。然后，编码器可以选择性地对音频数据进行附加层编码，以提供更高的音频质量或支持更高的采样率。

4.3.3　MPEG－4 音频压缩编码标准

MPEG－4标准的目标是提供未来的交互式多媒体应用，它具有高度的灵活性和可扩展性。与以前的音频编码标准相比，MPEG－4增加了许多新的关于合成内容及场景描述等领域的工作，增加了可分级性、音调变化、可编辑性及延迟等新功能。MPEG－4将以前发展良好但相互独立的高质量音频编码结合，计算机音乐和语音等第一次合并在一起，在诸多领域内有着高度的灵活性。

为了实现基于内容的编码，MPEG－4音频编码标准也引入了音频对象（Audio Object，AO)的概念。AO可以是混合声音中的任一种基本音，例如，交响乐中某一种乐器的演奏音或电影声音中人物的对白。通过对不同AO的混合和去除，用户就能得到所需要的某种基本音或混合音。

MPEG－4支持自然声音（如语音、音乐）编码、合成声音编码以及自然和合成声音混合在一起的合成/自然混合编码（Synthetic/Natural Hybrid Coding，SNHC），以算法和工具形式对音频对象进行压缩和控制（如可以分级数码率进行回放，通过文字和乐器的描述来合成语音和音乐等）。

1. 自然音频编码

对于自然音频，为了使不同的AO满足多方面的应用并获得最高的音频质量，在 $2\sim64$ kb/s 的范围内，MPEG－4采用分级编码的方法提供以下三种类型的编码器或编码工具。

1）参数编码器

对于采样频率为 8 kHz 的语音信号，参数编码器的输出数码率为 $2\sim4$ kb/s；对于采样频率为 8 kHz 或 16 kHz 的语音或音频信号，参数编码器的输出数码率为 $4\sim16$ kb/s。

参数编码器提供了两种编码工具：谐波矢量激励编码（Harmonic Vector Excitation Coding，HVXC）、谐波和特征线加噪声编码（Harmonic and Individual Line Noise，HILN）。这两种编码工具既可以在编码过程中单独使用，也可以在两者编码器的输出之间动态地切换或联合起来使用，以获得更宽范围的数码率。

用谐波和随机矢量来描述线性预测误差是一个有效的编码方案。当线性预测误差信号是浊音而原信号是清音时，则采用矢量激励编码，该算法就称为谐波矢量激励编码。图4－15给出了HVXC编码器的原理框图。

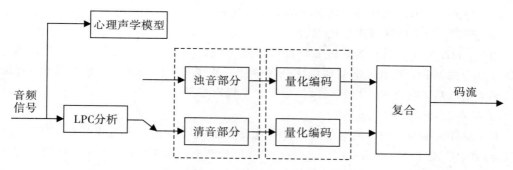

图 4-15 HVXC 编码器的原理框图

HVXC 编码工具允许用 8 kHz 的频率对语音信号进行采样，主要是实现数码率为 2～4 kb/s 的编码。HVXC 编码工具将语音信号分割成长度为 160 或 256 个采样值的帧，对每帧语音信号加窗后进行线性预测编码（Linear Predictive Coding，LPC）分析，用得到的线谱对 LPC 参数进行滤波来预测当前帧语音信号。两者的差值即为线性预测误差信号。当线性预测误差信号为浊音时，对其谱包络进行矢量量化编码；当其为清音时，则采用矢量激励编码，每帧用 1 bit 来表示浊音/清音。

HVXC 的解码过程包括以下四个步骤：

（1）参数的逆量化。

（2）对声音帧采用正弦合成产生激励信号并且加上噪声分量。

（3）对非声音帧采用查找码书产生激励信号。

（4）线性预测编码合成。

对合成语音质量的提高可以采用频谱后置滤波。

HVXC 提供了在延迟模式上的可分级性。它的编码器和解码器可以独立地选择低延迟模式或正常的延迟模式。

HILN 编码工具允许对音乐等非语言信号以 8 kHz 或 16 kHz 采样，主要实现数码率为 4～16 kHz/s 的编码。其编码的基本原理是对输入信号进行分析，提取描述信号的参数，并对其进行编码后组成一个复合码流。解码器根据这些参数合成输出信号。图 4-16 给出了 HILN 编码器的原理框图，它包括参数提取和参数编码两部分。

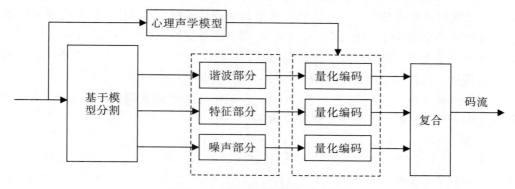

图 4-16 HILN 编码器的原理框图

HILN 编码需提取以下三类参数：

（1）谐波线：用来描述音频信号谐波部分的基频频率和幅值。

（2）特征线：用来描述每个特征线的频率和幅值。

（3）噪声：用来描述噪声谱的形状。

因此，HILN 编码就称为谐波和特征线加噪声编码。参数的提取分三步：首先估计信号谐波部分的基频；然后根据基频频率分别估计谐波线和特征线的相关谱线参数；提取所有的相关谱线后，剩余的信号就可以作为噪声来提取参数。

2）码本激励线性预测编码器

对于采样频率为 8 kHz 的窄带语音信号或采样频率为 16 kHz 的宽带音频信号，码本激励线性预测(Code Excited Linear Prediction，CELP)编码器的输出数码率在 6～24 kb/s 之间。

CELP 编码器主要由激励源和合成滤波器组成，需要时再添加一个后置滤波器，如图 4-17 所示。激励源有两种：一种是由自适应码本产生的周期分量；另一种是由一个或多个固定码本产生的随机分量。在解码器中，使用编码传过来的码本和增益索引来重建激励信号，激励信号接着通过线性预测合成滤波器。最后，为了获得增强的语音质量，可以使用后置滤波器。CELP 编码器支持两种采样率：8 kHz 和 16 kHz。

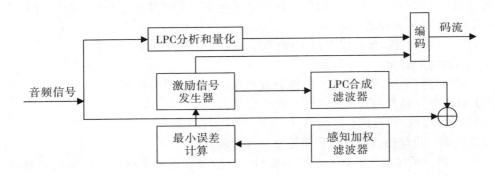

图 4-17　CELP 编码器的原理框图

当采样频率为 8 kHz 时，数码率的可分级性是通过不断加上增强层来实现的。在基本数码率上以 2 kb/s 的步长增加，可加的增强层的最大数目是 3，意味着可在基本数码率上加上 2 kb/s、4 kb/s 或 6 kb/s。当采样频率为 16 kHz 时，为了提供复杂度上的可分级特性，可以只使用比特流的部分来对语音信号进行解码，还有一些其他支持复杂度可分级的方法，例如后置滤波器的使用与否、简化 LPC 等。复杂度的可分级性依赖于实际的应用而与比特流的语法无关。当解码器用软件实现时，复杂度还可以实时地予以改变，这样利于在有限容量计算机接口或多任务环境下运行。

带宽的可分级性在采样频率为 8 kHz 和 16 kHz 时都可以实现，并且是通过在 CELP 编码器上加一个额外的带宽扩展工具来实现的。

3）时间/频率编码器

对于 16～64 kb/s(采样率高于 8 kHz)较高的数码率，MPEG-4 采用时/频(T/F)编码技术。对于更高的数码率 MPEG-4 则直接采用 MPEG-2 的 AAC 标准，提供通用的音频压缩方法。

当数码率为每声道 64 kb/s 时就是 MPEG-2AAC 编码标准，此时可以获得极好的音频质量。MPEG-2AAC 是 MPEG-4 时/频编码的核心。图 4-18 给出了时/频编码器的原理框图。

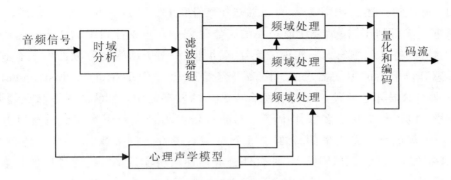

图 4 - 18　时/频编码器的原理框图

时/频编码器由以下五个部分组成：

（1）时域分析模块用于提取音频信号的增益信息，并且可以根据信号的特点来选择音频信号加窗长度和窗的形状。

（2）滤波器组通过 DCT 变换将时域音频信号转换成不同频率的频域信号。

（3）心理声学模型根据人的听觉系统对不同频率信号的听辨灵敏度差异和掩蔽效应的不同，来决定对不同频段的频域信号采取相应的处理策略。

（4）频域处理模块根据心理声学模型提供的参数处理各个频段的信号。

（5）量化和编码部分主要是对频域信号进行编码。

滤波器的输出含有 1024 条或 1280 条频谱线，通过块切换来获得不同的时间和频率分辨率。用瞬时噪声整形来控制瞬时量化噪声的形状。通过在每一个频谱系数上使用后向自适应预测器来有效提高滤波器组的分辨率。频谱系数被划分为近似临界频带结构的比例因子频带，并且每一个比例因子频带都共享一个比例因子，使用一个非均匀量化器。编码器的心理声学模型对控制量化频谱系数进行区分，每个区包含若干个比例因子频带，然后对每个区的量化系数进行霍夫曼编码。

除了 MPEG - 2AAC 外，还有其他的时/频编码工具，例如比特分片算术编码（Bit-Sliced Arithmetic Coding，BSAC），BSAC 作为一种无损编码，能提供从 16～64 kb/s 之间以 1 kb/s 的步长实现数码率的可分级性。变换域加权交织矢量量化（The Transform-domain Weighted Interleaved Vector Quantization）也可以作为无损编码和量化工具的选择，它使用线性预测编码模型来定义量化器步长，对交织和量化的频谱系数进行矢量量化，特别适用于需要数码率可分级和强纠错的系统中。

总体来说，MPEG - 4 的自然音频编码不但提供了很大的数码率范围，更重要的是提供了在诸多系统系数，比如信号带宽、声道数码率、信号时间尺度重建、声音音调和解码器复杂度等方面的灵活性和可分级性。可以通过一系列的核心编码器来实现上述的不同的可分级性。

2. 合成音频编码

从 MPEG - 4 标准制定开始，其焦点就已经扩展，它不仅包括传统的编码方法，其独创之处在于提供了有关合成与自然内容的同步、合成音视频场景和时空联合等方面的描述。一种新类型的音频编码工具"结构化音频（Structured Audio）"随之产生。结构化音频标准提供了关于合成音乐、声音效果和交互式多媒体场景下合成声音与自然声音的同步等方面有效的、灵活的描述。MPEG-4可以通过结构化的输入生成音频，即合成音频，这就使得数码率进一步得到压缩。在MPEG-4的工作计划中，合成音频编码代表了一种极具灵活性的工具，支持其他编码无法实现的交互式功能。另外，结构化音频的出现有其强烈的时代背景感和技术上的迫切需求感。许多研究者发现，MIDI(Musical Instrument Digital Interface)等合成技术已不能满足计算机合成音乐的发展需求，目前的瓶颈状况需要改变。今天从电影、电视和交互式多媒体中感受到的音乐多为合成音乐且无法觉察到其原始面目。制定一个规范化、高质量的标准在每个终端实现音频的多媒体应用已是必然趋势。MPEG-4结构化音频工具是基于一种软件合成描述语言实现的。这种描述的技术基础类似于先前出现的计算机音乐语言，如Music V和C sound。结构化音频工具相比于计算机音乐语音的典型特点是允许用比特流来有效地传输数据。结构化音频工具使用五种主要的元素成分，它们的描述方式与总体的解码框架流程是统一的。

1) 结构化音频交响乐语言(Structured Audio Orchestra Language，SAOL)

SAOL是标准核心的合成描述语言。它是一种数字信号处理语言，可应用于任意合成的传输描述及部分比特流效果算法的描述。同时SAOL的语法和语义作为MPEG-4标准的一部分予以标准化。SAOL语言是一种全新的语言，目前任何已知的声音合成方法都可以用SAOL来描述，凡是能用信号流程网络来表示的数字信号处理过程都可用SAOL语言来表示。SAOL语言的特点是具有改进的语法、一系列更小的核心功能和一系列附加的句法，这使得相对应的合成算法的编辑变得更加简单容易。

2) 结构化音频乐谱语言(Structured Audio Score Language，SASL)

SASL是一种较简单乐谱的控制语言。它用来描述在声音合成产生过程中用SAOL语言传输声音产生算法是如何运作的。SASL较MIDI更加灵活，可以表达更加复杂的功能，但其描述却变得更加简单容易。

3) 结构化音频采样值分组格式(Structured Audio Sample Bank Format，SASBF)

SASBF允许传输在波表合成中使用的分组的音频采样值数据，并描述它们使用的处理算法。

4) 规范化程序表

规范化程序表描述了结构化音频解码过程的运行流程。它把用SASL或MIDI定义的结构声音控制映射为实时的事件来调度处理，这个过程用规范化声音产生算法(用SAOL描述)来定义。

5) 规范化参考

规范化参考用于MIDI标准。MIDI可在结构控制中替代SASL语言。虽然MIDI在效果和灵活性上不如SASL，但MIDI对现存的一些内容和编辑工具提供了后向兼容性的支持。同时对一些MIDI命令，MPEG-4也将其语义集成到结构化音频的工具中。

TTS(Text-To-Speech)是一种文本到语言的转换系统，即接收文本信息作为输入，然后输出合成语音。MPEG-4的功能如下：

(1) 按照原语音的节奏及韵律进行语音合成。

(2) 能够运用面部动画(Facial Animation，FA)工具对同步语音进行合成。

(3) 运用文本及口型信息对活动图像进行同步配音。

(4) 在进行暂停/重新、快进/快退开始等操作时，能够保持节奏和韵律不变。

(5) 允许用户改变合成语音的播放速度、语调、音量以及播音人的性别和年龄。

总体来说，不同于以往描述语言的复杂和专业化，结构化音频的特点在于使合成控制变得更加简易和方便，而且功能更强大、有效。

与之前的标准一样，MPEG-4 也根据不同的应用定义了几层框架，在 MPEG-4 结构化音频的完全标准中定义了三层受限制的框架，其中的每一层框架都是完全标准的子集，其描述语言不同，各自的应用也不同。只有第四层框架才是结构化音频完全的、默认的框架，是严格意义上的规范化。

3. 合成/自然音频混合编码(Synthetic/Natural Hybrid Coding，SNHC)

SNHC 联合了自然和合成音频编码工具，具有许多优点。例如，一个音轨可以由两个单独的音频对象组成，并且音轨可以使用 CELP 低数码率语言编码器进行编码，而背景音乐可以使用结构音频的合成编码器。而在解码器终端，这两部分被解码并混合在一起。这种混合的过程在 MPEG-4 中被定义为场景描述的二进制格式(Binary Format for Scene description，BIFS)。BIFS 在概念上与虚拟现实描述语言(Virtual Reality Modeling Language，VRML)类似，但它的音频分量在功能上被扩展了。BIFS 作为 MPEG-4 的系统工具而被标准化。使用音频 BIFS，音源可以被混合、分组、延迟、随同 3D 虚拟空间一起进行处理及使用信号处理功能进行译后处理，并可用 SAOL 传输作为比特流内容的一部分。

对语言进行自然编码(如 CELP)可以获得良好的声音质量，但如果遇到回声、人工音乐等，音质则会恶化，解决的办法就是在用户端使用 SAOL 描述的回声算法进行译后处理。SNHC 综合了两者的优点，且在带宽和声音质量上都取得了满意的效果。

4.4　音频压缩编码在前沿科技中的应用

在党的二十大报告中，明确提出了"加快建设数字中国"的重要任务。音频压缩编码作为数字技术的重要基础，在"数字中国"建设过程中有着重要作用。音频压缩编码技术可以降低数字音频信号的数据量，为音频信号的传输和存储提供便利，为前沿科技发展提供技术支持，尤其是在我国已跻身全球第一梯队的量子信息通信、北斗导航通信和极地通信等新兴领域中。

1. 量子信息通信

量子通信是利用量子叠加态和纠缠效应进行信息传递的新型通信方式，基于量子力学中的不确定性、测量坍缩和不可克隆三大原理提供了无法被窃听和计算破解的绝对安全性保证。党的二十大报告将量子通信列入十年来我国正在崛起壮大的战略新兴产业之一，凸显了其战略意义。作为量子信息领域中率先实用化的前沿技术，量子加密技术具备传统加密方式所不具备的极高安全性。国内三大运营商纷纷在量子加密领域布局，一方面助力量子通信的应用落地，另一方面也不断创新应用技术、提升通信等行业的安全标准。为了保护通话安全，中国电信推出了行业内首款量子安全通话产品——"量子密话"。该产品利用量子信息技术生成认证密钥和通话密钥，主要特点是充分利用了量子随机数和量子密钥分发机制。此外，中国联通成立"量子加密通信联合实验室"，实现新型量子密码协议，为量子保密通信提供了新的可能途径。中国移动提出未来要强化量子通信等前沿领域的谋划布局，同时发布内含加密芯片的超级 SIM 卡，实现加密通话。通过以上措施，我国在推进量子信息通信方面取得了显著进展，并具备了先进的通信安全能力。这些举措不仅提升了我国在该领域的实力，还为各行业提供了更可靠、更安全的通信解决方案。量子加密通话技术需使用音频编码技术对语音进行编码，之后引入量子技术对编码后的内容进行加密，音频压缩编码技术在该过程中有着重要作用。音频压缩编码为量子通信提供技术支撑，可以方便与密码及认证技术结合，便于实现信息加密和解密。"十三五"以来，国家高度重视和支持量子信息领域的发展，量子通信的研究基本与国际同步。在国家有利政策的引导下，相信中国量子通信产业将会有更加璀璨的未来。

2. 北斗导航通信

北斗卫星导航系统是中国着眼于国家安全和经济社会发展需要，自主建设运行的全球卫星导航系统，是为全球用户提供全天候、全天时、高精度的定位、导航和授时服务的国家重要时空基础设施。北斗系统不仅能够实现精准定位，还具备双向通信功能和遥感功能，是真正的通信、导航和遥感一体化的空间基础设施。在传统的窄带卫星通信条件下，通信容量非常有限，一般只能发送文本消息，这导致在紧急情况下通信效率较低，无法满足实际需求。然而，国内已有团队成功突破难关，将语音压缩解压库顺利上升至语音通信阶段。北斗语音压缩库是钒星北斗开放平台的一个重要功能，它利用数字音视频技术实现了高压缩比的语音编码和解码，并设计了低延迟的语音数据调度协议，使用户可以进行点对点连续语音对讲，实现用户与后台、用户之间的即时回传。音频压缩编码技术可以根据数据之间的内在联系去除冗余信息，并通过压缩编码来减少数据量，从而提高音频传输效率，这项技术对于北斗导航通信技术来说至关重要。另外，音频压缩编码技术具有可扩展性，可以方便地与其他数字设备配合使用，并且具有良好的性能一致性，便于为未来北斗导航的发展提供技术支持。

3. 极地通信

极地科考是一个国家综合国力、基础工业和高科技水平的综合体现，而极地通信装备是开发、利用和保护极地地区的重要保障。然而极地地区恶劣的气候条件以及复杂的地形都对通信网络的建设和维护提出了许多挑战，虽然我国极地装备发展已取得了一定进步，但在通信等主要技术方面的需求较为紧迫。在"十四五"国家重点研发计划中，国家将北极航道通信导航保障关键技术研究与系统研发纳入重点专项之一。极地科考通过研究极地的气候、生物、地质等方面，为全球气候变化和环境保护提供重要的参考，还可以为南极洲的资源开发和利用提供科学依据。在极地科考过程中，需要进行远程制导、指挥和交流，这就需要一个高效可靠的通信网络来满足这些需求。SC310 天通宽带便携终端是由中国电子科技集团第五十四研究所自主研发设计的一款天通卫星数据终端，支持天通卫星移动话音、短信、IP 数据、二线电话等功能，适应恶劣环境下使用，可实现极地地区的通信和信息交流。该终端对音频数据传输和处理的过程离不开音频压缩编码技术的支持。音频压缩编码技术使得极地音频数据的存储和处理变得便捷，从而实现极地高速率语音通信。

综上所述，音频压缩编码技术在我国量子信息通信、北斗导航通信和极地通信等前沿技术中有着重要作用，是我国前沿科技发展过程中的重要基础。音频压缩编码技术必将助力我国前沿科技发展与进步，助力数字中国建设，推进中国式现代化。

4.5　本章小结

本章介绍了音频压缩的定义、必要性，介绍了四种音频编码技术：波形编码（包括脉冲编码调制、差分脉冲编码调制和自适应差分脉冲编码调制）、参数编码、混合编码、感知编码以及在视频压缩领域被广泛使用的 MPEG 音频编码标准，重点介绍了基于心理声学模型的感知编码。为后续章节介绍音频处理技术做铺垫。

第5章　图像/视频压缩编码

图像/视频信息能通过视觉感受和动态效果给人以生动、深刻的印象。视频电话、视频会议、交互视频游戏以及虚拟现实技术等都是视频信息在人类社会中的重要应用。

在现实生活中，图像可以分为静止图像和活动图像。在对数字化的活动图像编码时，需要考虑时间变量。由于实际的活动图像都是一帧一帧地传输的，因此通常将活动图像看成一个沿着时间轴分布的图像序列，统称为序列图像，其编码称为序列图像编码。由于目前活动图像的处理、传输和存储等大都针对视频信号，因此我们这里主要讨论序列图像中的视频图像，对视频图像的压缩编码称为视频编码，即对构成视频的图像序列中的图像进行压缩编码。对于序列图像中的一帧图像，我们一般不考虑其时间因素，所有静止图像的编码方法都可以用于对单独一帧图像的编码。

5.1　图像/视频压缩概述

5.1.1　图像/视频信号的特点

在讨论图像/视频压缩编码之前，我们有必要分析一下图像/视频信号的特点。

1. 直观

利用人类的视觉获取的信息称为图像/视频信息，它具有直观性的特点。语音信息则利用人的听觉获取。两者相比，图像/视频信息更为具体，使人印象深刻。从交流信息的客观效果来讲，图像/视频信息的效果更好。

2. 确切

图像/视频信息较为确切具体，与其他内容不易混淆，可保证信息的准确性。语音信息则会由于地方口音的不同而产生歧义。

3. 高效

人类视觉系统可以并行地观察一幅图像的多个像素，从而使获取图像/视频信息的效率比音频信号高得多。例如，通过观察电机结构图，人们能够很快了解定子、转子及其相关位置，从而很快弄清电机的结构和原理。假设没有这样的图，只是一味地听语音讲解，很难从这些音频信息中获取相关信息。

4. 广泛

统计结果显示，人们每天通过视觉获取的信息约占接收到的外界信息总量的70%，说明人们每天获得的信息大部分是视觉信息。

5. 高带宽

视频信息的表示形式是视频信号，通常可以通过网络传送至终端屏幕显示给用户。视频信号所包含的信息量大，其内容可以是彩色的，也可以是黑白的；可以是动态的，也可以是静止的；有时变化多、细节多，有时十分平坦。通常情况下，视觉信号信息量大，需要较宽的传输网络进行传输。例如，一路可视电话或会议电视信号，由于其活动内容较少，所以带宽较窄，当要求视频画面质量良好时，如果对传输的视频信息不进行压缩传输，带宽约需若干兆比特每秒，进行压缩后则只需要几十万比特每秒。一路高清电视（HDTV）信号的信息量相当大，如果不进行压缩，则需要 1 Gb/s 传输带宽，利用 MPEG-2 压缩后仍需 20 Mb/s。综上所述，图像/视频信息虽然具有直观性、确定性、高效性等优越性能，但要传送包含图像/视频信息的信号却需要较高的网络带宽。

5.1.2　图像/视频压缩的必要性和可行性

1. 必要性

众所周知，数字化的图像在图像处理中具有一系列的优点，然而数字化后的图像数据量也是相当庞大的。例如，如果不经过压缩处理，数字化传输一帧 NTSC 制式的彩色视频图像（将视频图像数字化成 720 像素×480 线，每种颜色分量中的每个像素用 8 bit 表示，每秒传输 30 帧），要求信道的传输能力要达到 248 Mb/s。同样，一帧 HDTV 的彩色电视图像，其分辨率为 1920×1080，每种颜色分量中的每个像素用 8 bit 表示，每秒传输 30 帧，那么需要信道的传输速率为 1.4 Gb/s。一帧高清电影图像，数字化成 4096 像素×3112 线，并且每种颜色分量中的每个像素用 10 bit 表示，如果每秒传输 24 帧图像，那么 1 s 的彩色电影图像大约需要 8.6 GB 的存储空间。按照这样的数据传输速率计算，在不压缩图像的情况下，一张存储空间大约为 5 GB 的 CD 能存储约 20 s 的 NTSC 制式的视频图像或者 3 s 的 HDTV 视频图像。因此，若不进行图像的压缩，将会给存储器的存储容量、传输信道的传输率（带宽）以及计算机的处理速度等造成极大的压力。

为了解决这些问题，同音频信号一样，对图像/视频进行压缩编码显得十分必要和迫切。近 10 多年来，人们在图像/视频编码领域取得了巨大的进展，后续我们将会对图像视频编码技术进行具体讨论。

2. 可行性

前面讨论了图像/视频信息的优越性、图像/视频信号压缩的必要性，同音频压缩编码的分析一样，我们现在考虑这个问题：是否可以对图像/视频进行压缩呢？回答是肯定的。因为图像/视频和音频信号一样，存在很多冗余信息，如空间冗余、时间冗余、知识冗余、结构冗余和视觉冗余等。从信息论的角度来看，压缩就是去除信息中的冗余。

空间冗余和时间冗余是将图像/视频信号看成随机信号时所反映出的统计特性，因此将这两种冗余称为统计冗余。空间冗余是图像数据中经常存在的一种冗余。在任何图像中，均有许多灰度或颜色都相同的相邻像素组成的局部区域，形成了一个性质相同的集合块，这些相似像素具有空间（或空域）上的强相关性，对于整幅图像来说是空间冗余。解决空间冗余的压缩方法就是把这些相似区域作为一个整体，用极少的代表性数据来表示，从而节省存储空间。时间冗余是运动图像中经常包含的冗余。运动图像中的两幅相邻的图像有很大的相关性，其反映为时间冗余。知识冗余是人们通过认识世界而得到某些图像大都具有的先验知识和背景知识而带来的冗余。例如，人脸的图像有固定的结构，即嘴的上方有鼻子、鼻子的上方有眼睛、鼻子位于人脸正面图像的中线上等。这类规律的结构可由先验知识和背景知识得到。因此，这类信息对人们来说一般是冗余信息。结构冗余是指图像的部分区域存在着非常强的纹理结构，或是图像的各个部分之间存在某种关系，如自相似性等。视觉冗余是由于人的视觉对某些信号（如颜色）不那么敏感的生理特性所产生的，如视觉惰性（对亮度和色度、蓝色和红绿色、25 帧视频采样等）的遮蔽效应。

如上所述，在保证一定质量的前提下，尽可能地去除这些冗余，就可以实现对图像视频的压缩。

5.2　图像压缩编码技术

5.2.1　图像压缩编码系统的基本结构

信源编码主要解决图像的压缩编码问题。在数字传输系统中，信源的编码过程就是减少数据冗余的过程。通过压缩信源冗余信息，完成用最少的编码数据传输最大的信源数据的任务。图像的冗余信息有两种：一是空间模式上的统计冗余；二是人眼对某些空间频率不敏感造成的视觉冗余。图像压缩编码系统的组成框图如图 5-1 所示。

输入图像 ⟶ 变换器 ⟶ 量化器 ⟶ 编码器 ⟶ 压缩码流

图 5-1　图像压缩编码系统的组成框图

在图 5-1 中，变换器对输入图像数据进行一对一的变换，输出比原始图像数据更适合高效压缩的图像表示形式。变换器中的变换包括线性预测、正交变换、多分辨率变换和二值图像的游程变换等。量化器对取样值按一定的规则近似表示，输出有限个幅值。量化器可分为无记忆量化器和有记忆量化器两大类。编码器为量化器输出端的每个符号分配一个码字或二进制比特流，编码器可采用等长码或变长码。不同的图像编码系统可采用表 5-1 中不同图像编码方法的组合。

表 5-1　图像编码方法的分类

四种图像编码方法			
统计编码。常用的统计编码有算术编码、霍夫曼编码、香农编码、游程编码	变换编码。常用的变换编码有傅里叶变换、K-L 变换、DCT 变换、小波变换	矢量量化编码	预测编码

根据压缩编码过程是否存在失真，图像压缩编码可分为以下两种：

（1）无失真压缩方法（或称为无损压缩方法）。无失真压缩方法是在不引入任何失真的条件下使用比特率最小的压缩方法，该方法可保证图像内容不发生改变。

（2）有失真压缩方法（或称为有损压缩方法）。有失真压缩方法是使图像内容的差别控制在一定的范围内，在保证观察效果的主观质量前提下的压缩方法。该方法能够在一定的比特率下获得最佳的保真度或在给定保真度下获得最小的比特率。

5.2.2　统计编码

根据信息论的观点，信源的冗余是信源本身所具有的相关性和信源内事件概率分布的不均匀产生的。因此，图像的统计编码方法就是利用信源的统计特性，去除其内在的相关性和改变概率分布的不均匀性，从而实现图像信息的压缩。下面介绍的几种统计编码都利用了图像信源熵的特性，因而又称为熵编码。

1. 基本理论

编码过程是将不同的消息用不同的码字来表示，是构建从消息集到码字集的一种映射。我们设定组成码字的符号位码长为 L_i。假设字符 x_i 取自信源符号集合 $X_m = \{x_1, x_2, \cdots, x_m\}$，如果字符 x_i 的编码长度为 L_i，并且其概率为 p_i，则显然 L_i 也是一个非负的随机变量，记为

$$L_i = -\lg q_i \quad \left(0 \leqslant q_i \leqslant 1; i = 1, 2, \cdots, m; \sum_{i=1}^{m} q_i = 1\right) \qquad (5-1)$$

那么对信源 X_m 编码的平均长度为

$$l = \sum_{i=1}^{m} p_i L_i = -\sum_{i=1}^{m} p_i \lg q_i \qquad (5-2)$$

信息论中已经证明熵具有极值性，即下式中的等号仅在 $\{q_i\} = \{p_i\}$ 时成立，有

$$H(X) = -\sum_{i=1}^{m} p_i \lg p_i \leqslant -\sum_{i=1}^{m} p_i \lg q_i \qquad (5-3)$$

由此我们可知，对于离散无记忆平稳的信源，进行压缩的两个基本条件是：第一，准确得到符号的概率；第二，对各符号的编码长度都达到它的自信息量。

在式(5-3)中令 $q_i = 1/m$，可得到如下的最大离散熵定理。

定理 5.1　（最大离散熵定理）所有概率分布 p_i 所构成的熵，以等概率时为最大，即

$$H_m(p_1, p_2, \cdots, p_m) \leqslant \lg m \qquad (5-4)$$

此最大值与熵之间的差值，就是信源 X 所含有的冗余度（Redundancy），即

$$\xi = H_{\max}(X) - H(X) = \lg m - H(X) \qquad (5-5)$$

独立信源的冗余度隐含在信源符号的非等概率分布之中。只要信源不是等概率分布，就存在着数据压缩的可能性。这就是统计编码的基础。

下面给出一些定义或描述图像压缩的性能指标。

（1）平均码字长度。设信源的字符 a_i 的编码长度为 L_i 并且其概率为 p_i，则该信源编码的平均码长为

$$\overline{L} = \sum_{i=1}^{m} p_i L_i = -\sum_{i=1}^{m} p_i \lg p_i \qquad (5-6)$$

（2）压缩比。压缩比指编码前后平均码长之比，即

$$r = \frac{n}{\overline{L}} \qquad (5-7)$$

式中，n 为压缩前图像每个像素的平均比特数，通常为用自然二进制编码表示时的比特数；$\overline{L}$ 表示压缩后每个像素所需的平均比特数。一般情况下压缩比 r 总是大于 1，r 越大则压缩程度越高。

（3）编码效率。编码效率指信源的熵与平均码长之比，即

$$\eta = \frac{H(X)}{L} \qquad\qquad (5-8)$$

（4）冗余度。如果编码效率为 100%，说明还有冗余信息，此时冗余度 ξ 可表示为

$$\xi = 1 - \eta \qquad\qquad (5-9)$$

ξ 越小，说明可压缩的余地越小。

（5）比特率。在数字图像中，对于静止图像，比特率指每个像素平均所需的传输比特数，单位为 bit；而对于活动图像，比特率指每秒输出或者输入的比特数，单位为 Mb/s、kb/s 等。

若对于一个信息集合中的不同消息，采用相同长度的码字去编码，则称为等长（或定长）编码。

码字的符号可以任意选定，个数也可以根据需要而定。若取 M 个不同的字符来组成码字，则称为 M 元编码或 M 进制。最常见的是取两个字符"0"和"1"来组成码字，称为二元编码或二进制编码（与计算机中的二进制相对应）。

与等长编码相对应，对一个信息集合中的不同信息，也可以用不同长度的码字来代表，称为不等长（或变长）编码。采用变长编码可以提高编码效率，即对相同的信息量所需的平均编码长度可以短一些。编码时对 $P(x_i)$ 大的 x_i 用短码，而对 $P(x_i)$ 小的 x_i 用长码，就可以缩短信源的平均码长。这正是变长编码的基本原则。

2. 霍夫曼编码

1952 年，霍夫曼（Huffman）提出了一种不等长编码方法，使用严格逆序的码字长度的排列，即编码长度与符号出现的概率成逆序关系，出现概率高的符号被分配较短的编码，出现概率低的符号被分配较长的编码。基于信息熵的概念，在给定的符号概率下，霍夫曼编码能够实现平均码长最短，因此被称为最佳码。霍夫曼编码步骤如下：

（1）从概率最小的两个信源符号开始编码，将概率较大的信源符号编码为 1（或 0），将概率较小的信源符号编码为 0（或 1）。

（2）将已编码的两个符号的概率相加，与未编码的信源符号的概率进行排序。

（3）重复（1）、（2）两步，直到已编码的信源符号的概率达到 1 为止。

（4）画出由每个信源符号概率到 1 处的路径，记录沿路径上的 1 和 0。

（5）对于每个信源符号都写出从码数的根到终结点的"1""0"序列，该序列的左右翻转序列即为霍夫曼编码。

应该指出的是，由于"0"和"1"的指定是任意的，因此由上述过程编出的最佳码不是唯一的，但其平均长度是一样的，所以不影响编码效率和数据压缩性能。

对于有记忆信源，可以证明，虽然霍夫曼编码过程随信源符号数量的增多而变得更加复杂，但其编码效率也随之提高。

解码过程很简单，霍夫曼编码可即时解码。解码器中的缓冲器可以存放从已编码的码流中收到的比特。编码开始缓冲器为空，每收到一个比特，将它依次压入缓冲器与霍夫曼码表中的码字比较。如果找到一个相同的，则输出该码字对应的信源符号，并将缓冲器刷新为空；否则，继续读取码流中的下一个比特，直到结束。

当把霍夫曼编码用于图像信息的编码时，同样有一个基本符号单元的选择问题。如果

把像素的信号作为基本符号单元，根据霍夫曼编码，最多只能达到一阶熵，而图像信息源是有记忆的信息源，一阶熵并不能代表其数码率的下限，因此图像霍夫曼编码的压缩效果并不是很好。为了提高压缩效果，在霍夫曼编码之前对图像信息进行一些处理，如二值图像的方块编码、游程编码等，都是利用像素组来接近信息熵，还可以利用相关性预测后再进行变字长编码。总之，对于图像信号，一般都是先经过某种处理，然后再对其输出的新符号进行变字长编码，以取得最大的压缩率。

现举例说明如何进行霍夫曼编码。各信源符号及相应的概率如表 5-2 所示。

表 5-2　各信源符号及相应的概率

信源符号 X	X_1	X_2	X_3	X_4	X_5	X_6
概率 P	0.25	0.25	0.20	0.15	0.10	0.05

步骤 1：从最小的两个概率开始编码，将概率较大的信源符号编码为 1，将概率较小的信源符号编码为 0，让已编码的两个信源符号的概率相加，将结果与未编码的信源符号的概率从大到小排序为：0.25，0.25，0.20，0.15，0.10。霍夫曼树为

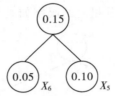

步骤 2：重复步骤 1，直到概率达到 1 为止，概率排序为：0.30，0.25，0.25，0.20。霍夫曼树为

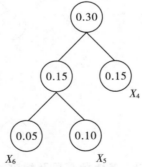

步骤 3：概率排序为：0.45，0.30，0.25。霍夫曼树为

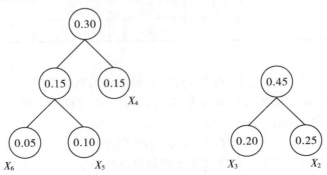

步骤 4：概率排序为：0.55，0.45。霍夫曼树为

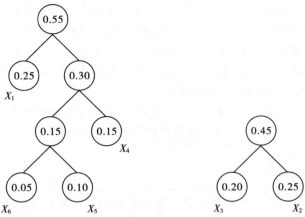

步骤 5：画出由每个信源符号概率到 1 处的路径，记录沿路径上的 1 和 0，就得到最终的霍夫曼树。对于每个信源符号都写出"1""0"序列（从码数的根到终结点），则从右到左就得到霍夫曼编码。各信源符号及相应的码字如表 5－3 所示。最终得到的霍夫曼树为

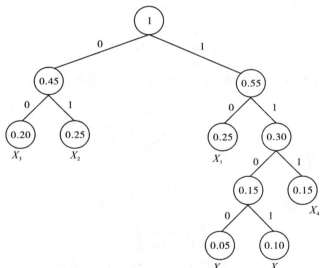

表 5－3　各信源符号及相应的码字

信源符号	X_1	X_2	X_3	X_4	X_5	X_6
码字	10	01	00	111	1101	1100

3. 香农编码

香农编码是一种可变长编码，码字长度由符号出现的概率决定。

定理 5.2　设离散无记忆信源的熵为 $H(X)$，如对信源符号采用二元码进行不等长编码，则码字平均长度 $\overline{L}$ 满足

$$H(X) \leqslant \overline{L} < H(X) + 1 \qquad (5-10)$$

证明：对于符号熵为 $H(X)$ 的离散无记忆信源进行 m 进制不等长编码，一定存在一种无失真编码的方法，其码字平均长度 $\overline{L}$ 满足

$$\frac{H(X)}{\text{lb}m}\leqslant\overline{L}<\frac{H(X)}{\text{lb}m}+1 \qquad (5-11)$$

当 $m=2$ 时，有

$$H(X)\leqslant\overline{L}<H(X)+1 \qquad (5-12)$$

此时 $\overline{L}$ 称为编码速率，有时又称为比特率。对于 m 进制的不等长编码，其编码速率定义为

$$R=\overline{L}\text{lb}m \qquad (5-13)$$

由此可以推导出对于某一个概率为 p_i 的信息符号 x_i 的长度 l_i（码长），有

$$-\frac{\text{lb}p_i}{\text{lb}m}\leqslant l_i<-\frac{\text{lb}p_i}{\text{lb}m}+1 \qquad (5-14)$$

对于二进制码，可以简化为

$$-\text{lb}p_i\leqslant l_i<-\text{lb}p_i+1 \qquad (5-15)$$

香农编码的码字长度是根据符号出现的概率，即式(5-13)来确定的。香农编码的步骤如下：

(1) 将输入图像的灰度级（信息符号）按出现的概率从大到小顺序排列（相等者可以任意颠倒排列位置）。

(2) 计算各概率对应的码字长度 l_i。

(3) 计算各概率对应的累加概率 a_i。

$$a_1=0$$
$$a_2=p_1$$
$$a_3=p_2+a_2$$
$$\vdots$$
$$a_i=p_{i-1}+a_{i-1}=p_{i-1}+p_{i-2}+\cdots+p_1$$

(4) 把每个累计概率由十进制小数转换成二进制小数。

(5) 取二进制数小数点后的前 l_i 位作为输出码字。

下面用前面霍夫曼编码中用到的示例进行香农编码，以便与霍夫曼编码比较，其香农编码过程如表 5-4 所示。

表 5-4　香农编码过程

信源符号	概率	l_i	a_i	输出码字
X_1	0.25	2	0	00
X_2	0.25	2	0.25	01
X_3	0.20	3	0.50	100
X_4	0.15	3	0.70	101
X_5	0.10	4	0.85	1101
X_6	0.05	5	0.95	11110

平均码长为

$$\overline{L}=\sum_{i=1}^{6}p_il_i=0.25\times2+0.25\times2+0.20\times3+0.15\times3+0.10\times4+0.05\times5$$
$$=2.7\ \text{bit}$$

信源的熵为

$$H(X) = -(0.25\ \text{lb}0.25 + 0.25\ \text{lb}0.25 + 0.2\ \text{lb}0.2 + 0.15\ \text{lb}0.15 +$$
$$0.1\ \text{lb}0.1 + 0.05\ \text{lb}0.05)$$
$$\approx 2.42$$

故其编码效率为

$$\eta = \frac{H(X)}{\overline{L}} = \frac{2.42}{2.7} = 89.63\%$$

可见，香农编码的效率比霍夫曼编码的效率略低一些，在一般情况下，它的平均码长比均匀编码的码长要短一些。只有当信源符号出现的概率正好为 $2^{-i}(i \leqslant 0)$ 时，香农编码能够产生最佳编码。

4. 算术编码

算术编码产生于 20 世纪 60 年代初，是另一种变字长无损编码方法。该编码不需要为每一个符号设定一个码字，可以直接编码符号序列。算术编码既有固定方式的编码，也有自适应方式的编码。自适应方式的编码不需要事先定义概率模型，在编码过程中对信源统计特性的变化进行匹配，因此对无法进行概率统计的信源比较合适。在一定条件下，算术编码比霍夫曼编码效率要高，但算术编码的实现要比霍夫曼编码复杂。因此在一些图像压缩编码标准中，它被作为霍夫曼编码之外的另一个熵编码项，在 JPEG2000 中则主要用算术编码进行熵编码。下面将以独立信源的固定方式编码为例，简要介绍算术编码的基本方法。

我们知道，霍夫曼编码首先对信源进行统计，然后设计一个霍夫曼码表，给每一个符号分配一个不等长码字。对一个符号序列进行编码时，通过查表的方式依次得到每个符号的码字，它们的和就是符号序列的总码字。

算术编码对一个符号序列编码时，将整个序列用一个二进制数表示，该二进制数与符号的累计概率有关。设 L 个符号的序列为 $u_1, u_2, \cdots u_L$，算术编码的码字长度为 n，其确定过程如下

$$-\text{lb}P(u_1 u_2 \cdots u_L) \leqslant -\text{lb}P(u_1 u_2 \cdots u_L) + 1 \tag{5-16}$$

记为

$$C_l = C_{l-1} + P(u_1 u_2 \cdots u_L) P_k^{(l)} \quad l = 2, \cdots, L \tag{5-17}$$

式中，初值 $C_1 = P_k^{(l)}$，并且 $u_l = a_k$，$P_k^{(l)}$ 为累积概率有

$$P_k^{(l)} = P^{(l)}(a_1) + P^{(l)}(a_2) + \cdots + P^{(l)}(a_{k-1}) \tag{5-18}$$

设 C_l' 为 C_l 二进制表示中截取前 n 位的所得，则符号序列 $u_1 u_2 \cdots u_L$ 的码字为

$$X(u_1 u_2 \cdots u_n) = \begin{cases} C_l'; & C_L' = C_L \\ C_l' + 2^{-n}; & C_L' < C_L \end{cases} \tag{5-19}$$

以上算法过程为一个迭代过程，可以看成对一个累积区间 $[0, 1]$ 不断按比例收缩和分割，从而确定码字的过程。算法的运算过程仅包括算术运算。在实际应用中为了简化，将符号概率 $P(a_k)$ 近似为 2 的负次幂形式，这样乘法运算变为右移位操作。

对于概率未知的信源，通常在编码前使用一个概率的假设初值，并且以此进行编码。同时统计符号的概率，每经过一定的时间间隔对概率估计值进行刷新，然后用新的概率进行编码，由此实现了对信源位置和信源变化的自适应。具体的算法需要参考有关算术编码的著作和论文。此外，算术编码用于图像编码时需要考虑上下文关系，即条件概率。

5. 游程编码

游程编码的全称是游程长度编码(Run Length Coding，RLC)，它是一种特别的无损编码。在传真等二值图像中，每一个扫描行总是由若干段连着的黑像素(1)和连着的白像素(0)组成，分别称为黑游程和白游程。黑白游程的示例如图 5-2 所示。

0	0	0	1	1	1	1	1	0	0	0	0	0	0	1	1

图 5-2　黑白游程的示例

1) 基本原理

游程编码的原理是将一行中颜色值相同的相邻像素用一个计数值和该颜色来代替，之后再对该颜色和计数值分别进行编码。因此它比较适合对有较多相同灰度值的图像进行编码。如果一幅图像是由很多块颜色相同的大面积区域组成的，即其中相同的灰度值较多时，游程编码的压缩效率很高。如果图像中每两个相邻点的颜色都不同，则这种算法不但不能压缩，反而数据量增加一倍。由于编码过程用的是二进制编码，因此解码时直接进行二进制转换即可，这样比一般方法有更高的译码效率。

2) 基本步骤

以图 5-3 所示的图像元素为例说明游码编码的步骤。

1	1	1	1	1	1	1
2	1	3	7	7	7	7
6	5	4	3	6	4	4
1	2	3	7	7	5	6
3	3	3	3	4	4	4
6	5	4	1	2	5	3
6	5	7	4	1	2	3

图 5-3　图像元素(灰度级为 8)

(1) 将其按行分别进行读入和计数，其结果为：

第一行〈1，7〉

第二行〈2，1〉〈1，1〉〈3，1〉〈7，4〉

第三行〈6，1〉〈5，1〉〈4，1〉〈3，1〉〈6，1〉〈4，2〉

第四行〈1，1〉〈2，1〉〈3，1〉〈7，2〉〈5，1〉〈6，1〉

第五行〈3，4〉〈4，3〉

第六行〈6，1〉〈5，1〉〈4，1〉〈1，1〉〈2，1〉〈5，1〉〈3，1〉

第七行〈6，1〉〈5，1〉〈7，1〉〈4，1〉〈1，1〉〈2，1〉〈3，1〉

(2) 对灰度值 0、1、2、3、4、5、6、7 分别进行编码。其结果为：000、001、010、011、100、101、110、111。

(3) 对个数 1、2、3、4、5、6、7 分别进行编码。其结果为：000、001、010、011、100、101、110。

(4) 首先，我们以〈1，7〉为例，对于"1"我们用 find 函数(因为灰度级编码时按顺序存储，所以其算法通过二分法查找来实现）找到其在信源符号编码结果集中的位置，然后将其码字拷贝到存储编码结果的存储结构中。对于"7"，则是在个数编码结果集中去用同样的方法进行查找，找到后也将其拷贝到编码结果存储结构中。如此直到全部编码结束为止。编码结果为：

001110010000001000011000111011110000101000100000011000110000100001001000010000011000111001101000110000011011100010110000101000100000010000100001010000110001100001010001110000000001000010000011000

（5）计算编码的效率。设图像的灰度级为 M，一行的长度为 N，则对每一行来说，游程数最少为 1，最多为 N。将灰度值和计数所组成的数对用普通二进制码存放，设一行中的游程数为 m，则描述一行像素的码字长度为 $m(\mathrm{lb}M+\mathrm{lb}N)$ bit。而直接存储原图像一行所需的位数为 $N\mathrm{lb}M$ bit。效率 $p=1-\displaystyle\sum_{i=1}^{c}\frac{m_i(\mathrm{lb}M+\mathrm{lb}N)}{N\mathrm{lb}M\times c}$。其中 c 为行数。

以上示例的效率为

$$p=1-\sum_{i=1}^{7}m_i\frac{\mathrm{lb}8+\mathrm{lb}7}{7\times\mathrm{lb}8\times 7}$$
$$=1-(1+4+6+6+2+7+7)\times\frac{\mathrm{lb}8+\mathrm{lb}7}{7\times\mathrm{lb}8\times 7}$$
$$=-0.303\ 691\ 9$$

此处因为在一行内游程数过多，单个游程的长度过短，所以为负值。

5.2.3 变换编码

变换编码是一类经典的数据压缩方法。典型的变换编解码系统框图如图 5-4 所示。图像数据经过线性正交变换，使得相关像素（空间域）变换为互相独立变换域系数矩阵。线性正交变换是可逆的，变换前后图像数据的信息熵保持不变，去相关性后变换域中图像的一阶熵近似为变换前图像的高阶熵，因此变换编码的压缩效果较好。

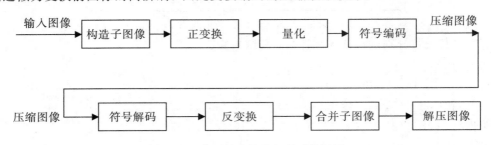

图 5-4 典型的变换编解码系统框图

如果编码变换后的图像用于人眼观察，则在对图像数据进行编码时不直接对变化系数进行熵编码，而是先量化处理变换系数后再进行熵编码，这样可以获得更高的压缩比。统计分析表明，图像数据正交变换后，能量集中在新坐标中的少数系数中，这部分系数对视觉效果的影响大，需要进行细量化，而能量分布不集中的系数对视觉效果的影响较小，只需要进行粗量化即可。这种编码方式使得整体码率大大降低，但是可以保持图像良好的主观质量。考虑了人的视觉特性的图像编码被称为基于视觉心理编码。

在现有的各种正交变换中，Korhumen-Loeve 变换（K-L 变换）是基于均方误差准则的最佳变换，变换后各系数是不相关的。由于正交变换的变换矩阵和图像统计特性有关，而且一般没有可行的快速算法，所以局限性较大。多数场合都是将该变换作为一种评价各类变换编码性能的参考标准。

利用 DCT 变换进行压缩编码时，需要考虑的一个实际问题就是实现的复杂性。一般的图像尺寸都很大，进行全尺寸 DCT 变换计算量太大，尤其是硬件难以实现，因此在综合考虑了实现的复杂性和编码效率等因素之后，包括在现有的国际标准的实际应用中，均采用 8×8 的 DCT 变换。这种变换编码称为基于子块的 DCT 压缩编码。它在编码时把图像分成 8×8 大小的子图像，然后对各个子块分别进行处理，包括 DCT 系数量化、直流系数的预测和 VLC、交流系数的之字形扫描和游程编码等。基于 DCT 的压缩编码在熵编码之前采用了多个步骤进行符号变换，其目的就是取得更高的压缩效率。

5.2.4　矢量量化编码

图像、语音信号编码技术中研究较多的一种新型量化编码方法为矢量量化编码，它不仅仅是量化器，还是一种压缩编码方法。传统的预测和变换编码中，首先将信号经某种映射变换成序列，然后对其进行量化编码。矢量量化编码中，则是把输入数据分成许多组，成组地进行量化编码，即将这些数看成一个 k 维矢量，然后以矢量为单位逐个矢量进行量化。矢量量化是一种限失真编码，可以用信息论中的率失真函数理论来分析其原理。率失真函数理论指出，矢量量化编码总是优于标量量化。图 5-5 给出了矢量量化编码的原理框图。

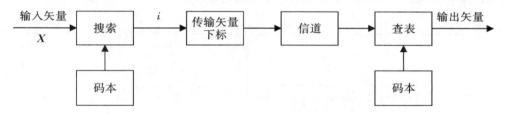

图 5-5　矢量量化编码的原理框图

图 5-5 中输入信号 $\boldsymbol{X}$ 是一个 k 维矢量，该矢量既可以是原始图像，也可以是图像的预测误差或变换矩阵系数的分块（或称为分组）。码本 C 是一个 k 维矢量的集合，即 $C = \{\boldsymbol{Y}_i\}$，$i=1, 2, \cdots, N$，它实际上是一个长度为 N 的表，每个表的每个分量是一个 k 维矢量，称为码字。矢量编码的过程就是在码本 C 中搜索一个与输入矢量最接近的码字。衡量两个矢量之间接近程度的度量标准可以用均方误差准则，即

$$d(\boldsymbol{X}, \boldsymbol{Y}_i) = \sum_{j=1}^{k} (x_j - y_{ij})^2 \tag{5-20}$$

也可以用其他准则，如

$$d(\boldsymbol{X}, \boldsymbol{Y}_i) = \sum_{j=1}^{k} |x_j - y_{ij}| \tag{5-21}$$

传输时，将码字 $\boldsymbol{Y}_i$ 的下标 i 传输到接收端解码器中，解码器中有一个与发送端相同的码本 C，根据下标 i 可用查表法找到 $\boldsymbol{Y}_i$ 作为对应 $\boldsymbol{X}$ 的近似。

当码本长度为 N 时，传输矢量下标所需的比特数为 $\mathrm{lb}N$，平均传输每个像素所需的比特数为 $(1/k)\mathrm{lb}N$。若 $k=16$，$N=256$，则比特率为 0.5 比特/像素。

在矢量量化编码中，关键是码本的生成算法和码字搜索算法，分述如下：

（1）码本的生成算法有两种类型：一种是已知信源分布特性的设计算法；另一种是未知信源分布，但已知信源的一列具有代表性且足够长的样点集合（即训练序列）的设计算法。可以证明，当信源是矢量平衡且遍历时，或者当训练序列充分长时，这两种算法是等价的。

（2）矢量量化编码过程本身就是一个搜索过程，即搜索与输入最为匹配的码字。矢量量化编码中最常用的搜索方法是全搜索算法和树搜索算法。全搜索算法与码本生成算法的原理基本相同，在给定速率下其复杂度随矢量维数 k 以指数形式增长，全搜索矢量量化器性能好，但设备较复杂。树搜索算法又有二叉树和多叉树之分，其原理是相同的，后者的计算量和存储量都比前者大，但性能比前者好。树搜索的过程是逐步求近似的过程，中间的码字起指引路线的作用，其复杂度比全搜索算法显著减少，搜索速度较快。由于树搜索并不是从整个码本中寻找最小失真的码字，因此它的量化器并不是最佳的，其量化信噪比低于全搜索。

5.2.5　预测编码

1. 无损预测编码

预测编码的基本思想是通过提取每个像素的新信息进行编码来消除像素间的冗余。这里的像素的信息为该像素的当前或现实值与预测值的差。预测的前提是像素间有相关性。无损预测编码系统主要由一个编码器和一个解码器组成，如图 5-6 所示。

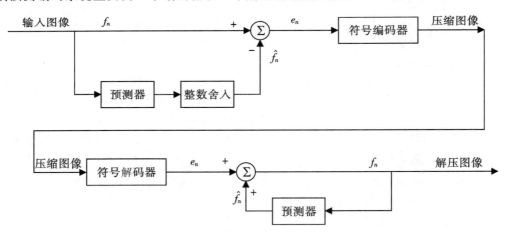

图 5-6　无损预测编码系统

在编码器的编码端和解码端各有一个相同的预测器。当图像的像素序列 $f_n(n=1, 2, L)$ 逐个进入编码器时，预测器根据过去的输入计算当前像素的估计值。将预测器的输出近似为最近的整数 $\hat{f}_n$，并被用来计算预测误差，有

$$e_n = f_n - \hat{f}_n \qquad\qquad (5-22)$$

式中，该误差可以利用符号编辑器进行变长编码以产生压缩数据流的下一个元素。然后解码器根据接收到的变长码字重建 e_n，并执行下列操作：

$$f_n = e_n + \hat{f}_n \qquad\qquad (5-23)$$

在多数情况下，将 m 个先前的像素进行线性组合预测，即

$$\hat{f}_n = \mathrm{round}\left[\sum_{i=1}^{m} a_i f_{n-1}\right] \tag{5-24}$$

式中，m 是线性预测器的阶；round 是舍入函数；a_i 是预测系数。式(5-22)至式(5-24)中的 n 可认为指示了图像的空间坐标，这样在 1-D 线性预测编码中，式(5-24)可写为

$$\hat{f}_n(x, y) = \mathrm{round}\left[\sum_{i=1}^{m} a_i f(x, y-i)\right] \tag{5-25}$$

根据式(5-21)，1-D 线性预测 $\hat{f}_n(x, y)$ 是先前像素的函数。而在 2-D 线性预测编码中，对图像从左到右、从上到下进行扫描。在 3-D 时，预测基于上述像素和前一帧的像素。根据式(5-25)，每行的前 m 个像素无法计算(预测)，所以这些像素需用其他方式进行编码。这是预测编码过程中的额外操作，在高维情况时该步骤开销更大。

最简单的 1-D 线性预测编码是一阶的($m=1$)，此时有

$$\hat{f}_n(x, y) = \mathrm{round}[a f(x, y-1)] \tag{5-26}$$

式(5-26)表示的预测编码器也称为前值预测器，预测编码方法为差值编码或前值编码。

在无损预测编码中，最终的压缩量与预测误差序列所产生的熵减少量直接有关。预测编码可以消除相当多的像素间冗余，预测误差的概率密度函数一般在零点最大，并且与输入灰度值分布相比其方差较小。事实上，预测误差的概率密度函数一般用零均值不相关拉普拉斯概率密度函数表示为

$$p_e(e) = \frac{1}{\sqrt{2}\delta_e}\exp\left(\frac{-\sqrt{2}|e|}{\delta_e}\right) \tag{5-27}$$

式中，δ_e 是误差 e 的均方差。

2. 有损预测编码

在图 5-6 所示的无损预测编码系统中加一个量化器构成有损预测编码系统，如图 5-7 所示。预测误差映射为有限个输出，$\dot{e}_n$ 确定了编码的压缩量和失真量。

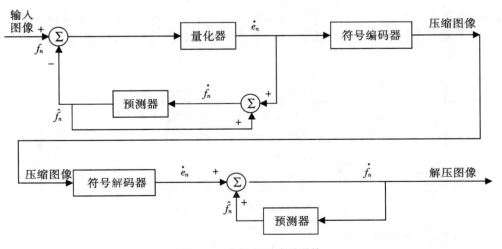

图 5-7　有损预测编码系统

为加入量化过程，需要改变图 5-6 中的无损编码器使得编码器和解码器产生相等的预测。在图 5-7 中将有损编码器的预测器放在反馈环中。反馈环的输入是过去预测与其对应的量化误差，有

$$\dot{f}_n = \dot{e} + \hat{f}_n \tag{5-28}$$

闭环结构能够减小解码器的输出误差。解码器的输出（即解压图像）由式（5-28）给出。

德尔塔调制（DM）是一种简单的有损预测编码方法，其预测器和量化器分别定义为

$$\hat{f}_n = a\dot{f}_{n-1} \tag{5-29}$$

$$\dot{e}_n = \begin{cases} +c; & e_n > 0 \\ -c; & \text{其他} \end{cases} \tag{5-30}$$

式中，a 是预测系数（一般地，$a \leqslant 1$）；c 是一个正的常数。因为量化器的输出可用单个位符表示（输出只有两个值），所以图 5-7 中的符号编码器只用长度固定为 1 比特的码。由 DM 方法得到的码率是 1 比特/像素。

5.3　视频编码技术

5.3.1　视频编码系统的一般结构

视频编码系统算法主要是根据视频序列所采用的信源模型确定的。视频编码器依赖其信源模型来描述视频序列的内容，信源模型给出了图像序列的像素在时间和空间上的相关性，也可加入物体的形状和运动或照度的影响。图 5-8 为视频编解码系统的基本组成示意图。在图 5-8 所示的编码器中，首先，需要确定信源模型的参数，信源模型参数就是像素的亮度和色度；假设使用像素统计独立的信源模型，则可以用信源模型的参数描述数字化的视频序列；假设一个场景用几个物体的模型来描述，则参数就是各个物体的形状、纹理和运动。然后，量化信源模型参数为有限的符号集，量化参数取决于比特率与失真。最后，用无损编码技术将量化参数映射成二进制码字。该技术进一步利用了量化参数的统计特性，最终产生的比特流可以在通信信道上进行传输。反向进行编码器的二进制编码和量化过程，可以重新得到信源模型的量化参数。然后，解码器利用图像合成算法恢复解码后的视频帧。

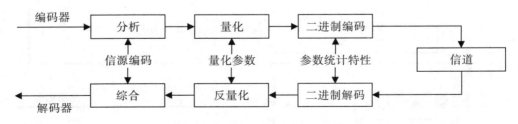

图 5-8　视频编解码系统的基本组成示意图

5.3.2　视频编码方案分类

我们介绍目前较流行的几种视频编码算法，并把它们分别放入相应的信源模型中。信

源模型、编码参数和编码技术的比较如表 5-5 所示。信源模型可做出图像序列的像素之间在时间和空间上的相关性假设，它也可考虑物体的形状和运动或者照度的影响。目前，一个编码算法的信源模型要根据其编码参数集和图像合成算法确定。图像合成算法是根据解码参数构成解码图像。

表 5-5 信源模型、编码参数和编码技术的比较

信源模型	编码参数	编码技术
统计独立的像素	每个像素的颜色	PCM
统计相关的像素	每个块的颜色	变换编码、预测编码和矢量量化
平移运动的块	每个块的颜色和运动矢量	基于块的混合编码
运动的未知物体	每个物体的形状、运动和颜色	分析与合成编码
运动的已知物体	每个已知物体的形状、运动和颜色	基于知识的编码
已知行为的持续运动物体	每个物体的形状、颜色和行为	语义编码

1. 基于波形的编码

基于波形的编码试图尽可能准确地表示各个像素的颜色值，而不考虑一个实际的实体可以由一组图像中不同部分的组合来表示。

假设像素为统计独立的，得到的模型就是最简单的信源模型(如表 5-5 所示)，相关的编码技术为脉冲编码调制(PCM)。图像信号的 PCM 表示不同于视频编码，因为与其他信源模型相比效率较低。

在大多数图像中，临近像素的颜色、色度都存在较高的相关性。因此，最好使用变换来减少编码比特率，如 K-L 变换、DCT 变换或小波变换。变换旨在去除原图像的像素点间的相关性，并把原始信号的能量集中在少数的几个系数上。需要量化和编码的参数是变换系数。利用相邻样点间相关性的另一种方法是预测编码，先由已经编码的样点预测要编码的样点值，然后对预测误差进行量化和编码。预测误差与原始信号相比，具有较小的相关性和较低的能量。

现在使用的视频编码标准如 H.261、H.263、MPEG-1、MPEG-2 和 MPEG-4 等都采用了基于块的混合编码的编码方法，综合了预测编码和变换编码。该编码技术将每幅图像分成固定大小的块，第 k 帧的图像块可用第 $k-1$ 帧的相同尺寸的块合成得到。对第 k 帧的所有块进行合成处理，产生预测图像。编码器将所有块的二维运动矢量传送到解码器，以便解码器能够计算得到同样的预测图像。编码器从原始图像中减去预测图像，得到预测误差图像。如果预测图像中的一个图像块合成不够准确，那么编码器就用变换编码把该块的预测误差图像传送到编码器，编码器把预测误差图像与预测图像相加，从而合成解码图像。因此，基于块的混合编码是基于平移运动块的信源模型假设，除了颜色信息编码为预测误差的变换系数外，还必须传送运动矢量。

2. 基于内容的编码

视频序列的每一帧图像可以分割为一些任意形状的图像块，这些图像块可能包含感兴趣的特定内容。因此基于内容的编码可以分为基于块的混合编码技术和基于物体的分析与合成编码技术。分述如下：

（1）基于块的混合编码技术利用固定大小的方块来近似场景中物体的形状，在物体边界上的块会产生较高的预测误差。如果这些边界块中包含了具有不同运动的两种物体，则用一个运动矢量就不能说明两个不同的运动。基于内容的编码器把视频帧的区域划分对应于不同物体的，并对这些物体分别进行编码，对于每个物体，除了运动和纹理信息之外，还必须传送形状信息。

（2）基于物体的分析与合成编码技术利用物体模型描述视频场景中的每个运动物体。为了描述物体的形状，分析和合成编码采用分割算法。此外，还要估计物体的运动和纹理参数。一般情况下，用二维轮廓描述物体的形状，用运动矢量场描述物体的运动，用颜色波形描述物体的纹理。此外，还可以用三维线框描述物体。用第 $k-1$ 帧中物体的形状、颜色和运动的更新参数来描述第 k 帧中的物体。解码器用当前帧的运动和形状参数以及前一帧的颜色参数合成物体。

对于视频序列中的物体，可采用基于知识的编码进行处理，这种编码使用特别设计的线框来描述已识别出的物体类型。目前，已经开发了几种用预定义的线框来编码人体器官的方法。预定义线框的使用可增加编码效率，因为其自适应于物体的形状，该技术也被称为基于模型的编码。

当已知可能的物体类型及其行为时，可以用基于语义的编码。例如，对于一张人的脸部来说，"行为"指的是能够描述特殊面部表情的一系列面部特征点的时间轨迹。人脸的可能行为包括典型的面部特征，在这种情况下，估计描述物体行为的参数并传输给解码器。这种编码方法能够达到非常高的编码效率，因为物体（如人脸）可能的行为数目很少，所以说明行为所需的比特数比用传统的运动和颜色参数描述实际动作所需的比特数要少很多。

5.3.3　采用时间预测和变换编码的视频编码

一种流行和有效的视频编码方法是基于块的时间预测和变换编码。目前，这种混合编码方法是多数国际视频编码标准的核心。

1. 三种常用的视频帧

典型的视频压缩技术是将第一帧图像按照静态图像编码，接着确定前一帧与当前帧的差值，通过对这些差值进行编码来得到后续帧图像的编码。如果当前帧图像与前一帧图像区别很大，应该独立于其他帧图像对其进行单独编码。在视频压缩中，三种常用的视频帧的相互关系如图 5-9 所示。

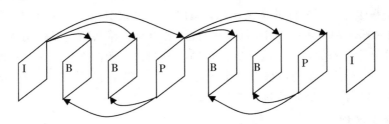

图 5-9　三种常用的视频帧的相互关系

1）帧内图像

帧内图像（Intra Frame 或 Intra）也称为 I 帧图像，是不考虑与其他图像帧的关系而单独进行编码的图像，它不需要任何其他的帧图像来进行预测编码。帧内图像的编码是通过减小视频空间冗余度来完成压缩的，而不是减少时间冗余度。因为在解码 I 帧时没有任何先前解码的视频帧作为预测参考，所以该帧的解码提供了数据流的起始解码数据。

2）前向预测图像

前向预测图像（Predicted Pictures）也称为 P 帧图像，是根据前面已编码的 I 帧图像或者 P 帧图像进行编码，其利用图像运动补偿技术进行编码，并可以为下一个非 I 帧图像提供运动预测。通过降低空间和时间上的冗余度，可以对 P 帧图像进行比 I 帧图像更为有效的压缩。

3）双向预测图像

双向预测图像（Bidirectional Prediction Picture）也称为 B 帧图像，同时根据前面的 I 帧图像和后面的 P 帧图像（或前后两个 P 帧图像）进行编码。B 帧图像也需要利用运动补偿技术完成编码，压缩效率最佳。为了能实现下一帧图像的后向预测，编码器要对视频图像进行重新排序，视频帧的顺序编排将由原来的播放画面顺序变为视频传送顺序，即 B 帧图像在上一帧图像和下一帧图像完成传送后才能传送。这样就造成时间上的延迟，延迟的长短由 B 帧的连续帧数决定。

视频压缩一般是有损压缩，利用前一帧图像对当前图像进行编码将引入某些失真。即使是无损视频压缩，由于传输等原因也可能会损失某些帧，这些将导致直到下一帧内图像出现之前的所有图像解码都不准确，甚至会引起累积误差。这就要求除对第一帧图像进行帧内编码之外，还必须在图像序列中间不时地采用帧间编码。

编码器基于第一帧和第三帧对第二帧进行编码，而在存储压缩后的数据流是以 1、3、2 帧的顺序存储各帧图像。解码器以这个顺序读取，并行的解码第一帧和第三帧，并输出第一帧，然后根据第一帧和第三帧解码第二帧。当然这些图像必须有明确的时间顺序标记。同时基于前一帧和后一帧来编码的图像标记为 B，这种图像在视频编码中经常用到。若图像中出现运动物体逐渐把背景遮盖住这种情况，则通过后续帧来预测当前帧是非常有效的。这种区域在当前帧只有一部分为我们所知，但在下一帧中我们却可以了解更多，因此可以利用下一帧来预测当前帧的这个区域。

2．基于块的混合视频编码

在这种编码器中，每个视频帧通常被分成固定大小的块，对每个块独立地进行一个处理，因此称为"基于块的"。"混合"这个词意味着每个块是联合运用运动补偿时间预测和变换进行编码的。

图 5-10 给出了一个典型的基于块的混合编码系统的编码过程。首先，利用基于块的运动估计由前面已编码的参考帧对块进行预测，运动矢量确定当前块和最佳匹配块之间的位移，得到预测误差。然后，用 DCT 对预测误差块进行变换，量化 DCT 系数，并用可变长编码把它们转换成二进制码字。与 JPEG 标准一样，DCT 系数的量化是由一个量化参数控制的，它可对预先定义的量化表进行缩放。

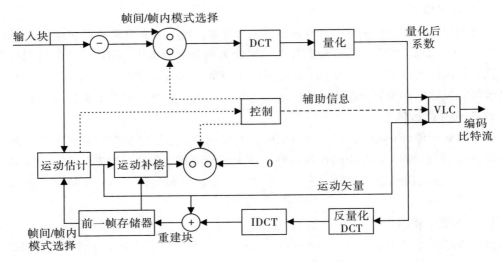

图 5-10 典型的基于块的混合编码系统的编码过程

假设时间预测是正确的，预测误差块要求用比原始图像块少的比特进行编码，这种编码方式称为 P 模式。如果对原始图像块直接进行变换编码，则称为 I(帧内)模式。若将单个参考帧预测变为双向预测，需要找到两个最佳的匹配块，一个在前面的帧中，另一个在后面的帧中，当前块的预测就可以用这两个匹配块的加权平均表示。在这种情况下，两个运动矢量与每个图像块都有联系，称为 B 模式。P 和 B 模式一般称为帧间模式。模式信息、运动矢量以及其他的关于图像格式的辅助信息、块位置等也用 VLC 编码。

实际上，用于运动估计的块的大小可能与用于变换编码的块的大小不一样。一般地，运动估计就是在一个比较大的块(称为宏块，Macro Block，MB)上进行的，宏块被进一步分成几个块，对这些块求 DCT 值。例如，在大多数视频编码标准中，宏块的大小是 16×16 个像素，而每个块的大小是 8×8 个像素。如果彩色亚采样格式是 4:2:0，那么每个宏块由 4 个 Y 块、一个 C_b 块和一个 C_r 块组成。编码模式(帧内或帧间模式)是在宏块上确定的。因为相邻的宏块或块的运动矢量和 DC 系数通常是类似的，所以一般用前一个宏块或块的运动矢量和 DC 系数作为预测的值进行预测编码。在不同的视频编码标准和图像尺寸中，块组和片的大小和形状是不同的，经常是为应用的需要而特定的。运动矢量和 DC 系数的预测通常限制在同一个块组或片内。因此，块组中第一个宏块的块预测的运动矢量或 DC 系数值被置为某个默认值，可以防止当压缩的比特流因传输或储存差错而损坏时造成误码扩散。

序列中的第一个帧总是采用 I 模式进行编码。在采用高比特率或具有松弛实时约束的应用系统中，也可以周期地使用 I 帧以阻止潜在的误码扩散，并使随机访问成为可能。通常，一个宏块既可以用 I 模式，也可以使用 P 模式或 B 模式进行编码。

在 MPEG-1 和 MPEG-2 标准中，把帧划分成图像组(Group of Pictures，GOP)，而每个图像组以 I 帧开始，后跟交织的 P 帧和 B 帧。这使随机访问成为可能(重复)，可以访问任何图像组而不需要对前面的图像组进行解码。图像组结构也允许快进和快倒，仅解码 I 帧或解码 I 帧和 P 帧就可以实现快进。以后的顺序仅解码 I 帧就可以实现快倒。

3. 编码参数选择

在混合编码中，编码器必须作出多种选择，包括每个宏块所用的模式、量化参数（QP）、运动估计方法和参数（如重叠或不重叠、块尺寸、搜索范围）等。这些编码参数的每一种组合都会产生视频编码的总码率与失真之间不同的折中。在混合编码的早期发展中，这些方式通常是基于启发式的。例如，在帧间图像编码中，基于宏块本身的方差 σ_{intra}^2 和运动补偿误差的方差 σ_{inter}^2 就可以决定一个宏块是用帧内模式还是帧间模式编码。如果 $\sigma_{\text{intra}}^2 \leqslant \sigma_{\text{inter}}^2 + c$，那么就选择帧内模式。这种启发式决策源于在给定的失真下，一个块编码所需要的比特数与块的方差成正比。加入正的常数 c 是为了把帧间模式中的运动矢量编码所需要的附加比特数计算在内。

在实际应用中，不同参数之间的选择可以通过率失真最优化方法来确定。具体而言，通过分析不同参数所需要的比特数以及它们产生的失真（如 MSE），可以对信源进行编码来确定最佳参数。目标是在码率与失真之间找到最佳的折中，即选择那些具有最小失真同时满足码率约束的参数设置。这种有约束的最优化问题可以用拉格朗日乘子法或动态编程法解决。

我们考虑一个对一帧中的所有宏块确定其编码模式的例子。假设所有其他的选项是确定的，并且整个帧所期望的比特数是 R_d。用 $D_n(m_n)$ 表示第 n 个宏块采用模式 m_n 时的失真，用 $R_n(m_k, \forall k)$ 表示所需要的比特数。R_n 依赖于其他宏块编码模式的原因在于运动矢量和 DC 系数是由邻块进行预测编码的。这个问题是最小化 $\sum_n D_n(m_n)$，其条件是

$$\sum R_n(m_k, \forall k) \leqslant R_d \qquad (5-31)$$

用拉格朗日乘子法可将这个问题转换为最小化问题，有

$$J(m_k, \forall n) = \sum_n D_n(m_n) = \lambda \sum_n R_n(m_k, \forall k) \qquad (5-32)$$

式中，λ 必须满足码率约束。

严格地讲，不同宏块的最佳编码模式是相互依赖的。为了易于理解基本概念，我们忽略码率 R 对其他宏块编码模式的依赖性，也就是说，我们假设

$$R_n(m_k, \forall k) = R_n(m_n) \qquad (5-33)$$

那么，每个宏块的编码模式可以通过使下式最小化而单独确定，有

$$J_n(m_n) = D_n(m_n) = \lambda R_n(m_n) \qquad (5-34)$$

如果仅有少数几个模式可供选择，那么可以通过穷尽搜索为每个块寻找最佳模式。

需要注意的是，如果 m_n 是连续变量，那么最小化 J_n 就等价于 $\partial J_n/\partial R_n = 0$，这将导致 $\partial D_n/\partial R_n = -\lambda$。每个宏块的最佳模式是在不同的宏块中产生相同的率失真（Rate-Distortion，RD）斜率 $\partial D_n/\partial R_n$。实际上，仅有有限的模式可供选择，每种可能的模式都对应分段线性的 RD 曲线上的一个工作点，因此每种模式都与 RD 斜率范围有关。对于给定的 λ，通过最小化 $J_n(m_n)$ 找到的不同宏块的最佳模式在它们的 RD 斜率中将具有相似的范围。

不同的宏块应该工作在相同的 RD 斜率上，这个结果是涉及参数的多重独立编码的各种 RD 最优化问题的一种特殊情况。对变换编码中的比特分配问题，最佳解是不同系数的 RD 斜率相同的解。这样，RD 斜率与失真成正比，因此最佳比特分配在不同系数中产生相等的失真。这种方法中的一个难题是如何对给定的期望码率确定 λ。对于一个任意选择的

λ，这种方法将得到的一个在特殊的码率下最佳的解，这个码率可能接近也可能不接近期望的码率。

编码模式的率失真最佳选择首先是由威甘德（Weigand）等人提出的。为了解决同一帧和相邻帧中不同宏块的编码模式之间的相互依赖性，采用动态编程方案的同时为一组宏块寻找最佳编码模式。值得注意的是，基于 RD 的方法优于启发式的方法，采用 RD 方法在 H.263 框架内大约节省了 10% 的比特率。实际上，考虑到复杂度的增加，这样的增益可能并不认为是合理的。因而，RD 最佳化方法主要是作为评价启发式性能的一种基准，启发式方法仍是实际常用的方法。

在基于 RD 的参数选择中，在计算上最需要的是收集与不同参数设定有关的所有宏块的 RD 数据（编码模式、QP 以及可能的不同运动估计方法），这就要求所有不同的参数对实际图像进行编码。为了减少计算量，人们已经提出了一些模型，可以做到一方面联系码率失真，另一方面联系 QP 与编码模式的 RD。一旦获得了 RD 数据，就可以使用拉格朗日乘子法或者使用动态编程法来求得最佳分配。拉格朗日乘子法比较简单，但具有次最佳的性能，因为它忽略了同一帧中或相邻帧间邻接宏块的码率之间的相关性。

除了编码参数的选择之外，基于 RD 的方法可以应用于图像和视频编码中的各种问题，一个重要的领域就是视频编码的运动估计。传统的运动估计方法只注意使运动补偿预测误差最小化，而 RD 最佳化方法还考虑对产生的运动矢量进行编码所需的码率。例如，考虑到编码非零的运动矢量需要额外的比特，如果把非零运动矢量转为零矢量，仅导致稍微高一点的预测误差，我们宁愿选择零运动矢量。而且，因为运动矢量是以预测方式编码的，所以有着较平滑的运动域。

5.4 静止图像压缩标准

5.4.1 JPEG 静止图像压缩标准

JPEG（Joint Picture Expert Group）是由 ISO（国际标准组织）和 CCITT（国际电报电话咨询委员会）这两个组织于 1986 年成立的联合图像专家组所制定的静止灰度或彩色图像的压缩标准，编号为 ISO/IEC 10918。该标准于 1991 年形成草案，1994 年成为正式标准。JPEG 标准实际上定义了以下三种编码系统：

（1）基于 DCT 的有损编码基本系统，应用于绝大多数压缩应用场合。

（2）基于分层递增模式扩展、增强的编码系统，应用于高压缩比、高精确度等应用场合。

（3）基于预测编码中 DPCM 方法的无损系统，用于无失真应用场合。

图像应用系统要想与 JPEG 兼容，必须支持 JPEG 基本系统。另外，JPEG 并没有规定文件格式、图像分辨率或所用彩色空间模型，可以适应不同的应用场合。目前 JPEG 对录像机质量的静止图像的压缩比一般可达到 25:1。在不明显降低图像视觉质量的基础上，根据 JPEG 标准常将图像压缩至原来的 1/10～1/50。

在基本系统中（编码器和解码器的基本框图分别如图 5-11 和图 5-12 所示），输入和输出数据的精度都是 8 bit，但量化 DCT 值的精度是 11 bit。压缩过程由三个顺序步骤组成：① DCT 计算；② 量化；③ 用熵编码器进行变长码赋值。具体过程是：先把图像分割成一系列 8×8 的子块，然后按从左至右、从上至下的次序处理。设 2^n 是图像灰度值的最大级数，则子块中的 64 个像素都通过减去 2^{n-1} 进行灰度平移。接下来计算各子块的二维离散余弦变换（DCT），根据 $F^Q(u, v) = \text{Round}\left(\dfrac{F(u, v)}{Q(u, v)}\right)$ 量化，其中，$Q(u, v)$ 是量化器步长。最后按照图 5-13 所示的"之"字形扫描方式进行重新排序，以组成一个一维的量化序列。

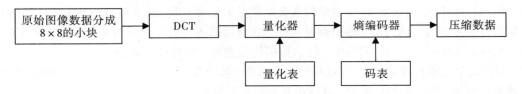

图 5-11　JPEG 图像压缩国际标准编码器的基本框图

图 5-12　JPEG 图像压缩国际标准解码器的基本框图

0	1	5	6	14	15	27	28
2	4	7	13	16	26	29	42
3	8	12	17	25	30	41	43
9	11	18	24	31	40	44	53
10	19	23	32	39	45	52	54
20	22	33	38	46	51	55	60
21	34	37	47	50	56	59	61
35	36	48	49	57	58	62	63

图 5-13　"之"字形扫描方式

上面得到的一维序列是按照频率递增的顺序排列的，JPEG 编码技巧充分利用了由于重新排序而造成 0 值的长游程。例如，非零交流分量（AC）用变长码编码，该编码确定了系数的值和先前的 0 的个数。而直流分量（DC）系数用相对于先前子图的 DC 系数的差值进行编码。需要指出的是，解码器基本框图中的"反量化器"并不是编码器中量化器的逆。

JPEG 标准的典型应用包括彩色传真、报纸图片传输、桌面出版系统、图形艺术和医学成像等。JPEG 所使用的 DCT 是一个对称的变换方法，编码和解码有相同的复杂度。JPEG 标准性能好，得到了销售商的广泛支持，已在市场上取得了很大成功。许多数码相机、数字摄像机、传真机、复印机和扫描仪都包含 JPEG 芯片。

5.4.2　JPEG 2000 静止图像压缩标准

目前的 JPEG 静止图像压缩标准，具有中端和高端比特速率上的良好速率畸变特性，但在低比特率范围内，将会出现很明显的方块效应，质量较差。JPEG 不能在单一码流中提供有损和无损压缩，并且不能支持大于 64K×64K 的图像压缩。另外，尽管 JPEG 标准具有重新启动间隔的规定，但是当出现比特差错时压缩图像的质量将受到严重的损坏。针对这些问题，JPEG 图像压缩标准委员会自 1997 年 3 月起开始着手制定新一代的图像压缩标准。

2000 年 3 月，东京会议确定了彩色静态图像的新一代编码方式 JPEG 2000。这是一个由 ISO 和 ITU(国际电信联盟)两个组织的联合图像专家组对 JPEG 标准进行更新换代的新标准。根据联合专家组确定的目标，运用新标准将不仅能提高图像的压缩质量，尤其是低码率时的压缩质量，而且还将得到许多功能，包括根据图像质量、视觉感受和分辨率进行渐进压缩传输，对码流的随机存取和处理(可以便捷、快速地访问压缩码流的不同点)，在压缩的同时解码器可以缩放、旋转和裁剪图像，其结构开放，向下兼容。

JPEG 2000 图像编码系统的框图如图 5-14 所示。JPEG 2000 图像编码系统基于陶布曼(Taubman)提出的 EBCOT 算法，使用小波变换采用两层编码策略，对压缩位流分层组织，不仅获得较好的压缩效率，而且具有较大的灵活性。

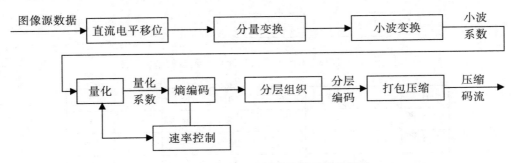

图 5-14　JPEG 2000 图像编码系统的框图

1. 直流电平位移

图像的所有无符号分量的样本值都要经过直流电平平移，即减去一个相同的数 2^{p-1}，此处的 p 就是分量的比特精度。直流电平平移只是针对无符号分量的样本，如果样本值是有符号数，直流电平平移并不影响结果，它只是将无符号数转换为有符号数，使原本无符号的样本动态范围基本关于零对称，这样在进行离散小波变换后的动态范围就不会太大，有利于编码。

2. 分量变换

许多图像都是由不止一个分量组成的，如彩色图像的红色、绿色和蓝色。分量之间存在一定的相关性，通过进行分量变换理解相关性，可减少数据间的冗余度，提高压缩效率。

3. 小波变换

在图像进行了水平移动和选择性的解相关处理后，其分量被分割成块，称为像素的矩形阵列，这些像素包含着所有分量相同的相关部分。在生成独立的块分量后，对每个块分量的行和列进行一维小波变换。

4. 量化

当每个块分量都经过处理后，变换系数的和等于原始图像中的取样数，并且可视信息集中于少数系数中。为了减少数据的变换表示比特数，自带 b 的量化系数 $a(u,v)$ 的量化值为

$$q_b(u, v) = \text{sign}(a_b(u, v)) g\left[\frac{|a_b(u, v)|}{\Delta_b}\right] \qquad (5-35)$$

式中，Δ_b 为量化步长，对于无损压缩，量化步长为 1；对于有损压缩，量化步长没有具体规定计算方式。

5. 熵编码

图像经过小波变换、量化后，在一定程度上减少了图像的空域和频域的冗余度，但是数据还存在一定的相关性，熵编码可以消除统计相关性。量化后的子带被分割成小矩形块（称为码块）后分别编码，这就是最佳截断嵌入式块编码（Embedded Block Coding with Optimized Truncation，EBCOT）算法。JPEG 2000 的熵编码是一种改进的 EBCOT。其基本思想是通过计算适当的码流截断点，将压缩生成的码流划分成若干子集，每个子集表示对源图像的一个压缩，最后生成嵌入式码流。嵌入式码流可以在任意处被截断，得到不同码率或质量的重构图像。

6. 打包压缩

为了适合图像变换，更好地应用 JPEG 2000 压缩编码流的功能，JPEG 2000 规定了存放压缩码流和解码所需参数的格式，把压缩码流以包为单元进行组织，形成最终的码流。

当码率很低（大压缩比）时，或者对图像的质量要求非常高时，JPEG 2000 的性能要优于 JPEG。对许多图像的测试表明，在压缩率大两到三倍的情况下，JPEG 2000 编码造成的失真与 JPEG 编码造成的失真可以比拟。不过对无损或接近无损的压缩，JPEG 2000 相对于 JPEG 的优势不大。

5.5　MPEG 视频编码标准

近年来，一系列国际视频压缩编码标准的出现极大地促进了视频压缩技术和多媒体通信技术的发展。视频压缩编码标准的制定工作主要由 ISO 和 ITU 组织完成。由 ITU 组织制定的标准主要应用于实时视频通信，如视频会议和可视电话等，它们以 H.26x 命名（如 H.261、H.262、H.263 和 H.264）；而由 ISO 和 IEC（国际电工委员会）制定的标准主要针对视频数据的存储（如 DVD）、广播电视和视频流的网络传输等应用，它们以 MPEG-x 命名（如 MPEG-1、MPEG-2、MPEG-4、MPEG-7 等）。目前的视频编码国际标准基本采用了基于 DCT 变换的混合编码方法，不同的标准针对不同的应用，不同的编码策略可以提高编码效率，以获得更好的图像质量。

MPEG-1 和 MPEG-2 是 MPEG 组织制定的第一代音视频压缩标准，为 VCD、DVD、数字电视和高清晰度电视等产业的飞速发展打下了牢固的基础。MPEG-4 是基于第二代视音频编码技术制定的压缩标准，以视听媒体对象为基本单元，应用于数字音视频和图像合成以及交互式多媒体的集成，目前在流式媒体服务等领域已经得到应用。MPEG-7 是多媒体内容标准，支持对多媒体资源的组织管理、搜索、过滤和检索。MPEG-21 由 MPEG-7 发展而来，重点是建立统一的多媒体框架，为从多媒体内容发布到消费的所有标准提供基础体系，支持全球各种设备通过网络透明地访问各种多媒体资源。

图 5-15 和图 5-16 分别是国际视频压缩编码器和解码器的基本框图。本章所有的视

频压缩编码标准均是基于此框图完成的。

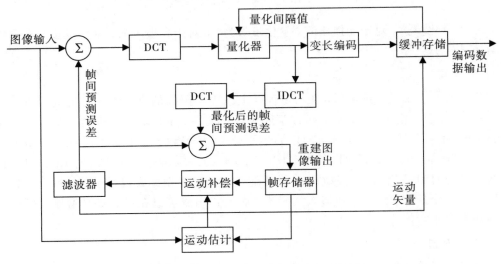

图 5 - 15 国际视频压缩编码器的基本框图

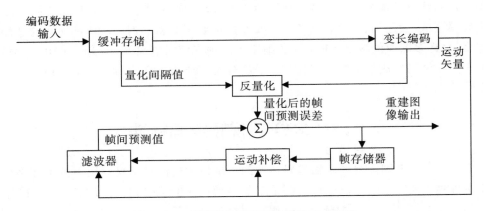

图 5 - 16 国际视频压缩解码器的基本框图

1. 面向数字存储的运动图像及伴音的编码标准 MPEG - 1

前面已经分析了 MPEG - 1 的编解码过程，此处仅作简略介绍。与视频会议的标准不同，MPEG 倾向于控制质量而不是控制位速率。MPEG 规定了某些参数来控制质量而不是调整系统的位速率（如 ISDN 信道的带宽），因此 MPEG - 1 和 H. 261 所用的编码方法明显不同。其中最主要的差别是 H. 261 有两种帧：Intra 帧（帧内）和 Inter 帧（帧间），而 MPEG - 1 主要采用了三种帧即 I 帧、P 帧和 B 帧进行前向、后向和双向预测。I 帧和 Intra 帧相似，在编码时仅使用其自身的信息，并提供了编码序列的直接存取访问点；P 帧的编码参考过去的 I 帧或 P 帧做运动补偿预测，对前向预测误差进行编码；B 帧的编码既参考过去的，又参考将来的 I 帧和 P 帧进行双向预测补偿编码。

B 帧图像不仅压缩比最高，而且误差不会向下传递，因为 B 帧图像不会被用作预测的基准，将两幅图像双向预测的结果进行平均，有助于减小噪声的影响。MPEG - 1 预处理后，既可以大大压缩数据量，又可以满足随机存取等要求。尽管 H. 261 支持同 P 帧的帧间压缩，但它不支持 B 帧压缩，以降低部分图像质量为代价获得高压缩率。当图像质量和运动都很重要时，H.261 将不再是好的选择。相比之下，MPEG 提供了更高的压缩率，如可以将分辨率为 360×240、传输速率为 30 帧/秒的图像压缩到 1.5 Mb/s，同时保持了图像的高质量。MPEG-1 的编码系统要比位于用户前端的编码系统复杂得多。

MPEG-1 的码流一般分为六层，每一层都支持一个确定的函数，信号处理函数（DCT、MC），或者是逻辑函数（同步、随机存储点）等。MPEG-1 支持的编辑单位是图像组和音频帧，通过修改包头图像组的信息和音频帧头，可以实现对视频信号的剪接功能。另外，MPEG-1 标准也提供了很多备选模式，使用者可以根据实际需要进行配置。目前，MPEG-1 压缩技术已经广泛地应用于 VCD 制作、图像监控等领域。

2. 广播系统压缩编码标准 MPEG-2

MPEG-2 视频体系首先保证与 MPEG-1 视频体系向下兼容，其分辨率要求有低（352×288）、中（720×576）、次高（1440×1152）、高（1920×1152）不同档次，传输率为 1.5～100 Mb/s。与 MPEG-1 标准相比，只有达到 4 Mb/s 以上的 MPEG-2 数字图像才能明显看出比 MPEG-1 的质量好。

MPEG-2 在 MPEG-1 的基础上做了扩展，提高了编码参数的灵活性和编码性能。例如，增加了隔行扫描视频信号的功能，采用了更高的色度信号采样频率，支持可伸缩性视频流编码等。MPEG-2 具有广阔的应用前景，除了用于 DVD 外，还可以为广播、有线电视网、电缆网络以及卫星直播提供广播级的数字视频。视频点播系统和高清晰度电视系统都采用 MPEG-2 的视频标准。

MPEG-2 的视频流数据具有分层的比特流结构。第一层称为基本层，它可以独立解码，其他层称为增强层，增强层的解码依赖于基本层。MPEG-2 基本层的结构与 MPEG-1 相同，包括视频序列层、图像组块层、宏块层和块层。视频序列处于最高层，视频序列从视频序列头开始，后面紧接着一系列数据单元。MPEG-2 适用于视频序列头中既包括序列头函数又包括序列扩展函数的情况，而 MPEG-1 只支持序列头函数。另外，为了提供随机访问功能，在 MPEG-2 编码流中允许出现重复视频序列头，但是重复视频序列头只可以在 I 帧或 P 帧前面出现，不能在 B 帧前面出现。I 帧可以解决视频序列的随机访问问题，如节目重播、快进播放或快退播放等。

3. 基于对象的低码率视频压缩编码标准 MPEG-4

MPEG-4 是 MPEG 组织制定的 ISO/IEC 标准，MPEG 组织于 1999 年 1 月正式公布了 MPEG-4 的 1.0 版本，1999 年 12 月又公布了 MPEG-4 的 2.0 版本。MPEG 组织的初衷是制定一个新的标准以满足视频会议、视频电话的超低比特率（64 kb/s 以下的）编码的需求，并计划采用第二代压缩编码算法，支持甚低码率的应用。但在制定过程中，MPEG 组织发现人们对多媒体信息特别是对视频信息的需求由播放型需求转向了基于内容的访问、检索和操作的需求，因此修改了原来的计划，制定了现在的 MPEG-4。

MPEG-4 新的目标为支持多种多媒体应用，特别是多媒体信息基于内容的检索和访问，根据应用的不同要求，现场配置解码器。并且其编码系统也是开放的，可以随时加入新的算法模块。与前面提到的 MPEG-1、MPEG-2 标准不同，MPEG-4 为多媒体数据压缩提供了一个更为广阔的平台。MPEG-4 定义的是一种格式、一种架构，而没有限定具体的算法。MPEG-4 可以将各种多媒体技术充分利用起来，包括压缩本身的一些工具、算法，也包括图像合成、语音合成等技术。

MPEG-4 标准的一个显著特点是既可用于 4 Mb/s 的高码率的视频压缩编码，又可用于 5～64 kb/s 的低码率视频压缩编码；既可用于传统的矩形帧图像，又可用于任意形状的视频对象压缩编码。另外，MPEG-4 是基于对象的编码，突破了 MPEG-1 和 MPEG-2 以方形块处理图像的方法，即把一段视频序列看成是由不同的视频对象（Video Object，VO）组成的，VO 可以是任意形状的视频内容，也可以是传统的矩形视频帧。将每个 VO 在特定时刻的取样称为视频对象面（VOP），编码器根据实际情况对各个 VOP 或只对一些感兴趣的 VOP 进行编码。也就是说，MPEG-4 用 VOP 代替了传统的矩形作为编码对象，用"形状—运动—纹理"信息代替 H.263 等传统视频编码采用的"运动—纹理"信息来表示视频。MPEG-4 支持三种图像帧模式：I-VOP（帧内）、P-VOP（帧间预测）和 B-VOP（帧间双向预测），其中，B-VOP 可单独编码。MPEG-4 编码仍按宏块进行，采用形状编码、预测编码、基于 DCT 的纹理编码和混合编码方法。

MPEG-4 标准在多媒体环境下提供基于不同对象的视频描述方法，包括自然或人工合成视觉目标的压缩、时空可伸缩及差错恢复的算法等技术以满足多媒体、网络服务商和最终用户的要求，从而实现在有线和无线通信网、Internet 上传输实时视频数据的功能。MPEG-4 标准的基于对象的图像处理方法将成为视频压缩领域的主要发展方向。

4. 多媒体内容描述接口 MPEG-7

随着网络信息的不断增长，人们获得感兴趣信息的难度越来越大。传统的基于关键字或文件名的检索方法，显然已经不适于数据庞大又不具有天然结构特征的声音和图像数据，于是，基于内容检索并支持电子内容传输和电子贸易的新型多媒体压缩编码标准的制定，就成了 MPEG 组织新的研究方向。MPEG-7 作为 MPEG 家庭中的一个新成员，正式名称是"多媒体内容描述接口"，对各种类型的多媒体信息规定一种标准化的描述，这种描述与多媒体信息的内容一起支持用户对其感兴趣的各种"资料"进行快速、有效地检索。

MPEG-7 标准化描述可以应用到任何类型的多媒体资料上，不管多媒体资料的表达格式或压缩格式如何，只要应用该标准化描述就可以被索引和检索。因此，MPEG-7 可以被用在现有的 MPEG-2 和 MPEG-4 传输系统中。MPEG-7 的应用领域包括数字图书馆（如图像目录、音乐词典等）、广播媒体的选择（如无线电频道、TV 频道等）、多媒体目录服务（如黄页）、多媒体编辑（如个人电子新闻服务、多媒体创作等）。与以前的 MPEG 标准一样，MPEG-7 只标准化码流语法，即制定编码器的标准，而不制定特征提取和检索引擎过程。MPEG-7 的这种特点可以使算法的新进展及时得到推广和应用，使开发者可以充分发挥自身的优势，在特征及其提取、查询接口、检索引擎和索引等方面做进一步研究从而体现自己的特色。

5.6 图像视频压缩编码在前沿科技中的应用

随着数字时代的到来，数字技术正深刻改变人们的生产与生活方式，在线教育、云会议和云办公等生产生活方式不断涌现，视频应用占比进一步提升。在视频文件的存储和传输过程中，图像视频压缩编码技术起着关键作用，是互联网发展过程中不可或缺的基础技术之一。图像视频压缩编码技术推动 5G 和 AI 等前沿技术持续创新和突破，促使其不断取得新成就，迈向新高度。

1. 5G 通信

第五代移动通信技术(5th Generation Mobile Communication Technology，5G)是一种全新的宽带移动通信技术，相较于之前的移动通信技术具有更快的数据传输速率、更低的延迟和更强的连接能力，5G 网络是实现人与机器、物品之间互相连接的重要网络基础设施。权威咨询公司 GlobalData 发布的 2022 年《5G 移动核心网竞争力报告》显示，华为以其领先于业界的 5G 核心网解决方案和成功商用案例，荣登全球第一。随着 5G 网络的普及，视频处理领域也迎来了全新的发展机遇。5G 所带来的超高传输速率，不仅大幅提升了视频传输的速度和质量，更使得图像视频压缩编码技术成为这一领域中备受关注的核心要素。中国移动和芒果 TV 在 2023 年的中国国际广播电视信息网络展览会上，携手展示了一款名为"光芒"的 5G 密集音视频传输系统，该系统充分展现了以 5G 为代表的新技术在新媒体行业中所具备的强大赋能作用。这个系统将图像视频压缩编码技术与 5G 结合，可以实现高品质视音频的无线传输，总路数可达 100 路以上，而且编码、转码和解码的延迟不到 80 ms。这种技术的问世对于新媒体行业来说是一次革命性的突破，为新媒体行业提供了更多可能性和机会。目前该系统已在部分综艺节目录制中应用，与同步使用的其他系统相比，它具有延时更低、图像质量更高、抗干扰能力更强、覆盖范围更广等特点，让拍摄设备彻底摆脱了线缆的束缚，使摄影师能够更准确、高效地捕捉精彩画面。

2. 人工智能

人工智能(Artificial Intelligence，AI)是研究、开发用于模拟、延伸和扩展人的智能的理论、方法、技术及应用系统的一门新的技术科学。我国政府大力支持和鼓励人工智能行业发展。"十三五"规划时期，国家首次将发展人工智能列为这一阶段的重点任务；在"十四五"计划时期，国家计划继续加大力度推进人工智能关键技术的突破。图像视频压缩编码技术可以促进人工智能在音视频处理中的应用，提升音视频处理的效率和精度，赋能人工智能科技发展。

人工智能技术具有较强的应用优势，其快速发展能够极大程度上推进社会生产力的提高，被广泛应用于金融、安防、工业和医疗等多个不同领域。广州佰锐网络科技有限公司打造的[AI＋]产业数智化品牌——AnyChat，为各行业快速实现数智化转型提供了有效的产品与解决方案。在金融领域，AnyChat 提供虚拟营业厅等方案，将实时音视频、AI 等核心先进技术与银行业务场景进行深度融合，助力金融服务向可视化、智能化阶段发展。虚拟营业厅方案中，实时音视频处理过程需要对视频进行压缩编码等一系列操作，需要图像视频压缩编码技术支持。在智慧安防建设方面，AnyChat 获取摄像头等硬件设备的视频信息，并通过 AI 算法分析视频内容，可实现海量视频信息快速分析。在智慧工业方面，AnyChat 赋能工业硬件设备实时视频通信能力，可预防高危事故发生，保障人员安全。智慧安防建设和智慧工业方面，各个设备之间进行视频信息传输和处理过程中，需要应用图像视频压缩编码技术对视频信息进行压缩和编码等系列操作。在智慧医疗领域，AnyChat 支持远程诊疗、远程医疗培训等场景应用需求，提供音视频传输、实时音视频交互等音视频能力，该过程自然少不了图像视频压缩编码技术的助力。综上可知，图像视频压缩编码技术对人工智能发展和落地有着重要作用,可大力促进人工智能在各个领域的应用。

图像视频压缩编码技术作为数字时代的新型基础设施,在 5G 和 AI 等各个前沿技术中发挥着关键作用。图像视频压缩编码技术将推动前沿科技不断进步,助力人类进步和发展,推动"数字中国"建设迈上新台阶。

5.7 本 章 小 结

本章从图像压缩和视频压缩两个方面对图像视频压缩技术进行介绍。首先介绍了静止图像压缩编码技术,包括统计编码、变换编码、矢量量化编码和预测编码。然后介绍了视频压缩编码技术,包括基于波形和基于参数的编码。最后介绍了 JPEG 静止图像压缩编码标准和 MPEG 视频编码标准。本章重点介绍了静止图像的统计编码技术以及基于参数的视频压缩编码技术,为后续章节介绍视频处理技术做铺垫。

第6章　数字音频处理技术

声音是多媒体中最容易被人感知的成分。人通过听觉器官收集到的信息占利用各种感觉器官从外界收集到的总信息量的 20％左右。数字音频处理，是指用数字化手段对声音进行录制、存放、编辑、压缩或播放的技术，它是随着数字信号处理技术、计算机技术、多媒体技术的发展而形成的。本章先介绍了数字信号处理基础，接着介绍了语音信号产生模型，以及语音信号合成、语音识别的基本方法。

6.1　数字信号处理基础

6.1.1　线性和时不变

离散时间系统(简称离散系统)分为线性时不变系统、线性时变系统、非线性时不变系统和非线性时变系统四类。其中最重要、最常用的是线性时不变系统，这是因为很多物理过程都可以用这类系统来表征，且其在数学上便于表示，在理论上便于分析。

离散系统中两个重要的特性是线性和时不变。线性系统的特点是叠加信号的输出等于各自输出之和，即输入信号 $x_1(n)+x_2(n)$ 的输出信号为 $y_1(n)+y_2(n)$，并且线性系统输出值的大小正比于输入信号的幅度，即输入信号 $ax(n)$ 对应的输出信号为 $ay(n)$。综合这些性质，对于线性离散系统，输入信号 $ax_1(n)+bx_2(n)$ 对应的输出信号为 $ay_1(n)+by_2(n)$，这里 a、b 是常数。

时不变的离散时间信号是指对输入信号 $x(n-k)$，其对应的输出为 $y(n-k)$，其中 k 为整数。换句话说，线性时不变离散(Linear Time invariant Discrete，LTD)系统在所有的时间里均表现出相同的特性。例如，输入延迟 k 个取样，输出也会延迟 k 个取样。

6.1.2　冲激响应和卷积

1. 冲激响应

冲激响应被取样后，可以用来过滤信号。将滤波器的冲激响应值乘以信号值可以用来对信号进行滤波。滤波器冲激响应的每一个值乘以一个信号值，就得到一系列经过输入信号调制的滤波器的冲激响应。将所有这些经过调制的冲激响应相加减便得到了最终的输出结果。

上述运算操作实际上就是卷积过程。线性系统的输出等于信号与系统冲激响应的卷积。卷积是一个时域内的运算过程，等效于对两个网络的频率响应相乘之积求逆傅里叶变换。

2. 卷积运算

一般可以将卷积理解为取样值(代表信号在不同时刻的取样)乘以加权系数，连续地将这些数值叠加之后产生最后的输出。有限脉冲响应（Finite Impulse Response，FIR）重复取样滤波器就是一个很好的例子，一组取样值与描述冲激响应的系数相乘、叠加之后输出。在时域中可以将其理解为输入的时间信号与时域滤波器冲激响应的卷积。例如，理想低通滤波器的频率响应可以由等效时域函数 $\sin(x)/x$ 的冲激响应的系数获得，输入信号和这些系数的卷积就是滤波器的输出信号。一般而言，若有两个序列 $f_1(k)$ 和 $f_2(k)$，其卷积为

$$f(k) = f_1(k) * f_2(k) \xlongequal{\text{def}} \sum_{i=-\infty}^{\infty} f_1(i) f_2(k-i) \tag{6-1}$$

6.1.3 傅里叶变换、拉普拉斯变换和 Z 变换

一般来讲，无论电阻、电容还是电感，无论延迟还是叠加过程，均可通过复数概念来理解。一个复数 z 可以表示为 $z = x + \mathrm{j}y$，其中，x 和 y 是实数，x 是实部，y 是虚部。虚部可以由任意实数乘以 j 构成，其中 $\mathrm{j} = \sqrt{-1}$。实际中没有任何数的平方会得负数，但数学家们创造了虚数这个概念。$x + \mathrm{j}y$ 是复数的指数坐标表示，它代表二维量。例如，实部表示距离，虚部表示方向。复数可通过一个矢量来表示。

不论模拟信号处理还是数字信号处理，都可以在时间域和频域中进行。模拟信号对应的是连续时间域和频率域，取样后的信号对应离散时间和离散频率。变换是一种在时域和频域间进行转换的数学工具。连续变换对应连续时间和连续频率的信号，序列变换对应连续时间和离散频率的信号，离散变换则对应离散时间和离散频率的信号。

1. 拉普拉斯变换

拉普拉斯变换用于分析连续时间信号和频率信号，它将时域函数 $x(t)$（$t \in [0, +\infty)$）变换为频域函数 $X(s)$。拉普拉斯变换的形式为

$$X(s) = \int_0^{+\infty} x(t) \mathrm{e}^{-st} \mathrm{d}t \tag{6-2}$$

拉普拉斯变换在模拟设计中非常有用。

2. 傅里叶变换

傅里叶变换是一种特殊的拉普拉斯变换，它将时域函数 $x(t)$ 映射为频域函数 $X(\mathrm{j}\omega)$，其中，$X(\mathrm{j}\omega)$ 描述了信号 $x(t)$ 的频谱。傅里叶变换的形式为

$$X(\mathrm{j}\omega) = \int_0^{+\infty} x(t) \mathrm{e}^{-\mathrm{j}\omega t} \mathrm{d}t \tag{6-3}$$

当 $s = \mathrm{j}\omega$ 时，这个等式与拉普拉斯变换是一样的。当实部 $s = 0$ 时，拉普拉斯变换等同于傅里叶变换。傅里叶级数是傅里叶变换的一种特殊情况，它对应周期性的时间信号。

3. Z 变换

Z 变换在分析时域离散信号时起着重要的作用。在时域连续系统理论中，拉普拉斯变换可以被看成傅里叶变换的一种推广；在时域离散系统中，Z 变换可以看成离散傅里叶变换（Discrete Fourier Transform，DFT）的一种推广。当 $z = \mathrm{e}^{\mathrm{j}\omega}$ 时，Z 变换等同于傅里叶变换，DFT 是 Z 变换的特例。序列 $x(n)$ 的 Z 变换定义为

$$X(z) = \sum_{n=-\infty}^{\infty} x(n) z^{-n} \tag{6-4}$$

式中，z 是复变量；z^{-1} 代表一个单位延迟。逆 Z 变换可以利用积分定理推导出。

Z 变换是数字信号处理中的数学工具。例如，输入信号的 Z 变换与滤波器冲激响应的 Z 变换相乘，就会得到滤波器输出结果的 Z 变换。换而言之，滤波器输出结果的 Z 变换与输入信号的 Z 变换之比（传输函数）等于其冲激响应的 Z 变换，而且这个传输函数是由滤波器决定的一个固定函数。在 Z 域，冲激响应的输出等于其传输函数。

图 6-1 所示为连续时间信号及其对应的傅里叶变换和拉普拉斯变换之间的转换关系，图 6-2 所示为离散时间信号及其对应的离散傅里叶变换和 Z 变换之间的转换关系。

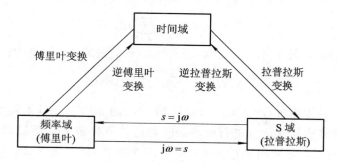

图 6-1　连续时间信号及其对应的傅里叶变换和拉普拉斯变换之间的转换关系

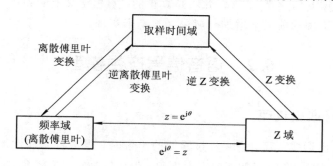

图 6-2　离散时间信号及其对应的离散傅里叶变换和 Z 变换之间的转换关系

6.1.4　离散时间傅里叶变换（DTFT）与离散傅里叶变换（DFT）

离散时间序列信号的傅里叶变换强调只在时间域离散，而频谱函数是连续的，通常称为序列的离散时间傅里叶变换（Discrete Time Fourier Transform，DTFT）。对模拟信号在时域内进行采样的结果是频域内频谱的周期延拓。也就是说，只要输出离散时间序列信号的频谱是周期函数，就可以用傅里叶变换表示，因此一个序列 $x(n)$ 的 DTFT 定义为

$$X(\mathrm{e}^{\mathrm{j}\omega}) = \sum_{n=-\infty}^{\infty} x(n)\mathrm{e}^{-\mathrm{j}\omega n} \tag{6-5}$$

式中，$X(\mathrm{e}^{\mathrm{j}\omega})$ 是序列 $x(n)$ 的频谱函数。

由此可见，$X(\mathrm{e}^{\mathrm{j}\omega})$ 是以 2π 为周期的连续函数，离散信号 $x(n)$ 的傅里叶变换产生了连续谱，计算起来很困难。为了便于计算机以数字运算方法实现傅里叶变换，在频域上对 $X(\mathrm{e}^{\mathrm{j}\omega})$ 进行均匀采样，当取样点数为 N 时，N 点的 DFT 可以表示为

$$X(k) = \sum_{n=0}^{N-1} x(n)\mathrm{e}^{-\mathrm{j}\frac{2\pi}{N}kn} \tag{6-6}$$

式中，$X(k)$描述了信号在频域N个等间距点的幅度。N点序列的 DFT 只能在有限的N个频点上观察频谱，这相当于从栅栏的缝隙中观察景色，对于了解信号在整个频域上的特征是不够的。为了观察到其他频率的信息，需要对原信号$x(n)$进行处理，以便能够在不同频点上采样。

将原来在 DTFT 频域上的采样点数增加到M个点，使得采样点的位置变为$\{\omega'_k = e^{jk\frac{2\pi}{M}}\}_{0 \leqslant k \leqslant M}$，则对应的 DFT 为

$$X'(k) = \hat{x}(e^{jk\omega'_k}) = \sum_{n=0}^{M-1} x(n) e^{-j\frac{2\pi}{M}kn} \qquad (6-7)$$

若在序列$x(n)$之后补上$M-N$个零，设为$x'(n)$，则式（6-7）变为

$$X'(k) = \sum_{n=0}^{M-1} x'(n) e^{-j\frac{2\pi}{M}kn} \qquad (6-8)$$

因此，将$x(n)$补零再进行 DFT 就可以得到$x(n)$的 DTFT 在其他频率上的值，这相当于移动栅栏使其能够从其他位置进行观察。但是这并不代表补零能够真正提高频谱分辨率，这是因为将$x(n)$补零后得到的$x'(n)$与原序列并不一样，更不是$x(n)$的采样，因此$X(k)$与$X'(k)$是不同离散信号的频谱。对于补零至M点的$x'(n)$的 DFT，只能说它的分辨率$2\pi/M$仅具有计算上的意义，$X'(k)$并不是真正的、物理意义上的频谱。频率分辨率的提高只能在满足采样定理的前提下增加时域采样长度来实现。

6.2 语音信号产生模型

6.2.1 语音信号产生机理

肺部将空气排出形成气流。空气流过紧绷的声带时，声带将周期性地开启和闭合产生张弛振动。声带开启时，空气流从声门喷射而出，形成脉冲；声带闭合时，相当于脉冲序列处于间歇期。因此，在这种情况下声门处将产生一个类似准周期性脉冲序列的空气流，该空气流经过声道后最终从嘴唇辐射出声波，这便是"浊音"。空气流过完全舒展开的声带时，空气流将不受影响地通过声门。空气流通过声门后，根据声道的收缩情况会产生两种不同的情况：一种情况是，由于声道的某个部位的收缩而形成了一个狭窄的通道，此时空气流将以高速冲过收缩区并在附近产生空气湍流，这种空气湍流通过声道后便形成"摩擦音"或"清音"；另一种情况是，空气流过完全闭合的某个部位时，便在此处形成空气压力，当闭合点突然开启时，气压将快速释放并在经过声道后形成"爆破音"。

由此可见，语音是由肺部排出的空气流激励声道后从口鼻辐射出来而产生的。不同的激励源会产生三种不同类型的语音，即浊音、清音和爆破音。浊音的激励源是位于声门处的准周期脉冲序列，清音的激励源是位于声道中某个收缩区域的空气湍流，爆破音的激励源则是位于声道某个闭合点处建立起来的突变气压。

当声音由上述三种激励方式产生出来以后，便顺着声道进行传播，此时可将声道看作一个具有某种谐振特性的腔体。腔体的一组谐振点称为共振峰，共振峰及其带宽取决于声道的形状尺寸，这些不同位置及宽度的共振峰决定了声道的频谱特性。而输出气流的频率特性要受到声道共振特性的影响。声门脉冲序列具有丰富的谐波成分，这些频率成分与声

道的共振峰之间相互作用并最终影响语音的音质。共振峰频率与声道传递函数极点相对应。共振峰频率由低到高排列为第一共振峰、第二共振峰……相应的频率用 f_1、f_2……表示。采用尽可能多的共振峰有助于精确描述语音，但在实际应用中，一般采用最重要的前三个共振峰。

6.2.2　语音信号产生的数字模型

前面从声学理论角度分析了语音信号的产生过程，并得知语音信号是声道在激励的作用下发生共振的过程。由于在发音过程中声道是运动的，因此这个过程可以通过一个线性时变系统来描述。模拟效果合适与否，只需在听感上判断其是否合乎其结果，至于它是否能够准确地描述发音器官产生语音的物理过程并不重要。这种"终端模拟"方法的有效性已在大量语音合成和语音编码等方面的实践中被证明。

语音信号模型通常是由声门脉冲模型、声道模型和辐射模型等组成的。声门脉冲模型滤波器 $G(z)$ 使浊音的激励信号具有声门气流脉冲的实际波形。对声门波形的频率分析表明，其幅度频谱按每倍频 12 dB 的速率递减。如果令

$$G(z) = \frac{1}{(1 - g_1 z^{-1})(1 - g_2 z^{-1})} \tag{6-9}$$

式中，g_1、g_2 都为接近于 1 的常数，那么由此生成的浊音激励信号频谱将接近声门气流脉冲的频谱。

可以利用声道模型 $V(z)$ 来模拟声道的传输函数，把实际声道视为一个变截面声管，根据流体力学的方法可以导出，在大多数情况下，声道传输函数是一个全极点函数。因此，$V(z)$ 可以表示为

$$V(z) = \frac{1}{\sum\limits_{i=0}^{p} \alpha_i z^i} \tag{6-10}$$

式中，$\alpha_0 = 1$，α_i 为实数。将截面积连续变化的声管近似为 p 段短声管的串联，且每段短声管的截面积近似不变，则 p 为全极点滤波器的阶，p 值越大，模型的传输函数与声道实际传输函数的吻合程度越高。一般地，$p = 8 \sim 12$ 就能满足实际应用要求。若 p 为偶数，则 $V(z)$ 一般有 $p/2$ 对共轭极点 $r_k \exp(\pm j\omega_k)$，$k = 1 \sim p/2$。每个 ω_k 分别与语音的各个共振峰相对应。

辐射模型 $R(z)$ 与口唇有关，$R(z)$ 一般可以表示为 $R(z) = (1 - rz^{-1})$，$r \approx 1$（单零点传递函数）。

综合考虑声门激励、声道和嘴唇辐射影响就得到图 6-3 所示的语音信号产生的数字模型。这就是说，语音信号可看成激励信号激励一个线性系统 $H(z)$ 而产生的输出，其中，$H(z)$ 是由声道模型 $V(z)$ 与口唇辐射模型 $R(z)$ 相级联得到的，即

$$H(z) = V(z) \cdot R(z) \tag{6-11}$$

对于浊音而言，我们还可以把声门脉冲的影响也反映到传递函数中，即

$$H(z) = G(z) \cdot V(z) \cdot R(z) \tag{6-12}$$

这时，浊音信号就可以看成由一个受准周期性 δ 脉冲串激励的离散线性系统 $H(z)$ 而产生的输出。

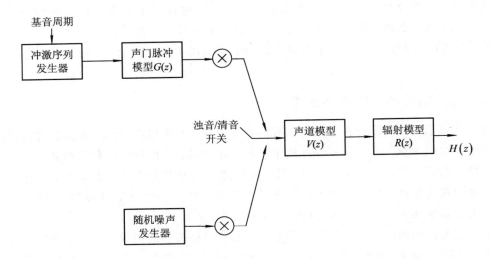

图 6 - 3　语音信号产生的数字模型

　　上述语音产生模型的基本思想起源于 20 世纪 30 年代 Duddley 发明的声码器,只是当时还没有离散线性系统的成熟理论,而是采用滤波器组频谱分析器来粗略地估计系统的频谱响应。但其基本思想是将激励与系统相分离,使语音信号解体来分别进行描述,而不是直接研究信号波形本身的特性,这是导致语音信号处理技术飞速发展的关键。

6.3　语音信号合成的基本方法

6.3.1　概述

　　语音合成(Speech Synthesis)是由人工制作出语音的技术。它是传统的人机语音通信系统的一个重要成分,语音合成能够赋予机器"人工嘴巴"的功能,其目标是让机器可以像人那样说话。早在 200 多年前,人类就开始尝试制造"会说话的机器"了,当时的科学家仿造人的声道做成了一种通过人为地改变形状来合成元音的橡皮声管。得益于半导体集成技术和计算机技术的发展,实用的英语语音合成系统于 20 世纪中后期率先被开发出来。在此之后其他语种的语音合成系统也不断出现。目前,语音合成技术已经可以完成大多数语种的语音合成。现代电子技术产生以后,"会说话的机器"这一术语也被语音合成所替代。

　　根据技术方式语音合成方法可分为波形合成法、参数合成法和规则合成方法;从合成策略上讲,语音合成方法可分为频谱逼近和波形逼近。

1. 波形合成法

　　波形合成法通常有两种实现方式。一种是波形编码合成法,它和语音编码中的波形编解码方法相似,这种方法存储待合成语音的发音波形或将波形编码压缩后进行存储,在重放时再解码存储的波形。这种语音合成方法仅仅用于语音存储及重放。波形编码合成最简单的方法就是直接进行 A/D 转换以及 D/A 转换,或称为 PCM 波形合成法。但是用波形编码合成法合成出的语音不可能有很大的词汇量,因为该方式所需的存储空间很大,尽管可以借助波形编码(如 ADPCM、APC 等)节省一些存储量空间。另外一种波形合成法是波形编辑合成法，这一方法借助波形编辑技术来进行语音合成。它存储适当的语音单元作为音库，合成时根据待合成语音内容选取音库中的合成单元，然后对这些波形进行平滑、波形编辑拼接等处理后输出所需语音。不同于规则合成的方法，这类方法不对合成语音段时所需合成单元进行大幅度的修改，通常只是简单地对相对时长的强度进行调整。所以，波形编辑合成法必须要选择词、词组、短语甚至语句这样比较大的语音单元作为合成的基元。这样在合成语音段时基元之间的相互影响非常小，合成语音的质量较高。波形语音合成法是一种相对比较简单的语音合成技术，但是它一般只能合成词汇数目较少的语音段。现在许多专门用途的语音合成器都采用这种方式，如自动报时、报站和报警等。

2. 参数合成法

参数合成法是一类较为复杂的方法，也被称为分析合成法。它首先分析输入语音信号，将其中的语音参数提取出来，以达到压缩存储量的目的。然后由提取出的参数合成语音。参数合成法一般分为发音器官参数合成、声道模型参数合成两种。发音器官参数合成法是通过定义声带、舌、唇的相关参数直接对人发音的过程进行模拟。依据发声参数计算声道截面积函数，从而计算声波。但是因为人的发音生理过程复杂而且理论计算与物理模拟存在一定差别，所以合成出的语音质量目前还不理想。声道模型参数合成方法是根据声道的截面积函数或其谐振特性来合成语音的。初期语音合成系统中的声学模型，一般基于模拟人的口腔的声道特性来构建。其中，比较著名的有克拉特(Klatt)的共振峰(Formant)合成系统，后来又产生了基于 LPC(Linear Predictive Coefficient，线性预测系数)、LSP (Line Spectral Pairs，线性频谱对)和 LMA(Log Magnitude Approximate)等声学参数的合成系统。这些方法用来建立声学模型的过程通常分为三步：首先，录制涵盖人发声过程中所有可能出现的读音；其次，从这些声音中提取声学参数，整合成一个完善的音库；然后，在发音过程中，根据待合成语音选择合适的声学参数；最后，根据韵律模型给出的韵律参数，使用合成算法生成语音。参数合成方法的优势在于其音库都比较小，而且整个系统能够适应的韵律特征范围较广。这种合成方法生成语音的比特率低，音质适中，但是合成的语音不够自然和清晰。近几年发展出了能够有效改善激励信号质量的混合编码技术。这些技术虽然在一定程度上增加了比特数，但是音质得到了明显提升。

3. 规则合成法

规则合成法是一种高级的合成方法，它通过语音学规则产生语音。规则语音合成系统不仅存储了最小语音单位的声学参数，而且还保存了由音素组成音节、由音节组成词、由词组成句子以及控制音调、轻重音等韵律的各种规则。这种方法的词汇表不用经过事先确定，而是根据所提供的待合成语音，由合成系统利用上述各种规则自动地把它们变换为连续的语音声波。因此，该方法可以合成无限词汇的语句。基音同步叠加(Pitch Synchronous OverLap-Add，PSOLA)算法是规则合成法中用于韵律控制和波形拼接的代表性算法。其优势在于不仅能够保持所发音在主要音段上的特征，还能在拼接时灵活地调整强度、时长和基频等超音段上的特征。它的核心思想在于直接对音库中存储的语音进行拼接。区别于仅仅将不同语音单元进行简单拼接和波形编辑合成的传统语音合成方法，规则语音合成方法首先要采取多种技术从大量语音库中选取最适合的语音单元，然后在拼接时还要使用 PSOLA 等算法对合成语音进行韵律特征的修改，这样使得合成的语音有着较高的音质。

无论是波形编码合成还是参数合成，其原理都等同于语音通信中的波形编码器和声码器接收端的工作过程，区别只是在于不是用从信道送来的参数或编码的序列来实现语音合成，而是用从分析或者变换得到的存储在语音库中的参数或码序列作为合成数据来实现语音合成的。因此，在下面的讨论中，我们就不再重复解码方法等内容，只补充讨论前面没有涉及的一些内容。

6.3.2 共振峰合成法

参数合成法将声源参数、清音/浊音判别、声道参数和能量按照时间顺序连续地输入参数合成器，然后由参数合成器输出合成的语音。它从本质上讲是语音参数分析方法的逆过程。这里只介绍两种主要的参数合成法：共振峰合成法和 LPC 合成法，它们都是较为流行的语音合成技术。其中，LPC 合成法具有实现简单等优点，而共振峰合成法虽然比 LPC 合成法复杂，但它可以产生较高的合成音节。本小节介绍共振峰合成法。

共振峰合成法根据谐振腔模型来模拟声道。它借助带宽及共振峰频率等腔体的谐振特性来构建共振峰滤波器。不同音色的语音有着各不相同的共振峰模式，需要根据不同的带宽及共振峰频率构建多个共振峰滤波器。共振峰合成法通过组合不同的共振峰滤波器来模拟声道的传输特性，同时对激励声源发出的信号进行调制，输出合成语音。这就是共振峰合成器的实现原理。在实际实现过程中，共振峰滤波器的数目以及组合的形式是固定不变的，相关参数则根据每一帧输入语音来进行适当的调整，这样就能表征不同共振峰模式下音色各异的语音。

图 6-4 为共振峰合成器的系统模型。可以看出，首先由共振峰滤波器模拟声道传输特性对接收到的激励声源进行调制，然后经由辐射效应输出合成语音。因为发声时器官是处于运动状态的，所以共振峰合成器的系统参数也应当是随着时间而发生变化的。通常根据当前帧输入语音的变化来对系统参数进行修正。

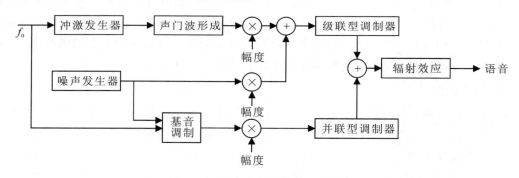

图 6-4 共振峰合成器的系统模型

单纯地把激励声源分成清音和浊音有一定的不足。这是由于对于浊辅音，特别是浊辅音中的浊擦音来说，声带振动产生的湍流和脉冲波是同时存在的。此时声带振动会对噪声幅度进行周期性的调制。为了提高合成语音的质量，需要具有多种可选的激励源来适应不同情况下的激励声源。一般有三种类型的激励声源：伪随机噪声、周期冲激序列和周期冲激调制的噪声。它们分别用来合成清音、浊音和浊擦音。激励声源不会显著地影响合成语音的自然度。合成清音时，通常使用伪随机数发生器产生的白噪声作为激励源。然而实际上，清音激励应当具有平坦的频谱和服从高斯分布的波形样本。虽然伪随机数发生器产生的序列有着平坦的频谱，但是它的幅度是均匀分布而非高斯分布的。由中心极限定理可知，具有相同分布且互相独立的随机变量的和服从高斯分布，因此在实际应用中通过叠加若干个伪随机数发生器来得到近似于高斯分布的激励源。合成浊音时，最简单的周期冲激序列是三角波脉冲，但是这种模型不够精确。激励源的脉冲形式对高质量语音合成来说相当重要，可以使用多项式波、滤波成形波等更为精确的形式。

声学原理表明，在声道模型中，声道形状完全决定了语音信号谱的谐振特性（对应声道传输函数中的极点），该谐振特性与激励源的位置无关。因为在大多数辅音及鼻音中存在反谐振特性，对于大多数辅音和鼻音，应该采取极零模型。图 6-4 中的共振峰合成器系统采用了两种声道模型：第一种声道模型把模型化为级联形式的二阶数字谐振器；第二种声道模型则采用并联形式。级联型结构中每个谐振器都代表一个共振峰特性，且只需使用一个参数来控制共振峰的幅度。它具有结构简单、能很好地逼近元音频谱特性等优点。使用二阶数字滤波器的优点在于它在频谱精度相同的情况下，有着较好的低阶数字滤波器量化位数。同时对单个共振峰特性能提供准确的物理模型，因此在计算上相当有效。而并联结构能够模拟反谐振和谐振特性，所以通常用并联结构来合成辅音。实际上也可以使用并联结构来模拟元音，但是效果不如级联形式的效果好。

对于平均长度为 17 cm 的声道（男性），在 3 kHz 范围内大致包含 3 个或 4 个共振峰，而在 5 kHz 范围内包含 4 个或 5 个共振峰。高于 5 kHz 的语音能量很小。目前在语音合成方面的研究已经证明浊音的表示最主要的是前三个共振峰。只要用前三个时变共振峰频率就可以得到可懂度很好的合成浊音，因此可以用于逐帧修正声道模型的参数。高级的共振峰合成器则需要前三个共振峰的带宽和前四个共振峰的频率都随着时间的变化而变化，更高频率上共振峰参数的变化则可以忽略。

一般的共振峰合成器系统具有相互独立的声源和声道，不考虑声源和声道的相互作用。但是在语音产生的实际过程中，声源振动对在声道中传播的声波的作用并不可以忽略，所以提高合成语音音质的另一个途径就是使用更为符合语音产生机制的生成模型。高级的共振峰合成器可以合成几乎与自然语音相似的高质量语音，其关键在于共振峰频率、幅度和带宽等合成时所需要控制参数的获取以及参数求取过程中根据激励声源的逐帧修正，只有处理好这两个问题才能够达到合成语音和自然语音的最佳匹配。

在以音素为基元的共振峰合成中，可以对每个音素的参数进行存储，然后按照连续发音时音素间的相互作用在这些参数中内插获取控制参数轨迹。虽然理论上共振峰参数可以计算，但是实际上通过这种方法合成的语音在可懂度和自然度等方面都有较大的欠缺。

理想的方法是根据自然语音的样本对共振峰合成参数进行调整以使自然语音样本和合成语音在频谱上使共振特性的最佳匹配，这样能够实现最小误差。参数合成法即用这些参数作为控制参数。实验分析表明，如果能将自然语音和合成语音频谱峰值间的差别控制在几分贝以内，它们的声强及基音的变化曲线也能较为精确地吻合。这样生成的语音能获得接近于自然语音的可懂度和自然度。此外，对元音、摩擦音等相对较稳定的音素由孤立的发音来提取控制参数，这样可以避免连续发音时邻近音素的影响。而对于基音等特性受前后音影响较大的瞬态音素，它们的参数值由对不同连续状况下的自然语句取平均而得到。

6.3.3 线性预测编码合成法

线性预测编码(LPC)合成法是一种较为实用和简单的语音合成方法,由于低成本、低复杂度和低数据率而受到较多的关注。20世纪60年代后期发展起来的LPC合成法不仅能估计基音、共振峰、频谱、声道面积函数等基本语音参数,还可以精确地估计语音的基本模型,而且计算速度较快。LPC语音合成器使用LPC合成法,首先对自然语音样本进行分析以得到LPC系数,然后构建信号产生模型来进行语音合成。作为一种"源滤波器"模型,线性预测编码合成系统的激励信号由周期脉冲序列和白噪声序列构成,通过选通、放大和由语音参数控制的变滤波器等处理,实现语音的合成。图6-5给出了LPC语音合成器的实现框图。

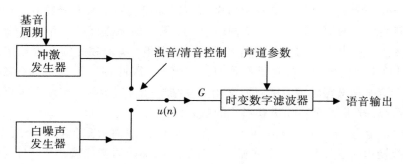

图 6-5 LPC 语音合成器的实现框图

线性预测合成的形式有两种。一种是直接用预测器系数构成的递归型LPC语音合成滤波器,其结构如图6-6所示,用这种方法定期地改变激励参数和预测器系数就能合成出语音。在一个语音样本的合成过程中,需要进行 p 次加法以及 p 次乘法。该结构具有简单和直观的优点,合成的语音样本为

$$s(n) = \sum_{i=1}^{p} a_i s(n-i) + G u(n) \qquad (6-13)$$

式中, a_i 为预测器系数;G 为模型增益;$u(n)$ 为激励;$s(n)$ 为合成语音样本;p 为预测器阶数。

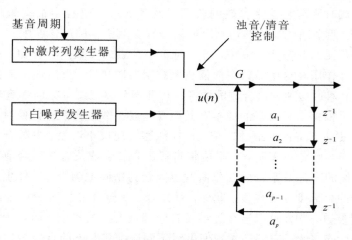

图 6-6 用预测器系数构成的递归型 LPC 语音合成器

　　直接结构形式的预测器系数滤波器的优势在于简单且易于实现,因此曾被广泛采用。它的缺点在于合成语音需要很高的计算精度,这是由于采用的递归结构对系数的变化相当敏感,系数的微小变化就可以造成滤波器极点位置大幅改变,甚至造成不稳定。量化预测系数造成的精度下降,也会产生不稳定的合成信号,容易产生振荡。同时预测器系数的个数变化时,预测器系数值的变化也很大。

　　另一种合成的形式是采用反射系数构成的格型合成滤波器,它的合成语音样本为

$$s(n) = Gu(n) + \sum_{i=1}^{p} k_i b_{i-1}(n-i) \tag{6-14}$$

式中,G 为模型增益;$u(n)$ 为激励;k_i 为反射系数;$b_i(n)$ 为后向预测误差;p 为预测器阶数。

　　由式(6-14)可看出,只要知道模型增益、反射系数及基音周期的激励位置就能够根据后向误差序列的迭代计算得到合成语音。单个语音样本的合成需要 $2p-1$ 次乘法和 $2p-1$ 次加法。虽然采用反射系数 k_i 的格型合成滤波器结构的运算量比直接结构更大,但其具有的优点是:参数 k_i 的绝对值始终小于 1,因此滤波器是稳定的;此外,它对有限字长导致量化效应的灵敏度较直接结构形式更低。基音同步合成为得到不同基音在周期起始处的数值,需要对控制参数进行线性内插。虽然预测器系数本身不可以内插,但是可以对部分相关系数进行内插,而且可以证明如果原来的参数是稳定的,则结果也一定稳定。不管使用哪一种滤波器结构形式,LPC 合成模型中所有的控制参数都必须随时间不断修正。

6.3.4　基音同步叠加法

　　早期的波形编辑技术只能回放音库中保存的东西,而任何一个语言单元在实际语流中都会随着语言环境的变化而变化。20 世纪 80 年代末,穆利纳(Muliner)和夏庞蒂耶(Charpentier)等人提出了基音同步叠加(Pitch Synchronous OverLap-Add,PSOLA)技术。该技术与早期的波形编辑技术有着本质上的区别。它不仅能够维持原始语音在主要音段的特征,同时也可以在音节进行拼接时灵活地调节音长、基音和能量等韵律上的特征。

　　PSOLA 是一种修改合成语音韵律的算法,它主要用于波形编辑语音合成技术。音高、音长和音强是决定语音波形韵律的三个主要时域参数。音高的大小体现波形的基音周期,对于大多数通用语言,音高仅体现不同的语气。由于汉语的音高曲线构成声调,声调有辨义作用,因此对汉语的音高修改比较复杂。对稳定的波形段来说,音长的调节是比较容易实现的,仅仅需要按照基音周期为单位进行加减即可,但由于语音基元本身的复杂性,实际中常使用特定的时长缩放法。改变音强只需要加强波形即可,但对一些重音有变化的音节,幅度包络可能也需要改变。

　　基音同步叠加技术一般有时域基音同步叠加(TD-PSOLA)、频域基音同步叠加(FD-PSOLA)和线性预测基音同步叠加(LPC-PSOLA)三种实现方式。概括起来说,用PSOLA 算法实现语音合成时主要有三个步骤,分别为基音同步分析、基音同步修改和基音同步合成。下面我们将详细介绍这三个步骤。

1. 基音同步分析

　　同步标记被用来准确反映各基音周期的起始位置,它们是与合成单元浊音段的基音保持同步的一系列位置点。对语音合成单元实施同步标记设置是基音同步分析的主要功能。

PSOLA 技术对短时信号的时间长度选择以及叠加和截取都是根据同步标记进行的。浊音段信号有基音周期，清音段信号则属于白噪声，这两种类型需要区别对待。

以语音合成单元的同步标记为中心，选择适当长度（一般取两倍的基音周期）的时窗对合成单元进行加窗处理，获得一组短时信号 $x_m(n)$，即

$$x_m(n) = h_m(t_m - n)x(n) \tag{6-15}$$

式中，t_m 为基音标注点；$h_m(n)$ 一般取汉明窗，窗长大于原始信号的一个基音周期，因此窗间有重叠。窗长一般为原始信号基音周期的 $2 \sim 4$ 倍。

2. 基音同步修改

基音同步修改借助减少、增加合成单元标记间隔来改变合成语音的音频；借助删除、插入合成单元同步标记来改变合成语音的时长。在修改时使用一套新的合成信号对短时合成信号序列进行基音标记同步。在 TD-PSOLA 方法中，短时合成信号由相应的短时分析信号直接复制而来。若短时分析信号为 $x(t_a(s), n)$，短时合成信号为 $x(t_s(s), n)$，则有

$$x(t_a(s), n) = x(t_s(s), n) \tag{6-16}$$

式中，$t_s(s)$ 为合成基音标记；$t_a(s)$ 为分析基音标记。

3. 基音同步合成

基音同步合成是短时合成信号叠加合成的。借助对短时合成信号的减少或增加来实现合成信号时长的变化。若信号基频发生了变化，就需要先将短时合成信号变换成满足需求的短时合成信号，然后再进行合成操作。

目前有很多基音同步叠加合成方法。以采用原始信号谱和合成信号谱差异最小的最小平方叠加合成法（Least-square Overlap-added Scheme）为例，最终合成的信号为

$$\bar{x}(n) = \frac{\sum\limits_q a_q \bar{x}_q(n) \bar{h}_q(\bar{t}_q - n)}{\sum\limits_q \bar{h}_q^2(\bar{t}_q - n)} \tag{6-17}$$

式中，分母是时变单位化因子，是窗之间时变叠加的能量补偿；$\bar{h}_q(n)$ 为合成窗序列；a_q 为相加归一化因子，是为了补偿音高修改时能量的损失而设的，式（6-17）可简化为

$$\bar{x}(n) = \frac{\sum\limits_q a_q \bar{x}_q(n)}{\sum\limits_q \bar{h}_q(\bar{t}_q - n)} \tag{6-18}$$

式中，分母是时变单位化因子，用来补偿相邻窗口叠加部分的能量损失。该因子在窄带条件下接近于常数，在宽带条件下，当合成窗长为合成基音周期的两倍时，该因子亦为常数。此时，若设 $a_q = 1$，则有

$$\bar{x}(n) = \sum\limits_q \bar{x}_q(n) \tag{6-19}$$

利用式（6-18）和式（6-19），可以通过压缩和伸长原始语音与基音同步标志 t_m 之间的相对距离，灵活地降低和提高合成语音的基音。同样还可以通过删除和插入音节中基音同步标志来改变合成语音音长，最终得到一个新的合成语音的基音同步标志 t_q，此外还能够借助改变式（6-18）中能量因子 a_q 来对语音中不同部位的合成语音的输出能量进行调整。图 6-7 为同步叠加算法改变语音的基频和时长。

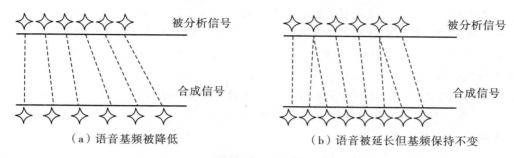

（a）语音基频被降低　　　　　　　（b）语音被延长但基频保持不变

图 6-7　同步叠加算法改变语音的基频和时长

6.3.5　文语转换系统

文语转换（Text To Speech，TTS）是指通过一系列硬软件对文本文件进行转换后，借助电话语音系统或者计算机等输出语音的过程，同时尽量保证合成出的语音具有较好的可懂度和自然度。文语转换系统能够提供一个良好的人机交互界面，能够在不同的智能系统中得到应用，如自动售票系统和信息查询系统。它也能够辅助残疾人的交流，如用于听障人士的代言系统或者用于视障人士的阅读设备。此外，文语转换系统还能够应用于通信设备以及各种数字产品中，如 PDA 和手机等。目前语言通信中语音信号的传输是通过编码、调制来实现的，这种方式信息量大，占用的频带宽，通信质量和速度容易到影响和限制。由于一个汉字仅占有两个字节，采用文字传输信息替代语音传输会大大加快通信的速度，接收设备只需把接收到的文字信息转换为语音。随着 20 世纪 90 年代以来多媒体技术和计算机的飞速发展，文语转换系统也逐步展示出了广泛的应用范围和巨大的应用前景，受到研究者的广泛关注。

成功的文语转换系统应当能够输出清晰且自然流畅的语音，所以必须集成优秀的语音合成模块。如果单纯地对一个字的发音进行机械地连接，合成的语音将不具有足够的自然度。发音声调上的变化决定了输出语音的自然度。在连续的语音流内，一个字的发音不只和它自身的发音有关系，还会被其相邻字的发音影响。因此文语转换系统应当先分析输入文本，按照上下文的关系来分析每个字的发音声调应当如何变化，然后使用得到的声调变化参数控制语音的合成，所以，文语转换系统还必须拥有文本分析韵律控制模块。综上所述，文语转换系统的三个核心部分为文本分析、韵律控制和语音合成，其结构框图如图 6-8 所示。下面对这三个主要模块进行简要叙述。

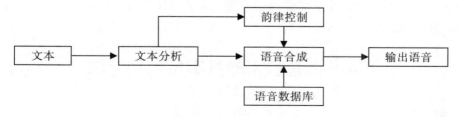

图 6-8　文语转换系统的结构框图

1. 文本分析

文本分析的首要目的是让计算机可以识别文字，同时依照文本的上下文关系对文本进行一定程度的理解，这样就能够了解需要发什么音和怎么发音，从而让计算机知道文本中包含哪些音的词、短语或者句子以及发音时应该在何处停顿和停顿多久。文本分析过程主要包括三个步骤：① 规范化输入文本，对用户可能出现的拼写错误进行处理，并把不规范或者不能发音的字符删除；② 确定文本中词或短语的边界和文字的读音，并分析文本内的姓氏、数字和特殊字符，确定多音字的读音；③ 确定发音时语气的变换及不同音的轻重方式。最终，为了使后续模块能够进一步进行处理和生成对应信息，把输入的文字转换成计算机能够处理的内部参数。

传统的文本分析主要是基于规则（Rule-based）的实现方法。一些有着代表性的方法包括二次扫描法、最佳匹配法、逐词遍历法、反向最大匹配法和最大匹配法等。随着近年来计算机领域及数据挖掘技术的进步，一些人工神经网络技术和统计学的方法广泛应用于计算机数据的处理。以此为背景，出现了基于数据驱动（Data-driven）的文本分析方法。具有代表性的方法有神经网络法（Neural Network Method）、二元文法（Di-grammar Method）、隐马尔可夫模型法（Hidden Markov Model Method，HMM Method）和三元文法（Tri-grammar Method）等。

2. 韵律控制

不同人在说话时都有着不同的语气、停顿方式、声调和发音长短等，这些都属于韵律特征。基频、音强和音长等韵律参数能够影响这些韵律上的特征。

我们依靠韵律控制模块来获得具体的韵律参数，并用这些参数指导系统进行语音信号合成。类似于文本分析的实现方法，韵律控制方法也分为两类：基于规则的方法和基于数据驱动的方法。韵律控制方法在发展初期一般采用基于规则的方法。近年来，借助神经网络和统计方法的基于数据驱动的韵律合成也取得了成功的应用。

3. 语音合成

在文语转换系统中，采用波形拼接的语音合成方法被广泛用于合成语音模块，其中最为典型的是前面介绍过的基音同步叠加（PSOLA）算法。用 PSOLA 算法可以直接对存储于音库的语音进行拼接。但是，这种方法也存在着一些问题，主要体现在两个方面：首先，合成音库一般相当庞大，会占用大量的储存空间，不利于文语转换系统在掌上电脑或其他小型终端设备上的推广；此外，相邻声音单元的谱之间存在不连续性，容易导致合成音质的下降。现在处理这些问题的一个较好途径是把参数语音合成方法和基于规则的波形拼接计数结合在一起。这种融合产生了许多新的模型，如基因同步的 Sinusoidal 模型。这些模型能进一步提高合成语音的质量。

6.4　语音识别的基本技术和方法

6.4.1　概述

1. 语言识别的分类

语音识别（Speech Recognition）主要是指让机器听懂人说的话，即在各种情况下，准确地识别出语音的内容，分析语音中的信息，并根据这些信息完成人的意图。语音识别是一门涉及面广泛的交叉学科，它与通信、计算机、数理统计、语音语言学、神经生理学、信号处理、人工智能和神经心理学等多个学科都有着密切的关系。

按照不同的分类角度，语音识别有以下几种分类方法：

(1) 根据需要识别的单位，把语音识别划分成以下几类：

① 孤立单词语音识别，即识别的单词之间有一定的停顿。

② 选词语音识别，即将某个或某几个单词从连续语音中识别出来。

③ 连续语音识别，即待识别的单词之间不存在停顿。

④ 语音理解，即识别语音并借助语言学的知识来推断出所识别语音的具体含义。

以上四类语音识别任务的研究难度依次增加。现在已经投入实际使用并已经有较好的实用产品的语音识别系统是孤立单词语音识别系统，它的识别对象为几百个限定范围内的单词。

(2) 根据需要识别的词汇量划分。每个语音识别系统中都包含一个词汇表，系统仅能对包含在词汇表中的词条进行识别。根据能够识别词汇的数量划分，有小词汇($10\sim50$个)、中词汇($50\sim200$个)、大词汇(200个以上)等孤立词识别。在任何情况下，语音识别系统对输入语音的识别率都会随着词汇表中单词量的增加而降低。在语音识别研究领域中，对大词汇量下连续语音的识别是最为困难的，这也是目前国内外研究人员投入时间和精力最多的课题。

(3) 根据讲话人的范围划分为三种不同的语音识别系统，即单个特定讲话人、多个讲话人(即有限的讲话人)和与讲话者无关(即无限的说话人，也就是无论是谁的声音都能识别)。针对单个特定讲话人的语音识别系统仅对特定人的语音进行识别，其他两种语音识别系统为非特定人的语音识别。对于特定人的语音识别系统，在系统投入使用前需要借助输入的大量用户发音数据对系统进行训练，对非特定人的语音识别系统则无需由用户输入大量用于系统训练的发音数据。由于语音信号的可变性很大，针对非特定人的语音识别系统要能够根据许多不同人的发音样本进行学习，以获取非特定人的语音强度、发音方式和发音速度等基本的发音特征。同时，还需要寻找并归纳其中的相似性来作为识别语音时的标准。该训练和学习的过程非常复杂，所使用的语音样本应当预先进行收集，并且需要在生成系统前完成。针对特定人的语音识别较为容易实现，且可以获得很高的识别率，目前大多商品化的设备都属于这种类型。针对非特定人的语音识别系统虽然通用性好且应用广泛，但是它们的实现难度也很大，识别率低。与讲话无关的语音识别系统的实用化有着深远的社会意义以及极高的经济价值。

在语音识别中，最简单的是特定的人、孤立字(词)和有限词汇的语音识别，最复杂、最难解决的是非特定人、连续语音和无限词汇的语音识别。

2. 常见的语音识别方法

常见的语音识别方法有模板匹配法、随机模型法和概率语法分析法。这三种语音识别方法都以在最大似然决策上建立的贝叶斯(Bayes)判决作为基础，它们的不同之处在于具体的实现过程。

1）模板匹配法

语音识别系统在早期多数是根据简单的模板匹配原理来构造的。它们属于针对特定人的小词汇量孤立词识别系统。在系统训练过程中，由用户把词汇表内的每个词说一遍，同时把发音的特征矢量看成模板（Template），存放到模板库中。在语音识别过程中，把待识别语音的特征矢量序列与模板库中的每一个模板逐个比较，和输入语音相似度最高的模板即为识别结果。由于语音信号的随机性较大，即便是同一个发声者在不同时间说同样一句话的发音的长度也不可能完全相同，所以必须要进行时间伸缩的处理。为了解决识别孤立字（词）时说话速度不一致的问题，日本学者板仓（Itakura）引入动态规划（Dynamic Programming，DP）的概念，设计了著名的动态时间规整（Dynamic Time Warping，DTW）算法。作为一个典型的最优化问题，DTW 算法借助一定条件下的时间规整函数来表征参考模板和待识别模板之间的对应关系，求解两模板匹配时累积距离最小所对应的规整函数。DTW 算法确保在两个模板之间有着最大的声学相似性，在词汇表较小且不同词条不容易混淆的情况下取得了很大的成功。本书将在 6.4.4 小节中详细介绍 DTW 算法。

然而这种简单的模板匹配法对于要求较高的语音识别系统来讲，就有些力不从心了。在连续语音识别系统中，假如把词、词组、短语甚至整个句子作为识别的单位，给每个词条都建立一个特殊的模板，随着识别系统词汇量的不断增加，所需模板的数量将变得相当大。因此，为了得到更有效的识别方法就需要寻找不同于模板匹配的语音识别方法，以满足非特定人、大词汇量下的语音识别系统的需求，由此产生了随机模型法和概率语法分析法。

2）随机模型法

随机模型法是当前语音识别领域的主流研究方向。该类方法中最具代表性的是基于隐马尔可夫模型（HMM）的语音识别方法。这种方法根据 HMM 的概率参数来进行似然函数的估计和判决，从而获得识别的结果。可以把语音信号看作一个随机过程，它在足够短的时间段上有着近似于稳定的信号特性。可以把总的语音信号看成依时间顺序从相对稳定的一个特性过渡到另一个特性。HMM 根据概率统计方法去描述这种时变过程，在这个模型中，从一个状态转移到另外一个状态的可能性决定于当前状态的转移概率。从观察者的角度看来，这是一种隐含的状态转移，因此它是一种双重随机过程。自从 IBM 和 CMU 的研究者们将 HMM 引入语音识别领域以来，它取得了巨大的成功。美国在 20 世纪 80 年代进行的有关语音识别领域的重大科研项目，都采用了以 HMM 作为基本框架的统计途径。这些研究包含以拉宾纳（Rabiner）为首的 AT&T 公司和贝尔（Bell）实验室科研集团在语声响应（Voice Response）和连续数字识别等领域进行的工作，以及以杰利内克（Jelinek）为首的 IBM 公司研究组对语音打字机的研究（Tangora 系统）和美国国防部的高级研究计划署（Advanced Research Projects Agency，ARPA）制定的新五年计划——DARPA 计划等。

随机模型法能够对不确定性进行建模。它们基于概率理论，可以处理具有不完全信息或噪声的数据。随机模型法可以灵活地处理多种类型的数据，包括序列数据、文本数据等，在自然语言处理、语音识别、图像处理等领域具有广泛的应用。随机模型法的训练和推断过程可能较为复杂和耗时，尤其是对于复杂的模型或大规模数据集，计算成本较高。

3) 概率语法分析法

概率语法分析法通常在词汇量范围较大的连续语音识别系统中使用。通过对不同语音的语谱及其变化的研究，语音学家们发现，虽然不同人在发出同一语音时，对应的语谱及其变化有着种种的不同，但是总存在一定的共同特征来区别它们和其他语音。这些用于区别不同语音的特征被称为"区别性特征"。另一方面，人类语言受着语义、语法等规则的约束，在语音识别的过程中，充分应用了对话环境的相关信息和这些约束。因此，结合语音识别专家所提出的"区别性特征"和来自构词、语义和句法等规则约束，可以形成一个"自底向上"或"自顶向下"的具有交互作用的知识系统，并能够用若干规则来描述不同层次下的知识。概率语法分析法能够基于大规模的语料库进行学习，从而捕捉到自然语言中的统计规律和概率分布，提高分析的准确性。它可以处理自然语言中的歧义和不确定性，通过计算各种可能的分析结果的概率来进行解析，从而得到更全面的语法分析结果。但是概率语法分析法的性能受限于训练数据的质量和规模，如果语料库不充分或不具代表性，可能导致模型的泛化能力和准确性下降。

目前语音识别领域的主流算法主要包括基于参数模型的 HMM 方法以及基于非参数模型的 VQ 方法。其中，基于 HMM 的方法一般用在大词汇量的语音识别系统。

除上述两种方法之外，还有应用模糊数学的语音识别方法、句法语音识别和基于人工神经网络的语音识别方法等。在对语音识别的研究中，如何充分借鉴和利用人在完成语音识别和理解时所利用的方法和原理是一项重要课题。

6.4.2 语音识别原理

现在很多语音识别系统都采取了模式匹配的原理。按照模式匹配原理，要将未知语音的模式和用于参考的已知语音模式逐一地进行比较，识别结果即最佳匹配的参数模式。

语音识别过程分为两个步骤。第一步是按照识别系统的类型挑选可以满足系统要求的识别方法，根据语音分析方法获取该识别方法所需的语音特征参数，由计算机把这些参数作为标准模式存储起来，构成标准的参数库。该语音参数库即为"模板"，生成参数库过程称为"学习"或者"训练"。第二步就是识别。

图 6-9 给出了基于模式匹配原理的语音识别系统的框图。语音识别系统从本质上讲是一种模式识别系统，因此它的基本结构和一般模式识别系统一样，主要包括特征提取、距离测度以及参考模式库等基本单元。同时，因为语音识别系统所需处理的是结构复杂、内容丰富的语言信息，所以比一般的模式识别系统更为复杂。

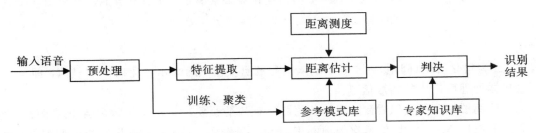

图 6-9 基于模式匹配原理的语音识别系统的框图

下面简要介绍语音识别系统的各基本单元。

1. 预处理

预处理包括反混叠滤波、音频信号的采样与量化、语音信号的预加重处理及语音信号的分帧处理。此外还包含在声学参数分析前正确选择和识别基元的问题。

1）反混叠滤波

反混叠滤波器主要有两个作用：一是抑制电源干扰（50 Hz 或 60 Hz）；二是抑制输入信号各频率分量中频率超出 $f_s/2$ 的所有分量（f_s 为信号采样率），防止混叠干扰。因此，反混叠滤波器必须为上、下截止频率分别为 f_H 和 f_L 的带通滤波器。对于目前的绝大多数语音编码器，$f_H = 3400$ Hz，$f_L = 60$ Hz～100 Hz，$f_s = 8$ kHz。

事实上，反混叠滤波、A/D、D/A 和平滑滤波等功能可用一块专门的集成电路芯片独立完成，实现起来很简便，这里不再赘述。

2）音频信号的采样与量化

数字信号是指时间和幅度均为离散的信号。为了把模拟语音信号变换成数字信号，必须经过采样和量化两个步骤。图 6-10 给出了语音信号数字化的一般框图。图中 $x_a(T)$ 表示连续时间的模拟信号，$x(n)$ 表示离散时间的数字信号，$\hat{x}(n)$ 表示量化后的数字信号。

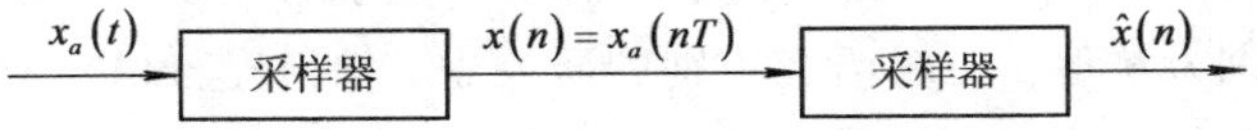

图 6-10　语音信号数字化的一般框图

所谓采样，就是在时间域上对模拟信号进行等间隔取样，其中两个采样点之间的间隔称为采样周期，它的倒数称为采样频率。根据采样定理，当采样率大于信号最高频率的两倍时，在采样过程中就不会丢失信息，并且可以用采样后的信号重构原始信号。

采样后的信号在时间域上是离散的形式，但在幅度上还保持着连续的特点，所以要进行量化。量化的目的是将信号波形的幅度离散化。抽样量化过程就是将整个幅度值分割成有限个区间，把落入同一区间的样本都赋予相同的幅度值。量化的范围和电平可以用不同的方法选取，这取决于数字表示的应用，当这种数字表示用数字系统处理时，量化电平和范围通常都是均匀分布的。常见的两种均匀量化器为中点上升量化器和中点水平量化器，图 6-11 给出了一个 8 电平均匀量化器特征的示例。

从图 6-11 中可以看出，中点上升量化器的输出没有零电平，而是在正区间产生正输出电平，在负区间产生负输出电平；中点水平量化器在零输入区间有零电平输出，通常使用均匀分布描述量化范围和电平。一个均匀量化器必须满足下面两个条件：

$$x_i - x_{i-1} = \Delta$$
$$\hat{x}_i - \hat{x}_{i-1} = \Delta$$

其中，Δ 为量化阶距（间距），x_i 表示输入信号的真实值，$\hat{x}_i$ 表示量化后的信号值，即 x_i 经过量化器处理后生成的离散信号值。

从该例子中我们可以看到，均匀量化器只有两个参数：电平数目 N 和量化阶距 Δ。通常取电平数目 $N = 2^B$，以便最有效地利用 B 位二进制码。另外，Δ 和 B 必须一起选择以覆盖输入样值的幅度范围。

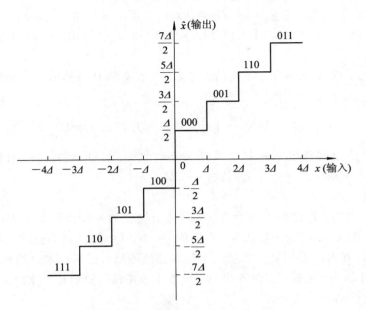

(a) 中点上升量化器

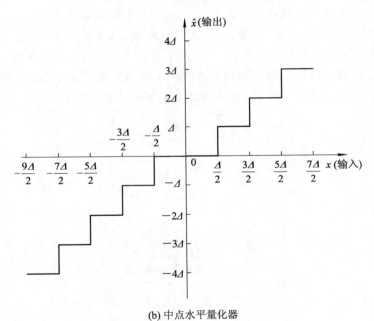

(b) 中点水平量化器

图 6-11　8 电平均匀量化器特征

假定输入 $|x(n)| \leqslant X_{\max}$，那么有（假设 $x(n)$ 的概率密度函数是对称的）

$$2X_{\max} = \Delta \cdot 2^B \tag{6-20}$$

量化后的样本值 $\hat{x}(n)$ 和原始值 $x(n)$ 的差 $e(n) = \hat{x}(n) - x(n)$ 称为量化误差或量化噪声。由图 6-11 可见，如按 $2X_{\max} = \Delta \cdot 2^B$ 选定 Δ 和 B，量化噪声满足

$$-\frac{\Delta}{2} \leqslant e(n) \leqslant \frac{\Delta}{2} \tag{6-21}$$

若信号波形的变化或量化间隔 Δ 足够大，可以证明量化噪声具有以下特性：① 它是一个平稳的白噪声过程；② 它与输入信号相互独立；③ 它在量化间隔内均匀分布，即具有等概率密度分布。

若用 σ_x^2 表示输入音频信号序列的方差，$x_{\max}$ 表示信号的峰值，σ_e^2 表示噪声序列的方差，则可以证明量化信噪比为

$$\text{SNR} = 10\lg\left(\frac{\sigma_x^2}{\sigma_e^2}\right) = 6.02B + 4.77 - 20\lg\left(\frac{x_{\max}}{\sigma_x}\right) \qquad (6-22)$$

假设音频信号的幅度服从拉普拉斯分布，此信号幅度超过 $4\sigma_x$ 的频率很小，只有 0.35%，因而可以取 $x_{\max}=4\sigma_x$。此时式(6-22)变为

$$\text{SNR} = 6.02B - 7.2 \qquad (6-23)$$

式(6-23)表明：量化器中每个 bit 字长对信噪比的贡献大约为 6 dB。当量化字长为 7 bit 时，信噪比为 36 dB。一般认为，当采用 16～20 bit 的量化字长时就足以保证音频信号的质量，但同样可以使用更长的量化字长和其他的信号处理技术来降低量化误差。例如 DVD 格式采用 24 bit 编码，许多音频记录设备中采用噪声整形技术来降低带内量化噪声。

3) 语音信号的预加重处理

对输入的数字语音信号进行预加重处理的目的是对语音信号的高频部分进行加重，去除嘴唇辐射影响，增加语音的高频分辨率。一般通过传递函数 $H(z)=1-\alpha z^{-1}$ 的一阶 FIR 高通数字滤波器来实现预加重，其中，α 为预加重系数，$0.9<\alpha<1.0$。设 n 时刻语音采样值为 $x(n)$，经过预加重处理后的结果为 $y(n)=x(n)-\alpha x(n-1)$，这里取 $\alpha=0.98$。图 6-12 为该高通滤波器的幅频特性和相频特性。图 6-13 中分别给出了预加重前和预加重后的一段语音信号及其频谱，可以看出，预加重后频谱在高频部分的幅度得到了提升。

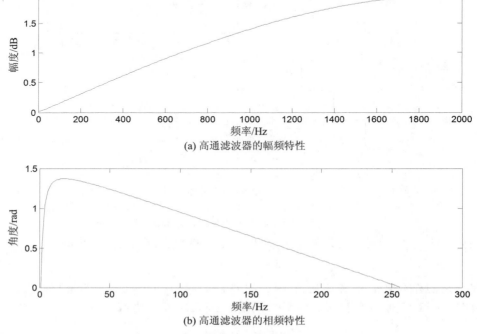

(a) 高通滤波器的幅频特性

(b) 高通滤波器的相频特性

图 6-12 高通滤波器的幅频特性和相频特性

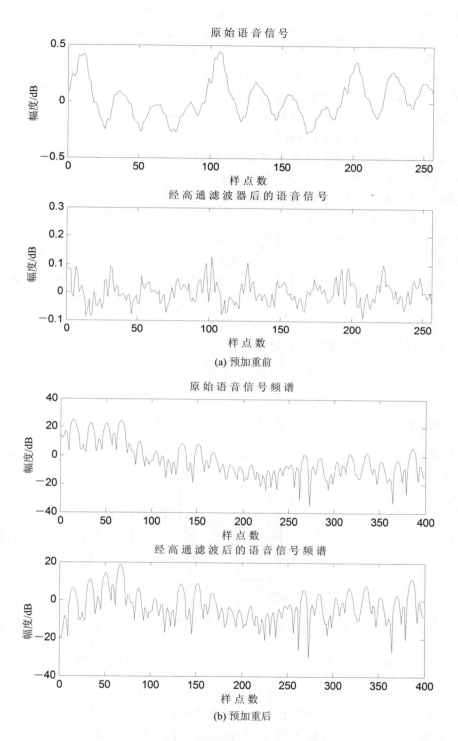

图 6-13　一段语音信号预加重前和预加重后的频谱

4）语音信号的分帧处理

经过预加重数字滤波处理后，接下来进行加窗分帧处理。语音信号是一种时变信号，主要分为浊音和清音两大类。其中浊音的基音周期、清浊音信号的幅度和信道参数等都随时间缓慢变化。由于发音器官的惯性运动，一般认为在一小段时间里（一般为 10～30 ms）语音信号近似不变，即语音信号具有短时平稳性。这样，可以把语音信号分割为一些短段来进行处理，称为分帧。语音信号的分帧是采用可移动的有限长度窗口进行加权的方法实现的。一般每秒的帧数约为 33～100 帧，具体帧数视实际情况而定。分帧虽然可以采用连续分帧的方法，但一般要采用交叠分段的方法，这是为了使帧与帧之间平滑过滤，保持其连续性。前后两帧的交叠部分称为帧移，帧移与帧长的比值一般取为 0～1/2，图 6-14 中为帧移与帧长的示意图。

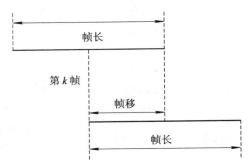

图 6-14　帧移与帧长的示意图

在加窗处理时，不同窗口的选择将影响到音频信号分析的结果。在选择窗函数时，一般需要考虑窗口的形状，即窗函数的形式。常用的窗函数有两种，一种是矩形窗，窗函数如下：

$$w(n) = \begin{cases} 1, & 0 \leqslant n \leqslant N-1 \\ 0, & \text{其他} \end{cases} \tag{6-24}$$

另一种是汉明窗，窗函数如下：

$$w(n) = \begin{cases} 0.54 - 0.46\cos\left(\dfrac{2\pi n}{N-1}\right), & 0 \leqslant n \leqslant N-1 \\ 0, & \text{其他} \end{cases} \tag{6-25}$$

这两种窗的时域波形和幅频特性分别如图 6-15 和图 6-16 所示。

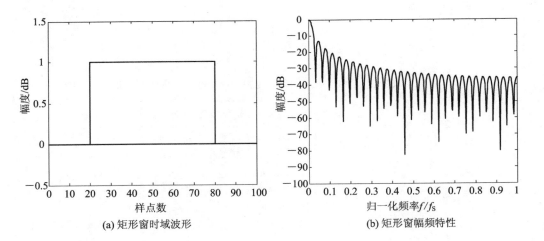

(a) 矩形窗时域波形　　　　　　　　　　(b) 矩形窗幅频特性

图 6-15　矩形窗的时域波形和幅频特性

对比图 6-15 与图 6-16 可以看出，矩形窗的主瓣宽度小于汉明窗，具有较高的频谱分辨率，但是矩形窗的旁瓣峰值比较大，因此其频率泄露比较严重。相比较而言，虽然汉明窗的主瓣较宽，约是矩形窗的 2 倍，但是它的旁瓣衰减较大，具有更平滑的低通特性，能够在较高的程度上反映短时信号的频率特性。

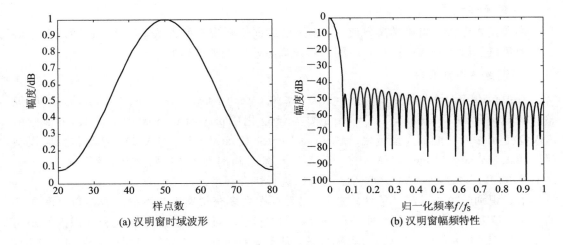

(a) 汉明窗时域波形　　　　　　　　(b) 汉明窗幅频特性

图 6 - 16　汉明窗的时域波形和幅频特性

2. 特征提取

在对语音信号进行预处理后，需要对其特征参数进行分析。特征提取是指从语音信号波形获得一组能够描述语音信号特征参数的过程。特征提取也称为特征参数提取，与之相关的内容则是特征间的距离测度。特征提取是模式识别的关键问题，特征参数的好坏对语音识别精度有很大影响。特征的选择对识别效果至关重要，选择的标准应体现异音字特征间的距离应尽可能大，而各同音字间的距离应尽可能小。同时，还要考虑特征参数的计算量，应在保持比较高的识别率的情况下，尽可能选择较少特征维数，以利于减少存储要求和实时实现。

特征参数的选择取决于能否得到较高的识别率。选取能较好地表征语音特征、携带语音信息多的、较稳定的参数，并且最好几种参数并用。由于某些参数的提取较复杂，因而要折中考虑选用哪些参数并确定采用哪种识别方法。

通常将语音信号的特征矢量分为两种：第一种是时域上的特征矢量，对一帧语音信号内不同时域进行采样直接组成矢量；第二种是变换域上的特征矢量，即为一帧语音信号经过某种变换后获得的矢量。在语音识别系统中，常见的特征参数包括时域上的平均过零率、能量（或幅度）等，包括频域上的线谱对参数（LSP）、线性预测系数（LPC）、LPC 倒谱系数（LPCC）、共振峰频率（第一共振峰 F1、第二共振峰 F2、第三共振峰 F3）、Mel 频率倒谱系数（MFCC）、短时频谱等。在这些参数中，MFCC 因为能体现人耳的听觉特征，其性能和鲁棒性为各种参数中最佳的。在本书的第 3 章中已有所介绍，更详细的内容将在 6.4.3 小节中介绍。

另外，汉语中存在着声调变化，声调是汉语发音中一个较为稳定的信息，应当加以利用以减少同音字的数量。所以，对于汉语语音识别来说，特征提取还应当包括声调提取。

3. 距离测度

语音识别有多种距离测度，如欧氏距离及其变形的距离测度、加权了超音段信息的识别测度和似然比测度等。另外，还有主观感知的距离测度、隐马尔可夫模型之间的距离测度等。

4. 参考模式库

参考模式库就是指声学参数模板。它是借助训练和聚类的方法，从单个讲话或多个讲话人的重复的语音参数中进行长时间的系统训练然后聚类得到的。

5. 训练与识别方法

有很多语音训练与识别的方法，如矢量量化（Vector Quantization，VQ）、动态时间规整（Dynamic Time Warping，DTW）、分类矢量量化（Fuzzy-Structured Vector Quantization，FSVQ）、带学习功能的矢量量化（Learning Vector Quantization，LVQ）、隐马尔可夫模型（Hidden Markov Model，HMM）、模糊逻辑算法和时延神经网络（Time-Delay Neural Network，TDNN）等算法，这些方法也可以进行综合利用。

语音识别的核心是测度估计。现在，已经存在众多获得模板与测试语音参数之间测度的算法，较为经典的方法有三种：① 动态时间规整法：对预存的参考模式和待识别的输入语音进行模式匹配；② 隐马尔可夫模型法：基于统计方法为依据的识别；③ 矢量量化法：根据信源编码技术的语音识别。此外，还包括一部分混合的方法，例如 VQ/DTW 算法、FSVQ/HMM 算法等。

在语音的训练和识别方法中，DTW 算法适合于识别特定人的基元较小的情况，多用于孤立词的识别。DTW 算法在匹配过程中计算量大，且太依赖发音人原来的发音；发音人身体不好或发音时情绪紧张，都会影响识别率。DTW 算法不能对样本做动态训练，不适用于非特定人的语音识别。

HMM 算法既解决了短时模型描述平稳信号的问题，又解决了每个短时平稳段是如何转变到下一个短时平稳段的问题。它使用马尔可夫链来模拟信号的统计特性变化。HMM 算法以大量训练为基础，通过测算待识别语音的概率大小来识别语音。其算法符合语音本身易变的特点，适用于非特定人的语音识别，也适用于特定人的语音识别。

FSVQ 算法是一种有记忆的多码本的矢量量化法。它不仅计算量小，而且适用于与上下文有关的语音识别，适合于特定人或非特定人、孤立字（词）或连续语音识别。

LVQ2 算法是带学习功能的矢量量化法。它在训练时采用适应性法，在满足一定条件的情况下，将错误的参考矢量移得离输入矢量更远些，而将正确的参考矢量移得离输入矢量更近些，以此来提高识别率。

在语音识别的研究过程中，对时域处理始终给予足够的重视。上述技术都能处理好语音的非线性时域变化这个问题。

6. 专家知识库

专家知识库用来存储语言学知识。知识库中要有词汇、语法、句法、语义和常用词语搭配等知识，如音长分布规则、汉语声调变调规则、构词规则、同音字判别规则、语义规则和语法规则等。知识库中的知识要便于修改和扩充，针对每一种语言需要有其特定的语言学专家知识库。

7. 判决

对于输入信号计算而得的测度，根据若干准则及专家知识，判决选出可能的结果中最优的一个并输出，这个过程即为判决。在语音识别中，通常使用 K 平均最近邻（K-Nearest Neighbourhood，K - NN）方法来决策，因此，选择合适的距离测度的门限是需要解决的主要问题。不同的语种有着不同的门限值。判决结果的识别率是衡量门限值选择是否正确的唯一标准，通常需要对门限值进行多次调整后才能取得较为准确的识别结果。

在图 6-9 中，测度估计、判决和专家知识库三部分用于完成模式匹配。

6.4.3　特征表示与提取

选择以及提取特征参数对语音识别系统非常重要，是构建系统的基础。通常将语音信号的特征矢量分为两种：第一种是时域上的特征矢量，即对一帧语音信号内不同时域进行采样直接组成矢量；第二种是变换域上的特征矢量，即一帧语音信号经过某种变换后获得的矢量。

下面分别介绍时域特征表示与提取以及频域特征表示与提取。

1. 时域特征表示与提取

1) 短时平均能量

音频信号的能量随着时间的变化比较明显，对其短时能量进行分析，可以描述幅度变化的情况。定义以 n 为标识的某帧语音信号的短时平均能量 E_n 为

$$E_n = \sum_{m=-\infty}^{\infty} \left[x(m)w(n-m) \right]^2 = \sum_{m=n-N+1}^{n} \left[x(m)w(n-m) \right]^2 \qquad (6-26)$$

若令 $h(n) = w^2(n)$，则式(6-26)可写为

$$E_n = \sum_{m=-\infty}^{\infty} x^2(m)h(n-m) = x^2(n) * h(n) \qquad (6-27)$$

式(6-27)表明，窗口加权的短时平均能量相当于将"语音平方"信号通过一个线性滤波器的输出。该滤波器的单位取样响应为 $h(n)$。短时平均能量的方框图如图 6-17 所示。

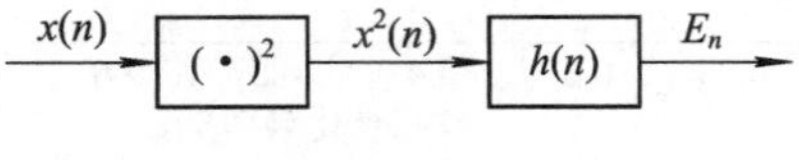

$$x(n) \rightarrow \boxed{(\cdot)^2} \xrightarrow{x^2(n)} \boxed{h(n)} \xrightarrow{E_n}$$

图 6-17　短时平均能量的方框图

冲激响应 $h(n)$ 的选择或者说窗函数的选择直接影响着短时能量的计算。常见的有矩形窗和汉明窗等，各种窗的主瓣宽度和旁瓣高度如表 6-1 所示。

表 6-1　各种窗的主瓣宽度和旁瓣高度

	矩形窗	汉宁窗	汉明窗
主瓣宽度	0.81 Hz	1.87 Hz	1.91 Hz
旁瓣高度	−13 dB	−32 dB	−43 dB

从表 6-1 可知，矩形窗的主瓣宽度最小，但其旁瓣高度最高；汉明窗的主瓣最宽，而旁瓣高度最低。当矩形窗的旁瓣太高时，会产生严重的泄漏(Gibbs)现象，因此只能在某些特殊场合中采用。而当汉明窗旁瓣最低时，可以有效地克服泄漏现象，具有更平滑的低通特性，因此应用最为广泛。对于同一种窗函数，主瓣宽度与窗长成反比。图 6-18 给出了51 点的矩形窗和汉明窗的幅频特性。

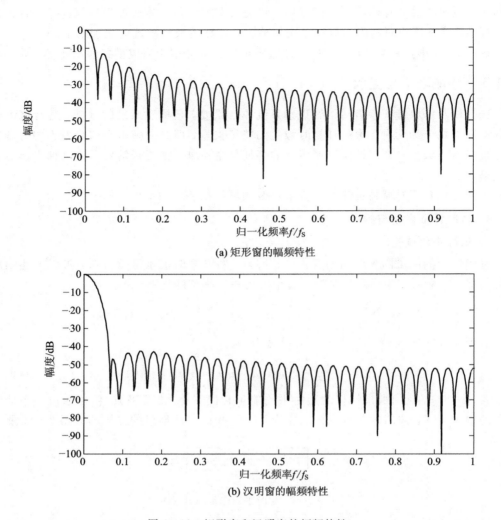

图 6 - 18 矩形窗和汉明窗的幅频特性

由图 6 - 18(a)可以看出，这是一个具有线性"相位-频率"特性的低通滤波器的频率响应。它的第一个零幅值频率位置为

$$f = \frac{f_\mathrm{s}}{N} \qquad\qquad (6-28)$$

式中，f 对应矩形窗的低通滤波器的归一化截止频率；$f_\mathrm{s}=1/T$ 为采样频率；N 为窗口序列 $w(n)$ 的长度。

由图 6 - 18(b)可以看出，汉明窗的带宽大约是矩形窗带宽的两倍；同样也可以明显地看到，汉明窗通带外的衰减也比矩形窗大一倍多。这两种窗的衰减基本上与窗的持续时间无关。

综上所述，无论窗口形状如何，窗口长度 N 起决定性的作用。N 越大，滤波器的通带变窄，波形振幅变化细节不明显，能量变得平滑；反之，N 越小，滤波器的通带变宽，信号得不到足够平均，也就得不到平滑的能量函数。

短时平均能量的主要用途如下：

(1) 浊音的能量明显高于清音，因此短时平均能量可以作为区分清音和浊音的特征参数。

(2) 在信噪比较高的情况下，短时能量可以用于区分有/无声音。

(3) 短时平均能量还可以作为辅助的特征参数用于语音识别。

短时能量可以有效地判断信号幅度的大小，并可用于进行有声/无声判定，这对音频信号的检测具有重要的实际意义。

短时能量中对信号进行平方运算增加了高低信号之间的差距，因此在一些应用场合不太适用。解决这个问题的简单方法是采用短时平均幅值来表示能量的变化，其公式为

$$M_n = \sum_{m=-\infty}^{\infty} | x(m) | w(n-m) = | x(n) | * w(n) \tag{6-29}$$

式(6-29)用加窗后信号的绝对值之和代替平方和，使运算进一步简化。短时平均幅度的实现方框图如图 6-19 所示。

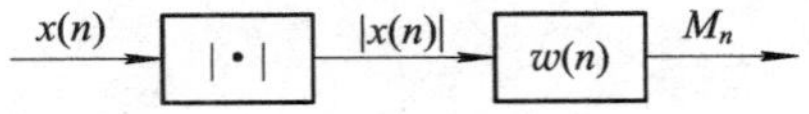

图 6-19　短时平均幅度的实现方框图

2) 短时平均过零率

短时平均过零率是语音信号时域分析中的一个重要的特征参数，它是指每帧内信号通过零值的次数。对于横轴为时间轴的连续语音信号，可以观察到语音的时域波形通过横轴的情况。在离散时间语音信号情况下，如果相邻的采样具有不同的代数符号就称为发生了过零，并以此来计算过零的次数。单位时间内过零的次数就称为过零率，一段长时间内的过零率称为平均过零率。对于正弦信号，它的平均过零率就是两倍的信号频率除以采样频率，而固定的采样频率使得过零在一定程度上可以反映出信号的频谱特性。因为实际的音频信号并不是简单的正弦序列，所以平均过零率的表示方法不准确。

语音信号序列 $x(n)$ 的短时平均过零率 Z_n 定义如下

$$\begin{aligned} Z_n &= \sum_{m=-\infty}^{\infty} | \operatorname{sgn}[x(m)] - \operatorname{sgn}[x(m-1)] | w(n-m) \\ &= | \operatorname{sgn}[x(n)] - \operatorname{sgn}[x(n-1)] | w(n) \end{aligned} \tag{6-30}$$

式中，$\operatorname{sgn}[\cdot]$ 为符号函数，即

$$\operatorname{sgn}[x(n)] = \begin{cases} \dfrac{1}{2N}, & 0 \leqslant n \leqslant N-1 \\ 0, & 其他 \end{cases} \tag{6-31}$$

$w(n)$ 为窗口序列，计算时常采用矩形窗，窗长为 N。当相邻两个采样点符号相同时，$| \operatorname{sgn}[x(n)] - \operatorname{sgn}[x(n-1)] | = 0$，没有产生过零；当相邻两个采样点符号相反时，$| \operatorname{sgn}[x(n)] - \operatorname{sgn}[x(n-1)] | = 2$，为过零次数的 2 倍。因此在统计一帧（一个窗长 N 点）的短时平均过零率时，求出过零数后必须要除以 $2N$。这样就可以将窗函数 $w(n)$ 表示为

$$w(n) = \begin{cases} \dfrac{1}{2N}, & 0 \leqslant n \leqslant N-1 \\ 0, & 其他 \end{cases} \tag{6-32}$$

按照式(6-30)，图6-20给出了语音信号的短时平均过零率的方框图。

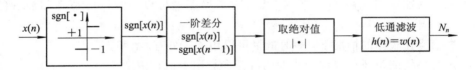

图 6-20　语音信号的短时平均过零率的方框图

我们可以将短时平均过零率和短时能量结合起来判断音频信号起止点的位置，即进行端点检测。在背景噪声较小的情况下，用短时能量判断比较准确，但当背景噪声较大时，可以利用短时平均过零率作为评判标准。

根据上面定义计算的短时平均过零率容易受到低频的干扰，特别是 50 Hz 交流干扰的影响。解决这个问题有两种方法：

(1) 进行高通或者带通滤波，减小随机噪声的影响。

(2) 修改上述定义，设置门限 T，将过零的含义修改为跨过正负门限，门限过零率如图 6-21 所示。

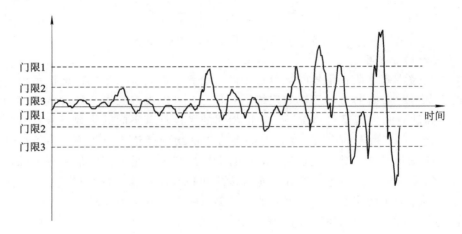

图 6-21　门限过零率

定义式(6-30)可更改为

$$Z_n = \sum_{m=-\infty}^{\infty} \{|\ \text{sgn}[x(n)-T] - \text{sgn}[x(n-1)-T]\ | + |\ \text{sgn}[x(n)+T] - \text{sgn}[x(n-1)+T]\ |\} w(n-m) \tag{6-33}$$

由式(6-33)计算的过零率具有一定的抗干扰能力。即使存在小的随机噪声，只要它处于正负门限间的区域，就不会产生虚假的过零数。在语音识别前端检测时还可采用多门限过零率，可以进一步改善检测效果。

3) 短时自相关函数

自相关函数用于衡量信号自身时间波形的相似性。由前面的介绍可知，清音和浊音由于发声机理不同，因而在波形上也存在着较大的差异。浊音的时间波形往往呈现出一定的周期性，因此波形之间具有良好的相似性；而清音的时间波形具有随机噪声的特性，杂乱无章，因此样点间的相似性较差。综上，可以用短时自相关函数来测定语音的相似特性。

对于确定性信号序列，自相关函数的定义为

$$R(k) = \sum_{m=-\infty}^{\infty} x(m)x(m+k) \qquad (6-34)$$

对于随机信号序列或者周期信号序列，自相关函数定义为

$$R(k) = \lim_{N\to\infty} \frac{1}{2N+1} \sum_{m=-\infty}^{\infty} x(m)x(m+k) \qquad (6-35)$$

自相关函数 $R(k)$ 具有以下一些性质：

（1）自相关函数为偶函数，即 $R(k)=R(-k)$。

（2）若序列的周期为 P，则其自相关函数的周期亦为 P，即 $R(k)=R(k+P)$。

（3）当 $k=0$ 时 $R(0)$ 为零滞后自相关值，其值最大，即 $|R(k)| \leqslant R(0)$。

（4）对于确定信号，$R(0)$ 等于信号能量；对于随机或周期信号，$R(0)$ 等于信号平均能量。

从这些性质可以看到，自相关函数相当于一种特殊情况下的信号能量，更重要的是，在周期信号的周期整数倍上，它的自相关函数可以达到最大值，这为获取周期性信号周期提供了依据。因此可以在不考虑信号起始时间的情况下，从自相关的第一个最大值的位置来估计其周期，这个性质使自相关函数成为估计各种信号周期的一个依据。因此，如何获得音频信号的短时自相关函数具有重要的意义，下面就短时自相关函数展开讨论。短时自相关函数是在前面自相关函数的基础上将信号加窗获得的，即

$$R_n(k) = \sum_{m=-\infty}^{\infty} x(m)w(n-m)x(m+k)w(n-(m+k)) = \sum_{m=n}^{n+N-k-1} x_\omega(m)x_\omega(m+k)$$
$$(6-36)$$

式中，n 表示窗函数是从第 n 点开始加入。通过对上述自相关函数的分析可得，$R_n(k)$ 是偶函数，即 $R_n(k)=R_n(-k)$；$R_n(k)$ 在 $k=0$ 时具有最大值，并且 $R_n(0)$ 等于加窗音频信号的能量。

如果定义

$$h_k(n) = w(n)w(n+k) \qquad (6-37)$$

那么式（6-36）可以写成

$$R_n(k) = \sum_{n=-\infty}^{\infty} x(m)x(m-k)h_k(n-m) \qquad (6-38)$$

式（6-38）表明：序列 $x(n)x(n-k)$ 经过一个冲激响应为 $h_k(n)$ 的滤波器滤波后得到上述的短时自相关函数，其方框图如图 6-22 所示。

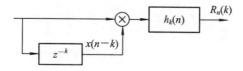

图 6-22　短时自相关函数的方框图

图 6-23 和图 6-24 分别给出了清音和浊音的短时自相关函数，分别表示出了时域波形、加矩形窗和汉明窗后计算短时自相关函数归一化后的结果。

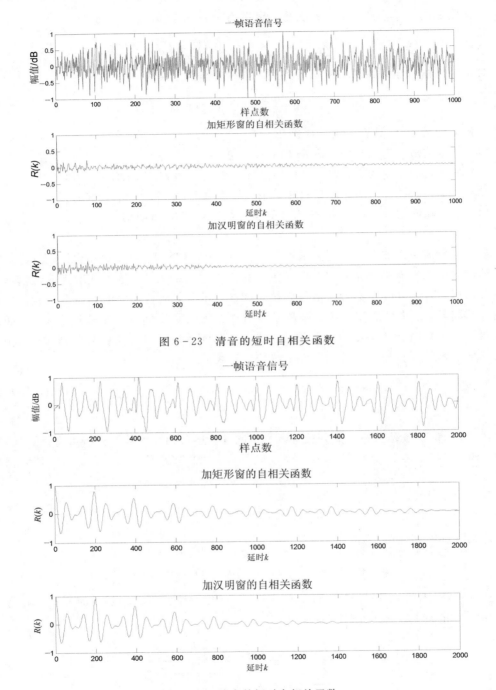

图 6 - 23　清音的短时自相关函数

图 6 - 24　浊音的短时自相关函数

从图 6 - 23 和图 6 - 24 可以看出清音与浊音的短时自相关函数有以下几个特点：

（1）短时自相关函数可以很明显地反映出浊音信号的周期性。

（2）清音的短时自相关函数没有周期性，也不具有明显突出的峰值，其性质类似于噪声。

（3）不同窗对短时自相关函数结果有一定影响。采用矩形窗时，浊音自相关曲线的周期性显示出比汉明窗更明显的周期性。其主要原因是，在加汉明窗后，语音段两端的幅度逐渐下降，从而模糊了信号的周期性。

窗长对浊音的短时自相关性也有着直接的影响：一方面，由于语音信号具有变化的特性，因而要求 N 应尽量小；但另一方面，为了充分反映语音的周期性，又必须选择足够宽的窗，来保证选出的语音段包含两个以上的基音周期。由于基音频率分布在 $50\sim500$ Hz 的范围内，8 kHz 采样时对应于 $16\sim160$ 点，那么窗长 N 的选择要求 $N\geqslant1000$。图 $6-25$ 所示为分别用 $N=1000$、$N=500$、$N=300$ 的矩形窗对图 $6-25$ 中的浊音段加窗。

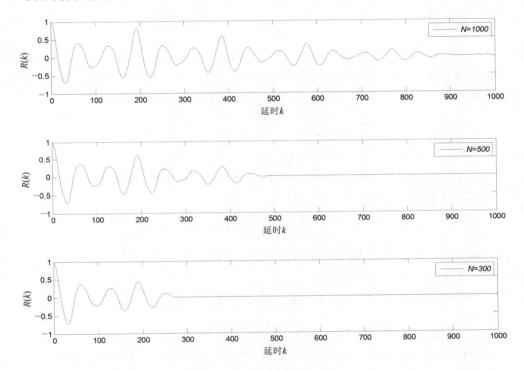

图 6-25　不同矩形窗长的短时自相关函数

从图 $6-25$ 可以看出，当 $N=300$ 时，由于窗长过短，无法描述两个基音周期，导致无法从短时自相关函数中得到信号周期；而当 $N=1000$ 时虽然能够得到信号周期，但是窗长过长，导致语音信号特性变化阶段自相关函数的可靠性降低。因此选择合适的窗长（如 $N=500$）对于自相关函数的计算与分析都具有重要意义。

短时自相关函数是音频信号时域分析的重要参数，但是在计算短时自相关函过程中，由于乘法运算所需的时间较长，计算量较大，因此需要对自相关函数的计算过程进行简化。实际操作时，常使用短时平均幅度差函数来代替自相关函数，从而避免乘法运算。它是基于这样一个想法，对于一个周期为 P 的单纯的周期信号进行差分，有

$$d(n)=x(n)-x(n-k) \tag{6-39}$$

则在 $k=0$，$\pm P$，$\pm2P$，…时，式$(6-39)$将为零。即当 k 与信号周期吻合时，作为 $d(n)$ 的短时平均幅度值总是很小，因此短时平均幅度差函数的定义为

$$r_n(k) = \sum_{m=n}^{n+N-k-1} | x_\omega(m+k) - x_\omega(m) | \qquad (6-40)$$

对于周期性的 $x(n)$，$r_n(k)$ 也具有周期性。与 $r_n(k)$ 相反的是，在周期的各整数倍点上 $r_n(k)$ 具有的是谷值。由此可见，短时平均幅度差函数也可以用于基音周期的检测，而且计算比短时自相关方法更简单。

2. 频域特征表示与提取

1）短时傅里叶变换（STFT）的定义和物理意义

信号 $\{x(n)\}$ 的短时傅里叶变换定义为

$$X_n(e^{j\omega}) = \sum_{m=-\infty}^{\infty} x(m)w(n-m)e^{-j\omega m} \qquad (6-41)$$

式中，$\{x(n)\}$ 为窗序列，显然 $X_n(e^{j\omega})$ 是个二维函数，也称为时频函数。$w(n-m)$ 是窗函数。不同的窗函数可以得到不同的傅里叶变换结果。在式（6-41）中，短时傅里叶变换有两个变量，即离散时间 n 及连续频率 ω。若令 $\omega = 2\pi k/N$，则可得到离散的短时傅里叶变换为

$$X_n(e^{j\frac{2\pi k}{N}}) = X_n(k) = \sum_{m=-\infty}^{\infty} x(m)w(n-m)e^{-j\frac{2\pi km}{N}}, \qquad 0 \leqslant k \leqslant N-1 \qquad (6-42)$$

式（6-42）实际上就是 $X_n(e^{j\omega})$ 的频率抽样。

可以从两个角度理解函数 $X_n(e^{j\omega})$ 的物理意义，第一种解释（傅里叶变换解释）是直接从频率轴方向来解释，可将式（6-41）改写成

$$X_n(e^{j\omega}) = \sum_{m=-\infty}^{\infty} [x(m)w(n-m)]e^{-j\omega m} \qquad (6-43)$$

当 n 固定时，如 $n=n_0$，则 $X_{n_0}(e^{j\omega_k})$ 是将窗函数的起点移至 n_0 处截取信号 $x(n)$，再经过傅里叶变换而得到的一个频谱函数。

第二种解释（滤波器解释）是从时间轴方向来解释，可将式（6-41）变换为

$$X_n(e^{j\omega}) = \sum_{m=-\infty}^{\infty} [x(m)e^{-j\omega m}]w(n-m) \qquad (6-44)$$

当频率固定时，如 $\omega = \omega_k$，则 $X_n(e^{j\omega_k})$ 可以看成信号经过一个中心频率为 ω_k 的带通滤波器后产生的输出。这是因为窗序列 $\{x(n)\}$ 通常具有低通频率响应，而 $x(n)e^{jn\omega_k}$ 的傅里叶变换为 $X(e^{j(\omega+\omega_k)})$，这里的指数 $e^{jn\omega_k}$ 对 $x(n)$ 的调制作用使其频谱产生移位，即将 $x(n)$ 的频谱中对应于频率 ω_k 的分量平移到零频。因此，式（6-44）可等效为如图 6-26 所示的带通滤波器示意图。

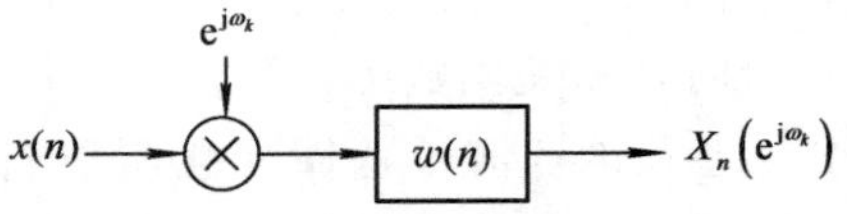

因为复数可以分解为实部和虚部，所以 $X_n(e^{j\omega})b_n(\omega)$ 也可以用实数来运算，即

图 6-26　带通滤波器

$$X_n(e^{j\omega}) = | X_n(e^{j\omega}) | e^{j\theta(\omega)} = a_n(\omega) - jb_n(\omega) \qquad (6-45)$$

式中

$$\begin{cases} a_n(\omega) = \sum_{m=-\infty}^{\infty} x(m)\cos(\omega m)w(n-m) \\ b_n(m) = \sum_{m=-\infty}^{\infty} x(m)\sin(\omega m)w(n-m) \end{cases} \qquad (6-46)$$

实数运算方框图如图 6 - 27 所示。

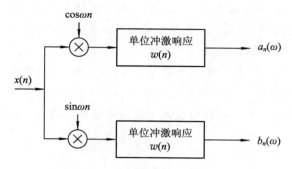

图 6 - 27　实数运算方框图

用滤波器来解释短时傅里叶变换还有另一种形式。令 $m' = n - m$，得

$$X_n(\mathrm{e}^{\mathrm{j}\omega}) = \sum_{m'=-\infty}^{\infty} w(m') x(n-m') \mathrm{e}^{-\mathrm{j}\omega(n-m')}$$

$$= \mathrm{e}^{-\mathrm{j}\omega n} \left[\sum_{m'=-\infty}^{\infty} x(n-m') w(m') \mathrm{e}^{\mathrm{j}\omega m'} \right] \tag{6-47}$$

令

$$\widetilde{X}_n(\mathrm{e}^{\mathrm{j}\omega}) = \sum_{m'=-\infty}^{\infty} x(n-m') w(m') \mathrm{e}^{\mathrm{j}\omega m'} = \mathrm{e}^{\mathrm{j}\omega n} X_n(\mathrm{e}^{\mathrm{j}\omega}) \tag{6-48}$$

则有

$$X_n(\mathrm{e}^{\mathrm{j}\omega}) = \mathrm{e}^{-\mathrm{j}\omega n} \widetilde{X}_n(\mathrm{e}^{\mathrm{j}\omega}) = \mathrm{e}^{-\mathrm{j}\omega n} \left[\widetilde{a}_n(\omega) - \mathrm{j}\widetilde{b}_n(\omega) \right] \tag{6-49}$$

因此，可以画出短时傅里叶变换的滤波器解释的另一种形式，如图 6 - 28 所示，也分为图 6 - 28(a) 复数运算和图 6 - 28(b) 实数运算两种。

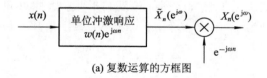

(a) 复数运算的方框图

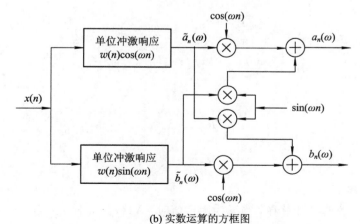

(b) 实数运算的方框图

图 6 - 28　短时傅里叶变换的滤波器解释

从图 6-28(a)可以看到，$X_n(e^{j\omega})$ 同样可以被看成用复数带通滤波器的输出调制 $e^{-j\omega n}$ 的结果。此带通滤波器的冲激响应为 $x(n)e^{j\omega n}$。如果窗的傅里叶变换 $W(e^{j\theta})$ 是低通函数，这时图 6-28(a)中的滤波器将是一个通带中心位于 ω 频率的窄带带通滤波器。

2）短时傅里叶变换的取样率

短时傅里叶变换 $X_n(e^{j\omega})$ 是一维时变信号 $x(n)$ 的二维（时间和频率）表示形式，是离散时间变量 n 和连续频率变量 ω 的函数。为了从 $X_n(e^{j\omega})$ 无失真地恢复原始语音信号 $x(n)$，基本的考虑是如何选择 $X_n(e^{j\omega})$ 在时域及频域内的采样率。采样率的选取应保证 $X_n(e^{j\omega})$ 不产生混叠失真。

（1）时域采样率。

上节中介绍的短时傅里叶变换的滤波器解释中，对于某个固定的 ω 值，$X_n(e^{j\omega})$ 是 $[x(n)e^{j\omega}]$ 经过冲激性应为 $w(n)$ 的低通滤波器的输出。若将 $w(n)$ 的傅里叶变换记为 $W(e^{j\omega})$，对于大多数窗函数来说，$W(e^{j\omega})$ 具有低通滤波器的特性，若 $W(e^{j\omega})$ 的带宽为 B Hz，$X_n(e^{j\omega})$ 则具有与窗相同的带宽。根据采样定理，$X_n(e^{j\omega})$ 的时域采样率至少为 $2B$ 才不至于出现混叠现象。

大多数实际应用的窗，其带宽 B 都与 f_S/N 成正比例关系，即

$$B = k \cdot \frac{f_S}{N} \qquad (6-50)$$

式中，f_S 为采样率；N 为窗宽；k 为正比例常数。所以，$X_n(e^{j\omega})$ 在时域内的取样率应选取为

$$R_t \geqslant 2k \frac{f_S}{N} \qquad (6-51)$$

低通滤波器的带宽是由 $W(e^{j\omega})$ 的第一个零点位置决定的。由于 $W(e^{j\omega})$ 是 $w(n)$ 的傅里叶变换，因而 B 的取值决定于窗口序列的长度和形状。因此可知，对于矩形窗和汉明窗，它们的第一个零点分别为 $\omega_1 = 2\pi/N$ 和 $\omega_1 = 4\pi/N$。数字角频率和模拟角频率的关系为

$$\omega = 2\pi fT = \frac{2\pi f}{f_S} \qquad (6-52)$$

可得

$$B_{\text{矩}} = \frac{\omega_1 f_S}{2\pi} = \frac{2\pi f_S}{2\pi N} = \frac{f_S}{N} \quad (\text{即 } k=1) \qquad (6-53)$$

$$B_{\text{汉}} = \frac{\omega_1 f_S}{2\pi} = \frac{4\pi f_S}{2\pi N} = \frac{2f_S}{N} \quad (\text{即 } k=2) \qquad (6-54)$$

即

$$R_{t\text{矩}} \geqslant \frac{2f_S}{N} \qquad (6-55)$$

$$R_{t\text{汉}} \geqslant \frac{4f_S}{N} \qquad (6-56)$$

（2）频率采样率。

利用 $X_n(e^{j\omega})$ 的傅里叶解释，当 n 为固定值时，$X_n(e^{j\omega})$ 是序列 $x(n)w(n-m)$ 的傅里叶变换。为得到 $x(n)$ 必须对 $X_n(e^{j\omega})$ 进行 ω 域的采样，再由离散傅里叶反变换求出 $x(n)$。

$X_n(e^{j\omega})$ 是角频率为 ω 的周期函数，周期为 2π，所以，只需讨论在 2π 范围内频率采样

的问题。设在 $0 \sim 2\pi$ 的范围内均匀取样 L 点，即取角频率为

$$\omega_k = \frac{2\pi k}{L}, \quad k = 0, 1, 2, \cdots, L-1 \tag{6-57}$$

要讨论的问题是如何选取 L，才能由 $X_n(\mathrm{e}^{j\omega})$ 在频率 $\{\omega_k\}_{k=0,1,2,\cdots,L-1}$ 上的采样值 $X_n(\mathrm{e}^{j\frac{2\pi}{L}})$，$(k=0, 1, 2, \cdots, L-1)$ 无失真地恢复出 $x(n)$。

在频域内 L 个角频率 $\{\omega_k\}_{k=0,1,2,\cdots,L-1}$ 上对 $X_n(\mathrm{e}^{j\omega})$ 进行取样，由这些采样恢复出的时间信号应该是 $x(n)w(n-m)$ 进行周期延拓的结果，延拓周期等于 $2\pi k/\omega_k = L$。显然，为了使恢复的时域信号不产生混叠失真，要满足 $L \geqslant N$，这就是说，在 $0 \sim 2\pi$ 范围内对 $X_n(\mathrm{e}^{j\omega})$ 进行频域取样至少应当有 N 个点。

(3) 总采样率。

基于上述讨论，我们能确定每秒内使原始信号 $x(n)$ 得到非混叠表示所必需的 $X_n(\mathrm{e}^{j\omega_k})$ 取样总数。$X_n(\mathrm{e}^{j\omega_k})$ 的时域内的最小采样率为 $2B$，其中，B 是窗的频带宽度，而频率内的最小采样数为 N，即为窗宽。则 $X_n(\mathrm{e}^{j\omega_k})$ 的总采样率 SR 为

$$\mathrm{SR} = R_t \cdot L \geqslant 2k \frac{f_s}{N} \cdot N = 2k f_s \tag{6-58}$$

式中，SR 的单位为 Hz 或采样/秒。取最低采样率，得

$$\mathrm{SR_{min}} = 2k f_s \tag{6-59}$$

此时，$X_n(\mathrm{e}^{j\omega})$ 的最小采样率与 $x(n)$ 的采样率之比为

$$\frac{\mathrm{SR_{min}}}{f_s} = 2k \tag{6-60}$$

式中，$\mathrm{SR_{min}}/f_s$ 即为与一般采样频率相比而得到的"过速率采样比"。若 $w(n)$ 使用汉明窗，则 $2k=4$；若采用矩形窗，则 $2k=2$。因此，$x(n)$ 的短时谱所需要的采样率比起一般波形表示来说，要增加到 $2 \sim 4$ 倍。但有时在时域或频域用低于理论最小值的采样率，而 $x(n)$ 仍能从混叠的短时变换中准确地恢复，称为欠采样率。欠速率采样在短时谱估计、基音及共振峰分析、数字语谱图及声码器中有相关的应用。

3) 语音信号的重构

本节讨论如何从傅里叶变换的采样恢复原始语音信号的问题，通常称为短时重构。下面我们介绍滤波器组相加法恢复采样信号的具体过程。

滤波器组相加法这种短时综合法与 STFT 的线性滤波器解释有关，可以证明在任意频率 ω_k 上，$X_n(\mathrm{e}^{j\omega_k})$ 是以 ω_k 为中心的通带内信号的低通表示。$X_n(\mathrm{e}^{j\omega_k})$ 可表示为

$$X_n(\mathrm{e}^{j\omega_k}) = \mathrm{e}^{-j\omega_k n} \left[\sum_{m=-\infty}^{\infty} x(n-m) w_k(m) \mathrm{e}^{j\omega_k m} \right] \tag{6-61}$$

式中 $w_k(m)$ 是在频率 ω_k 上所用的窗，令

$$h_k(n) = w_k(n) \mathrm{e}^{j\omega_k n} \tag{6-62}$$

则式(6-61)可表示为

$$X_n(\mathrm{e}^{j\omega_k}) = \mathrm{e}^{-j\omega_k n} \left[\sum_{m=-\infty}^{\infty} x(n-m) h_k(m) \right] \tag{6-63}$$

由于 $w_k(n)$ 具有低通滤波特性，因此，式(6-63)可以解释为先经过一个冲激响应为 $h_k(n)$ 的带通滤波器，然后用复数指数项 $\mathrm{e}^{-j\omega_k n}$ 进行调制。若定义函数

$$y_k(n) = X_n(e^{j\omega_k})e^{j\omega_k n} \tag{6-64}$$

则将式(6-63)代入式(6-64)可以得到

$$y_k(n) = \sum_{m=-\infty}^{\infty} x(n-m)h_k(m) \tag{6-65}$$

由式(6-65)可见，$y_k(n)$是一个冲激响应为$h_k(n)$的带通滤波器的输出。设有L个频率$\{\omega_k\}_{k=0,1,2,\cdots,L-1}$，将这些$L$个$y_k(n)$求和，即得到正比于恢复信号$x(n)$的$y(n)$为

$$y(n) = \sum_{k=0}^{L-1} y_k(n) = \sum_{k=0}^{L-1} X_n(e^{j\omega_k})e^{j\omega_k n} \tag{6-66}$$

滤波器组相加法示意图如图6-29所示。

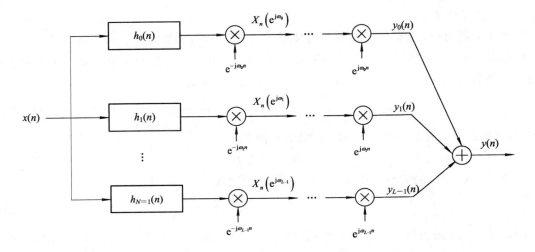

图6-29 滤波器组相加法示意图

4) 窗长及形状对STFT的影响

前文已经介绍过短时傅里叶变换，如式(6-41)所示。对于$w(n-m)$窗来说，它除了具有选出$x(m)$序列中被分析部分的作用外，它的形状对时变傅里叶变换的特性也有重要作用，从标准傅里叶变换可以方便地解释这种作用。如果$X_n(e^{j\omega})$被看成$w(n-m)x(m)$序列的标准傅里叶变换，同时假设$x(m)$及$w(m)$的傅里叶变换存在，即

$$X(e^{j\omega}) = \sum_{m=-\infty}^{\infty} x(m)e^{-j\omega m} \tag{6-67}$$

$$W(e^{j\omega}) = \sum_{m=-\infty}^{\infty} w(m)e^{-j\omega m} \tag{6-68}$$

当n固定时，序列$w(n-m)$的傅里叶变换为

$$\sum_{m=-\infty}^{\infty} w(n-m)e^{-j\omega m} = W(e^{-j\omega})e^{-j\omega n} \tag{6-69}$$

根据卷积定理，两相乘序列的傅里叶变换等于各自傅里叶变换的卷积，因此，$w(n-m)x(m)$序列的标准傅里叶变换为

$$X_n(e^{j\omega}) = \frac{1}{2\pi}\int_{-\pi}^{\pi} W(e^{-j\theta}) \cdot X(e^{j(\omega-\theta)})d\theta \tag{6-70}$$

式(6-70)表示在$-\infty < m < \infty$区间内，$x(m)$序列的傅里叶变换与平移窗序列

$w(n-m)$ 的傅里叶变换的卷积。从上式可以看出，为了使 $X_n(e^{j\omega})$ 能够充分地表现 $X_n(e^{j\omega})$ 的特性，要求 $W(e^{j\theta})$ 对于 $X_n(e^{j\omega})$ 来说必须是一个冲激脉冲。

5）语音的语谱图分析

能量密度谱函数 $P_n(\omega)$（或功率谱函数）是二维的非负实值函数。用时间 n 作为横坐标，ω 作为纵坐标，将 $P_n(\omega)$ 的值表示为灰度级所构成的二维图像称为语谱图（Spectrogram）。语图谱反映了语音信号的动态频谱特性，在语音分析中有重要的使用价值，被称为可视语言。语谱图的时间分辨率和频率分辨率是由所用窗函数的特性决定的。我们仍可通过傅里叶变换解释和滤波器解释来估计它的时间分辨率和频率分辨率。

先看频率分辨率。按傅里叶变换解释，假定时间固定，如 $n=n_0$，对信号乘以窗函数 $w(n)$，在频域相当于用 $w(n)$ 的频率响应 $W(e^{j\omega})$ 与信号频谱相卷积。设 $W(e^{j\omega})$ 的通带带宽为 B，那么它在频域可分辨的频率宽度即为 B。这就是说，卷积作用将使相隔的频率差小于 B 的任何两个谱峰都合为一个单峰。因为对于同一种窗函数而言，其通带宽度与窗长成反比，因此，如果希望频率分辨率高，则窗长应该尽量取长一些。

再看时间分辨率。按滤波器解释，假定频率固定，如 $\omega=\omega_k$，对信号乘以窗函数 $w(n)$，相当于对时间序列 $x(n)\cdot e^{j\omega_k}$ 进行低通滤波，其输出信号的带宽就是 $w(n)$ 的带宽 B。根据采样定理，对这种信号只需以 $2B$ 为采样频率就可以充分描述信号，可见它所具有的时间分辨率宽度为 $1/(2B)$。因此，如果希望时间分辨率高，则窗长应该尽量取短一些。由此可见，短时傅里叶变换的时间分辨率和频率分辨率是相互制约的，这是短时傅里叶变换本身的固有弱点。为了弥补这一缺点，语音分析中一般同时使用两种语谱图：一种是窄带语谱图，用于获得高的频率分辨率；另一种是宽带语谱图，用于获得高的时间分辨率。

6）语音的倒谱

倒谱定义为时间序列的 Z 变换的模的对数的逆 Z 变换。具体来说，序列 $x(n)$ 的倒谱 $c(n)$ 定义为

$$c(n)=z^{-1}[\ln|z(x(n))|] \tag{6-71}$$

或表示成傅里叶变换的形式，有

$$c(n)=\frac{1}{2\pi}\int_{-\pi}^{\pi}\ln|z(x(n))|e^{j\omega n}d\omega \tag{6-72}$$

在具体实现时，用 DFT 来近似傅里叶变换，倒谱运算框图如图 6-30 所示，有

$$c_p(n)=\frac{1}{N}\sum_{k=0}^{N-1}\ln|x(k)|e^{j\frac{2\pi kn}{N}} \tag{6-73}$$

图 6-30　倒谱运算的方框图

我们已经知道，语音信号产生模型是由周期性脉冲串或白噪声激励的线性滤波器。根据语音的短时特性，新型滤波器在一帧内是非时变的。所以，语音信号可以看作激励源与滤波器冲激响应卷积的结果，而在频域内语音信号的短时谱等于激励源谱与滤波器频谱的乘积。一段浊音的短时谱包含一个变化的包络和一个快速变化的周期性细致结构，前者对应于滤波器的频率特性，后者对应于周期性脉冲激励的基频和各次谐波。语音信号的倒谱

可用于计算语音信号的参量,如基音、共振峰等。下面就介绍用倒谱法进行基音检测和共振峰检测的具体步骤。

(1) 基音检测。

因为语音的倒谱是将语音的短时谱取对数后再进行 IDFT 所得到的,所以浊音信号的周期性激励反映在倒谱上是同样周期的冲激,由此可从倒谱波形中估计出基音周期。一般把倒谱波形中第二个冲激认为是对应激励源的基频。图 6-31 和图 6-32 分别给出一种倒谱法求基音周期的方框图和流程图。

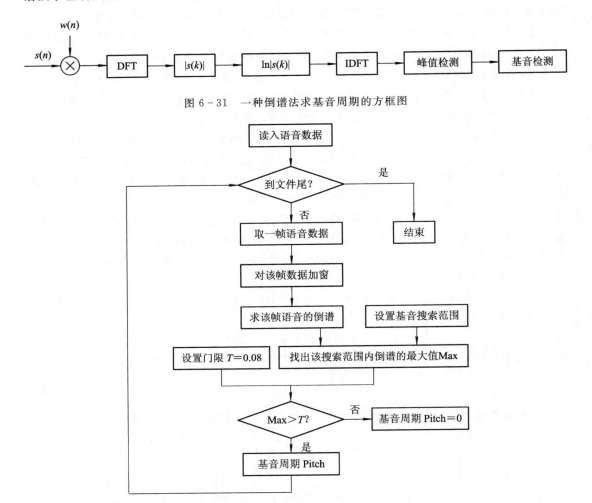

图 6-31　一种倒谱法求基音周期的方框图

图 6-32　一种倒谱法求基音周期的流程图

(2) 共振峰检测。

倒谱可以将基音谐波和声道的频谱包络分离出来。倒谱的低频部分可以分析声道、声门和辐射信息,而高频部分可用来分析激励源信息。对倒谱进行低频窗选,通过语音倒谱分析系统的最后一级,进行 DFT 后的输出即为平滑后的对数模函数,这个平滑的对数谱反映了特定输入语音段的谐振结构,即谱的峰值基本上对应共振峰频率,对平滑过的对数谱中的峰值进行定位,即可估计共振峰。共振峰检测框图如图 6-33 所示。

图 6 - 33　共振峰检测框图

6.4.4　动态时间规整

6.4.1 小节中提到使用模板匹配法的孤立字(词)语音识别系统,在实际应用中由于语音信号的随机性,简单的时间伸缩处理方法对未知的语音信号进行线性缩短或伸长并不能使语音信号精确地对正。

日本学者板仓(Itakura)根据动态规划(DP)算法的概念,提出了应用于孤立词识别的动态时间规整(DTW)算法。该算法是一种结合了距离测度和时间规整的非线性规整方法。图 6 - 34 给出了动态时间规整算法的示意图,设 A、B 是待匹配的时间函数,B 为模板,A 为被测试的语音,把它们绘制于两个坐标轴中,弯曲的对角线表示它们之间的映射关系。假设测试语音参数有 I 帧矢量,参考模板有 J 帧矢量,且 I 不等于 J,那么动态时间规整就应当寻找时间规整函数 $j=w(i)$,它能够把测试矢量的时间轴 i 非线性地映射到模板的时间轴 j 上,并使该函数 w 满足

$$D = \min_{w(i)} \sum_{i=1}^{I} d[T(i), R(w(i))] \tag{6-74}$$

式中,$d[T(i), R(w(i))]$ 是第 i 帧测试矢量 $T(i)$ 与第 j 帧模板矢量 $R(j)$ 间的距离测度;D 则是最优的时间规整下两矢量间的距离。

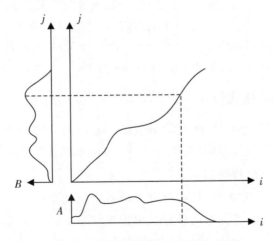

图 6 - 34　动态时间规整算法的示意图

DTW 不断地计算两矢量间的距离来寻找最佳的匹配路径,因此它能够得到两矢量匹配累积距离最小的规整函数,这就保证它们之间有着最大的声学相似特性。

实际中,DTW 是借由动态规整算法来加以具体实现的,它是最优化算法的一种,图 6 - 35 给出了其原理图。

通常,规整函数 $w(i)$ 被限定在一个平行四边形中,其中一条边的斜率是 2,另一条边的斜率是 1/2。规整函数的起始点是 $(1,1)$,终止点是 (I, J)。$w(i)$ 的斜率是 0、1 或 2;否则就为 1 或 2。这是一种简单的路径限制。我们的目标在于找到一个规整函数,使得平行四

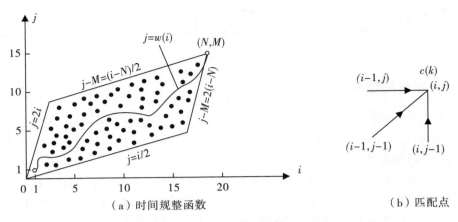

图 6-35　动态规整算法的原理图

边形中点 $(1,1)$ 到点 (I,J) 的代价函数最小。由于已经对路径进行了限制，因此计算量能够相应减少。总代价函数的计算式为

$$D[c(k)] = d[c(k)] + \min D[c(k-1)] \qquad (6-75)$$

式中，$d[c(k)]$ 为匹配点 $c(k)$ 本身的代价；$\min D[c(k-1)]$ 是在 $c(k)$ 由路径限制而定的所有允许值内最小的数值。所以，总代价函数为该点自身的代价值和到该点最佳路径代价的和。

一般动态规划算法从过程的最后阶段开始，也就是说，最优决策为一个逆序的决策过程。在进行时间规整时，对于每一个 i 值都应当考虑沿着纵轴方向能够达到的当前值的所有可能的点（即在允许区域内的所有点），路径限制能够降低可能的点的数目，从而获得几种可能的先前点。对每一个新的可能的点根据式(6-75)寻求最优的先前点，并计算该点的代价。随着过程不断地进行，路径会出现分叉，而且分叉的可能也不断增加。不停地重复这一过程，就能求得从点 (I,J) 到点 $(1,1)$ 的最佳路径。

6.4.5　有限状态矢量量化技术

有限状态矢量量化(Finite State Vector Quantization，FSVQ)是一种有记忆的矢量量化。它既可以用于数据压缩与传输(对语音信号来说，也就是声码器)，也可用于语音识别。

1. FSVQ 原理及 FSVQ 声码器

首先介绍 FSVQ 的工作原理。FSVQ 是一种有记忆的、多码本的矢量量化系统，每个码本对应一个状态。输入语音信号的矢量是根据该状态下的一个码本来进行量化的，用该码本中一个码矢的角标作为输出。同时，FSVQ 还应当按照建立码本时所知的状态转移函数来选择下一个输入信号矢量应该用哪个码本(仍然属于当前系统的多码本)来实施量化。也就是说，每一个编码量化的状态是由上一个状态以及上一个编码结果来获得的。

设 S 为有限个状态 s_n 所构成的一个状态空间，即 $S = [s_n, n=1, 2, \cdots, K]$，对每一个状态都有 $s_n \in S$。每一个状态有一个编码器 α_{s_n}、解码器 β_{s_n} 和码书 C_{s_n}。进行量化编码时，除了要输出该码本中最小失真的那个码矢的角标 j_n 之外，还要给出下一个状态 s_{n+1}。设输入信号矢量为 $x = [x_n, n=1, 2, \cdots]$，则 x、j_n、状态转移函数 $f(*, *)$ 以及重构矢量(码字) $\tilde{x}_n$ 之间的递推关系为

$$\begin{cases} j_n = \alpha_{ns_n}(x_n) \\ s_{n+1} = f(j_n, s_n) \\ \tilde{x}_n = \beta_{ns_n}(j_n) \end{cases} \qquad (6-76)$$

根据上述过程,可画出 FSVQ 的原理框图,如图 6-36 所示。

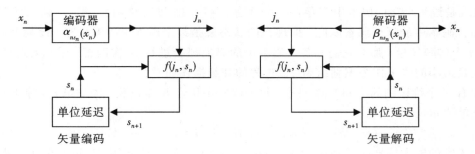

图 6-36　FSVQ 的原理框图

由于系统状态空间 S 只包括有限个状态,因此把这种量化称为有限状态矢量量化。而无记忆矢量量化是 FSVQ 在状态数为 1 时的特例。

根据之前的讨论可以知道,FSVQ 最大的一个特点是存在一状态转移函数,利用状态转移函数,根据上一个编码结果 j_n 和上一个状态 s_n,来计算下一编码状态 s_{n+1}。因此,在不增加系统比特率的前提下,能够借助之前的信息来选取适合的码本实施编码,它的性能比同维数的无记忆的矢量量化系统更好,不过 FSVQ 所需的存储量更多。

FSVQ 技术是以 LBG(Linde-Buzo-Gray)算法为基础的,其设计方法可以分为三步:
① 设计各初始码本;② 根据训练序列获取状态转移函数;③ 利用迭代法不断改善各个码本的功能。在构建初始码本时,能获得训练序列状态转移的统计分布,同时还可以获得状态转移函数。最后,再利用训练序列不断地迭代训练,来改善当前状态下的码本性能及状态转移函数,直到满足所要求的失真。所获得的状态转移函数为一个表格,根据它能够从当前状态 s_n 最小失真的码矢角标 j_n 来找到下一个状态 s_{n+1}。

如果将图 6-36 所示的 FSVQ 用于实际的数据压缩与传输,即输入语音进行通信,就是 FSVQ 声码器。表 6-2 给出了 FSVQ 声码器与 APVQ 编码器及一般 VQ 编码器的性能比较,表中性能指标是信噪比(SNR,单位为 dB)。由表可见,FSVQ 声码器的性能比 APVQ(Adaptive Partition Vector Quantization)编码器好一些,而比一般 VQ 编码器好很多。

表 6-2　FSVQ 声码器与 APVQ 编码器及一般 VQ 编码器的性能比较

矢量维数 k	FSVQ		APVQ	一般 VQ
	SNR	状态数 K	SNR	SNR
1	2.0	2	4.12	2.0
2	7.8	32	7.47	5.2
3	9.0	64	8.10	6.1
4	10.9	512	8.87	7.1
5	12.2	512	9.25	7.9

2. FSVQ 语音识别器

将 FSVQ 技术用于语音识别时，应对上述的 FSVQ 声码器系统略加更改。在 FSVQ 声码器中，状态转移函数决定下一个输入信号矢量应与系统中哪一个码本的所有码矢进行匹配。设待识别的字有 V 个，对每一个字都建立了一个码本，则应具有 V 个状态转移函数，也就是说每个字的码本中都存在一个状态转移函数 该转移函数决定了输入信号矢量应当和各码本中的哪个码本匹配，即现在的状态就是某个码本中码矢状态。设某个输入单字有 N 个(帧)矢量，那么它们和各个码本中的码矢都会进行 N 次匹配。最后，选择 N 次平均失真最小的码本作为识别结果。该过程的详细描述如下：

设有 V 个待识别的字和 V 个码本，每一码本中包含 K 个码矢，因此第 i 个字的第 k 个码矢能够表示为

$$[y_k^i, k=0, 1, 2, \cdots, K-1, i=1, 2, \cdots, V] \tag{6-77}$$

设单字的输入信号矢量是 $x=[x_n, n=1, 2, \cdots]$，那么对于第 i 个码本有以下描述：

① 初始状态 s_1：首个输入矢量的最小失真是

$$d(1, 0)=\min_k d(x_1, y_{k_0}^i)=d(x_1, y_{k_0}^i) \tag{6-78}$$

即与第 i 个码本的匹配中，输入的首个矢量 x_1 和码本中第 k_0 个码矢间的失真最小。

② 下一个状态 s_2：它由前一状态 s_1 与前次识别结果 k_0 决定，即

$$s_2=f(k_0, s_1) \tag{6-79}$$

该状态时，第二输入矢量的失真为

$$d(2, 1)=d(x_2, y_{k_1}^i) \tag{6-80}$$

即与第 i 个码本的匹配中，输入的第二个矢量 x_2 与该码本第 k_1 个码矢的失真是最小的。

③ 依次决定以后的各个状态为

$$s_3=f(k_1, s_2)$$
$$\vdots$$
$$s_N=f(k_{N-2}, s_{N-1})$$
$$d(N, N-1)=d(x_n, y_{k_{N-1}}^i) \tag{6-81}$$

式中，$k_0, k_1, \cdots, k_{N-1}$ 是输入矢量经匹配后输出的码矢角标。

上述过程持续进行，直至对输入的所有 N 个矢量都完成匹配。求得的不同码矢的角标的个数最多有 K 个。所以，该字的(第 i 个)码本对于输入字来说，平均失真为

$$D_i = \frac{1}{N}\sum_{n=1}^{N} d(x_n, y_{k_{n-1}}^i) \tag{6-82}$$

与此同时，该单字的输入信号矢量 $x_n(n=1, 2, \cdots, N)$，也对其他 V 个码本 $(i=1, 2, \cdots, V)$ 进行上面的运算，那么系统最终输出的字是

$$i^* = \text{Arg}\min_{1\leqslant i\leqslant V} D \tag{6-83}$$

由式(6-81)的第一公式可得，"下一个状态"仅仅选用一个，也就是 k_0 角标的下一个状态角标为 k_1。但是，训练码本以及求解状态转移函数 $f(*, *)$ 存在不同的可能性。角标 k_1 的状态仅仅是 s_2 的所有可能中的一种，它是概率最大的那个状态。

6.4.6 孤立字(词)语音识别系统

借助于之前讲解的语音识别方法，人们搭建了不同的语音识别系统。有一部分已应用

在实际中，也有一些仍处在研究阶段。在这些系统中，孤立字（词）识别系统是研究最早、最成熟的一种。目前，对孤立字（词）的识别，不管是小词汇量或者大词汇量，不管是与讲话者有关还是与讲话者无关，在实验中的正确率都已经达到了 95％以上。

　　孤立字（词）语音识别系统即对孤立发音的字或词进行识别的系统。孤立字（词）识别具有以下特点：单词间存在停顿，能够简化识别问题；单词间断点的检测也较为容易；单词间协同发音产生的影响比较小；通常对于孤立单词的发音较为认真等，所以这种系统所需解决的问题比较少，容易实现。孤立字（词）语音识别系统用途甚广，它的许多技术对于其他类型语音识别系统有着通用性并且容易推广，所以补充少量的知识就能够用于其他类型语音识别系统（如在识别的部分添加合适语法信息就能够用于连续语音的识别）。

　　孤立字（词）语音识别系统通常以孤立字（词）作为识别单位，其识别基元为直接取孤立字（词）。系统中使用的识别方法通常有下面几种：

　　（1）基于判别函数与准则的识别方法。最为典型的方法是基于贝叶斯（Bayes）准则的识别法，这是概率统计法的一种。

　　（2）基于 DTW 算法的识别方法。字音起始点和路径的起始点相对应。最优路径起点至终点的距离就是需要识别的语音和模板语音间的距离。和待识别语音有着最小距离的模板所对应的字音就是最终的识别结果。这类方法的运算量比较大，但是技术上比较简单，而且识别准确率也比较高。在每个点的匹配过程中，针对短时谱或倒谱参数的语音识别系统，失真测度采用欧氏距离；针对使用 LPC 参数的系统，失真测度则采用对数似然比的距离。决策方法通常为最近邻准则。

　　（3）基于矢量量化技术的识别方法。矢量量化方法在语音识别系统特别是在孤立字（词）语音识别系统的设计中取得了良好的应用。尤其是有限状态矢量的量化技术，对于语音识别更加有效。决策方法通常为最小平均失真准则。

　　（4）基于 HMM 模型的识别方法。HMM 的各个状态下的输出概率密度不仅能由离散概率分布函数来表示，还能够由连续概率密度函数来表示。通常连续隐马尔可夫模型较之离散隐马尔可夫模型计算量更大，但它的识别准确率更高。

　　（5）基于人工神经网络的识别方法。人工神经网络技术具有自适应性、非线性、学习性、鲁棒性而且便于硬件实现等优点，被广泛地应用在孤立字（词）语音识别系统中。

　　（6）基于混合技术的识别方法。为弥补单一识别方法的种种局限，能够组合使用几种办法进行语音识别。把矢量量化作为第一级识别（即作为预处理以获取不同的候选识别结果），在此之后，再利用 DTW 或 HMM 技术进行最终识别，所以，出现了VQ/DTW 以及VQ/HMM 等混合识别方法。

　　不论是何种方案，孤立字（词）语音识别系统都可以用如图 6－37 所示的原理框图表示。首先对语音信号进行预处理及语音分析，将语音信号部分地转换成为语音特征参数。模式识别部分则把输入语音的特征参数信息和训练中预先储存的参考模型（或者模板）进行匹配比较。因为发音速率有所区别，输出的测试语音与参考模式间有一定的非线性失真，也就是说对比参考模式，一些输入语音中的音素变短，同时另外一个音素变长，表现为随机变化。依照参考模式是随机模型或者模板，两种最有效的时间规整策略一是 DTW 技术，另一个是 HMM 技术。除发音速率变化之外，对参考模式来说，测试语音也有可能存在变化，如音渡/音变/连续等声学变化、发音人生理及心理的变化、多讲者情况下发音人的变化和环境变化等。怎样提高整个识别系统对于不同环境变化及语音变化的鲁棒性，常年以来都是研究热点，并且提出了一些有效的自适应和归一化方法。此外，图 6-37 中后处理器部分通常借助语言学知识或超音段信息对候选的识别字或词进行最终的判决（如汉语声调知识应用等）。

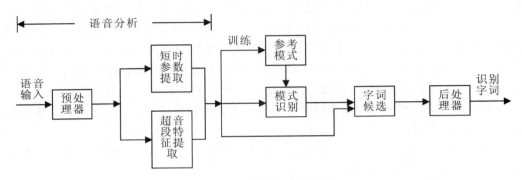

图 6-37　孤立字（词）语音识别系统的原理框图

孤立词识别是语音识别的基础。扩大词汇量、提高识别精度和降低计算复杂度是孤立字（词）语音识别的首要目标。为了实现这三个目标，问题关键在于选择及提取的特性、选择恰当的失真测度和提高匹配算法有效性。现在，特征提取的主要方式是线性预测和滤波器组法。匹配算法中主要是用动态时间规整和隐马尔可夫模型等两种方式。矢量量化技术则为特征提取和匹配算法提供了一个很好的降低运算复杂度的方法。

孤立字（词）语音识别系统除了匹配算法可能采用 DTW 或 HMM 技术之外，结构上和基本的统计模式识别系统没有本质区别。它将词表中每个词孤立地发音并作为一个整体来形成模式。这种系统结构简单，语音端点检测显得非常重要。在孤立词识别中，应用隐马尔可夫模型包含两大步骤：一是训练；二是识别。在进行训练时，用观察的序列训练得到参考模型集，每一个模型对应模板中的一个单词。在进行语音识别时，计算得到所有参考模型产生测试观察的概率，并且测试信号（即输入信号）按最大概率被识别为某个单词。

要实现上面的隐马尔可夫模型，输入的模型应当为有限的字母集中离散的序列，即要把连续的话音信号变换成有限离散的语音序列。例如，若输入模型的信号为 LPC 参数这样的矢量信号，那么用矢量量化完成上述的识别过程是非常合适的。

使用 HMM 技术进行孤立字（词）语音识别已经做了许多实验。图 6-38 是一个含有 VQ/HMM 的孤立字（词）语音识别系统。图中的矢量量化器 VQ 作为整个识别系统的一个前处理器。首先从 LPC 训练矢量集当中，用 K-均值聚类算法得到 LPC 矢量码本和单词的隐马尔可夫模型；然后在测试过程中，由矢量量化器 VQ 将输入的测试语音信号量化为有限字母集中的离散序列，此序列作为识别器（Viterbi 技术和判别）的输入。识别时不进行 DTW 匹配计算，而用各个单词的隐马尔可夫模型计算 Viterbi 得分。图 6-38 中使用的 HMM 是一个具有 5 个状态的从左到右模型，具有有限的、规则的状态转移，如图 6-39 所示。实验所用的数据库有两个（训练数据库和测试数据库），各包含 1000 个口语单词，这些单词是由 50 个男性和 50 个女性各读一遍 10 个数字而得到的。训练数据库用来估计矢量量化器 VQ 和 HMM 参数，然后用实验数据库进行识别实验。

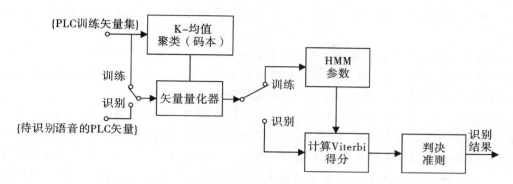

图 6 - 38　含有 VQ/HMM 的孤立字(词)语音识别系统

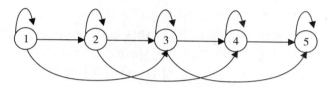

图 6 - 39　图 6 - 38 中使用的 HMM

由于在计算 Viterbi 得分之前用矢量量化器 VQ 进行了预处理,将概率密度函数变成了概率矩阵,所以可使计算量大为减少。由于语音的数据量很大,且考虑离散采样,因此采用了矢量量化的方法,这样在单词识别时使用的是其下标,而不是它本身。这种方法能压缩数据,但 VQ 有量化误差,因而识别精度有所下降。

此外,还进行了另外一个实验。它使用了同样的矢量量化数据,但却是以 DTW 技术为基础进行模式识别的。实验结果表明,两个识别系统的识别精度几乎相同,都达到了96%。但是,HMM 要求的存储量和计算量都要小一个数量级。

6.4.7　连续语音识别系统

孤立字(词)语音识别基本上是建立在数学方法(包括统计分析、信息论、信号处理和模式分类)基础上的,它是不含"语言"的知识。尽管这些技术在很大程度上可推广到连续语音识别中,但连续语音识别比孤立语音识别要困难得多,存在很多特殊的问题。DTW 技术在处理小词汇量孤立词的语音识别问题上虽然是有效的,但是在大词汇量、非特定人、连续语音识别问题上却是无力的。在连续语音识别中,协同发音现象是最大的问题。所谓协同发音,是指同一音素的发音随上下文不同而变化。对于小词汇量孤立词识别系统,可以选择词、词组、短语甚至句子作为识别单元,在模式库中为每个词条建立一个模式,以此来回避协同发音问题。但是随着系统中用词量的提高,以词或词以上的单元作为识别单位是不可能的,因为模板数目将会很多,甚至是个天文数字。因此,大词汇量连续语音识别系统通常以音节甚至以音素为识别单位。这样,协同发音问题便无法回避了。对于非特定人语音识别,还存在一个语音多变性的问题。它首先在于不同的人对相同的音素、音节、词或句子的发音存在很大的差异,还在于同一个人在不同的时间、不同的生理心理状态下,对相同的话语内容会有不同的发音。因此语音的多变性是一个非常复杂的问题。

新的识别方法中除了 DTW、VQ、HMM 技术等之外,重要的还有人工神经网络识别法和模糊数学识别法,尤其是前者的研究方兴未艾。20 世纪 80 年代中后期,探讨人工神经网络在语音信号处理中应用的研究十分活跃，特别是在语音识别方面的应用最令人瞩目。

协同发音和语音多变性问题使得大词汇量非特定人连续语音识别成为一个非常具有挑战性的研究课题。多年来，虽然进行了大量研究，但一直没有取得明显的进展。直到在语音识别系统中全采用 HMM 统一框架，该问题才得到了解决。

进入 20 世纪 90 年代以后，连续语音识别的研究取得了一些突破。典型的方法是：以 HMM 为统一框架，构筑声学/语音层、词层和句法层三层识别系统模型。声学/语音层是系统的底层，它接受语音输入并输出音节、半音节、音素和音子等。这里音子是指音素的发音。因为同一音素在不同相邻音素的场合下可能有不同的发音，因此音子是一个比音素更小的语音单位，可以将其作为语音识别的基本单位。每个基本识别单位至少应建立一个 HMM 和参数。每一个 HMM 中最基本的构成单位是状态及状态之间的转移弧。词层规定词汇表中每个词是由什么音素/音子串接而成，句法层规定词按什么规则构成句子，这些规则被称为句法。在 HMM 统一框架下，句法的描述不是按规则或转移网络的形式，而是采用概率式的句法结构。图 6-40 给出了采用 HMM 统一框架的语音识别系统模型。

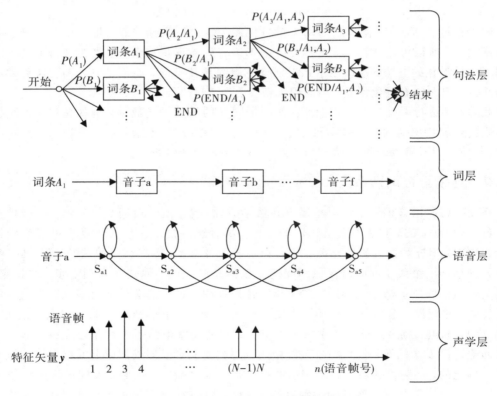

图 6-40　采用 HMM 统一框架的语音识别模型

参照图 6-40，每个句子由若干词条构成。句子中第一个可选词用 A_1，B_1，…表示，选择概率为 $P(A_1)$，$P(B_1)$，…；句子中第二个可选词用 A_2，B_2，…表示，其选择概率与前一词条有关，所以表示为 $P(A_2/A_1)$，$P(B_2/A_1)$，…；句子中第三个可选词用 A_3，B_3，…表示，其选择概率与前两词条有关，所以表示为 $P(A_3/A_1, A_2)$，$P(B_3/A_1, A_2)$，…。如限定

句子中最多包含 L 个词，则第 L 个可选词用 A_L，B_L，…表示，其选择概率与前 $L-1$ 个词条有关，所以表示为 $P(A_L/A_1, A_2, \cdots, A_{L-1})$，$P(B_L/A_1, A_2, \cdots, A_{L-1})$，…。最简单的方法是假设第 L 个词条的选择仅取决于第 $L-1$ 个词条的选择，这时上述的概率退化为 $P(A_1/A_{L-1})$，$P(B_L/A_{L-1})$，…。这相当于一阶马尔可夫模型。它相对于多阶马尔可夫模型的句法更符合语言规律，同时也可降低句法的分支度，但是随着阶数的上升，算法的复杂性迅速增加。

句子由词条构成，而词条由音子构成，音子的 HMM 的构成单位是状态和转移弧，因此句子最终被描述为包含众多状态的状态图。所有可能的句子构成一个大系统的大状态图。识别时，要在此大状态图中搜索一条路径，该路径所对应的状态图产生输入特征向量序列的概率最大，该状态图所对应的句子就是识别结果。

6.5　本章小结

本章主要研究语音信号合成和语音识别的基本技术和方法。在语音信号合成中，重点分析了共振峰合成法、线性预测编码合成法、基音同步叠加法和文语转换系统。在语音识别中，重点介绍了语音识别原理、特征表示与提取、动态时间规整、有限状态矢量量化技术、孤立字(词)语音识别系统和连续语音识别系统等。本章以基础的数字语音信号为研究对象，分析了其合成和识别的处理方法，为后续数字图像/视频等复杂信号的处理技术研究奠定了基础。

第 7 章 数字图像/视频处理技术

图像是人利用视觉感受外观世界的形象化信息，是多媒体中的可视元素。数字图像处理是对图像进行去除噪声、增强、复原、分割、提取特征等的方法和技术。运动的图像称为视频，是信息量最丰富、最生动、最直观的一种信息载体。在多媒体技术中，视频处理技术是核心。

7.1 图像的低层视觉处理

7.1.1 概述

图像的低层视觉处理主要是指通过各种滤波器来实现图像增强。图像滤波即在尽量保留图像细节特征的条件下对目标图像的噪声进行抑制，是图像预处理中不可缺少的操作，其处理效果的好坏将直接影响到后续图像处理和分析的有效性和可靠性。

图像增强方法按作用域可分为空域法和频域法两类。空域法直接对图像中像素灰度值进行操作。常用的空域法包括图像的灰度变换、直方图修正、空域平滑、锐化处理和彩色增强等，本节重点介绍空域滤波增强。频域法是在图像的变换域中，对图像的变换值进行操作，然后经逆变换获得所需的增强结果。常用的方法包括低通滤波、高通滤波以及同态滤波等。

7.1.2 空域滤波增强

空域滤波是在图像空间中借助模板进行邻域操作完成的，根据其特点一般可分为线性和非线性两类。线性系统的转移函数和脉冲函数或点扩散函数构成傅里叶变换对，所以线性滤波器的设计常常基于对傅里叶变换的分析。非线性空间滤波器则一般直接对邻域进行操作。另外，各种空域滤波器根据功能又主要分成平滑的和锐化的。平滑可用低通滤波实现。平滑的目的又可分为两类：一类是模糊，目的是在提取较大的目标前去除太小的细节或将目标内的小间断连接起来；另一类是消除噪声。锐化可用高通滤波实现。锐化的目的是为了增强被模糊的细节。空间滤波器的工作原理可借助频域进行分析。它们的基本特点是让图像在傅里叶空间某个范围内的分量受到抑制而让其他分量不受影响，从而改变输出图像的频率分布，以达到增强的目的。图像增强中用到的空间滤波器主要有两类。一类是平滑（低通）滤波器，它能减弱或消除傅里叶空间的高频分量，但不影响低频分量。因为高频分量对应图像中的区域边缘等灰度值变化较大较快的部分，滤波器将这些分量滤去可使图像平滑。另一类是锐化（高通）滤波器，它能减弱或消除傅里叶空间的低频分量，但不影响高频分量。因为低频分量对应图像中灰度值缓慢变化的区域，因而与图像的整体特性、图像整体对比度和平均灰度值等有关，高通滤波器将这些分量滤去可使图像锐化。下面我们将分别介绍经典的平滑滤波器和锐化滤波器。

1. 平滑滤波器

1）邻域平均法

邻域平均法是经典的线性滤波器方法。我们知道，图像中的大部分噪声是随机噪声，其对某一像素点的影响可以看成是孤立的。因此，噪声点与该像素点的邻近各点相比，其灰度值有显著的不同（突跳变大或变小）。基于这一事实，可以采用邻域平均的方法来判定图像中每一像素点是否有噪声，并用适当的方法来减弱或消除该噪声。

邻域平均法就是对含噪图像 $f(m, n)$ 的每个像素点取一邻域 S，用 S 中所包含像素的灰度平均值 f_{avg} 来代替该点的灰度值，即

$$g(m, n) = f_{avg} = \frac{1}{N} \sum_{(i, j) \in S} f(i, j) \qquad (7-1)$$

式中，S 为不包含本点 (m, n) 的邻域中各像素点的集合；N 为 S 中像素的个数。常用的邻域为 4-邻域和 8-邻域。若要处理的点的坐标为 (m, n)，则 4-邻域和 8-邻域的坐标示意图如图 7-1 所示。对应的 4-邻域平均和 8-邻域平均计算公式为

4-邻域平均：

$$g(m, n) = f_{avg} = \frac{1}{4} \sum_{(i, j) \in S_4} f(i, j)$$

$$= \frac{1}{4} [f(m-1, n) + f(m, n-1) + f(m, n+1) + f(m+1, n)] \qquad (7-2)$$

8-邻域平均：

$$g(m, n) = f_{avg} = \frac{1}{8} \sum_{(i, j) \in S_8} f(i, j)$$

$$= \frac{1}{8} [f(m-1, n-1) + f(m-1, n) + f(m-1, n+1) + f(m, n-1)$$

$$+ f(m, n+1) + f(m+1, n-1) + f(m+1, n) + f(m+1, n+1)]$$

$$(7-3)$$

	$(m-1, n)$	
$(m, n-1)$	(m, n)	$(m, n+1)$
	$(m+1, n)$	

$(m-1, n-1)$	$(m-1, n)$	$(m-1, n+1)$
$(m, n-1)$	(m, n)	$(m, n+1)$
$(m+1, n-1)$	$(m+1, n)$	$(m+1, n+1)$

　　　　　（a）4-邻域坐标表示　　　　　　　　　　　　（b）8-邻域坐标表示

图 7-1　像素点 (m, n) 和其邻域的坐标示意图

邻域平均能很大程度上削弱噪声，但同时会引起失真，具体表现为图像中目标物的边缘或细节变模糊。图像邻域平均示例如图 7-2 所示。

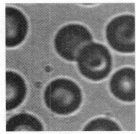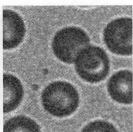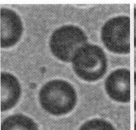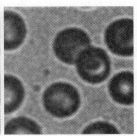

（a）原图像　　　　　（b）加高斯噪声　　　　（c）对（b）的4-邻　　　（d）对（b）的8-邻
　　　　　　　　　　　　后的图像　　　　　　　域平均结果　　　　　　域平均结果

图 7-2　图像邻域平均示例

为了克服邻域平均的弊病，目前已提出许多保留边沿细节的局部平滑算法，它们讨论的重点都在如何选择邻域的大小、形状和方向，如何选择参加平均的点数以及邻域各点的权重系数等。如灰度最相近的 K 个邻点平均法、梯度倒数加权平滑、最大均匀性平滑和小斜面模型平滑等。

2）中值滤波法

中值滤波法是经典的非线性滤波方法。我们知道，低通滤波器在消除噪声的同时会使图像中的一些细节变模糊。在含噪图像中，噪声往往以孤立点的形式出现，尤其是干扰脉冲和椒盐噪声。这些噪声所占的像素很少，而图像则是由像素数目较多、面积较大的块组成的。如果既要消除噪声又要保持图像的细节，可以使用中值滤波器。由于它在实际运算中并不需要图像的统计特性，因此比较方便。在一定的条件下，中值滤波法可以克服线性滤波器所带来的图像细节模糊问题，而且对滤除脉冲干扰及图像扫描噪声最为有效。但是对一些细节多的图像，特别是点、线、尖顶细节多的图像不宜采用中值滤波的方法。

中值滤波法的原理是：对一个窗口（记为 W）内的所有像素灰度值进行排序，取排序结果的中间值作为 W 中心点处像素的灰度值。用公式表示为

$$g(m, n) = \mathrm{med}\{f(m-i, n-j), (i, j) \in W\} \qquad (7-4)$$

通常 W 内像素个数选为奇数，以保证有一个中间值。而若 W 内像素数选为偶数，则取中间两个值的平均值作为中值。

中值滤波的作用是：抑制干扰脉冲和点噪声，并且能较好地保持图像边缘。

中值滤波的依据是：噪声以孤立点的形式出现，这些点对应的像素数很少，而图像则由像素数目较多、面积较大的块构成。

中值滤波的关键是：选择合适的窗口形状和大小，因为不同形状和大小的滤波窗会带来不同的滤波结果。一般要根据噪声和图像中目标物细节的情况来选择。常用的中值滤波窗口有线状、十字形、X 状、方形、菱形和圆形等。对于有缓慢变化的较长轮廓线物体的图像，采用方形或圆形窗口为宜，对于包括尖顶角物体的图像，适宜用十字形窗口。使用二维中值滤波最值得注意的是保持图像中有效的细线状物体。

中值滤波法与平均滤波法的对比：已知原始图像块（包含点噪声）为 $f(m, n)$，加权平均法用模板 $\boldsymbol{M}_1$ 处理，结构为 $g_1(m, n)$；中值滤波法用模板 $\boldsymbol{M}_2$ 处理，结构为 $g_2(m, n)$；用矩阵可分别表示为

$$f(m, n) = \begin{bmatrix} 1 & 1 & 2 & 2 \\ 1 & 1 & 9 & 2 \\ 1 & 5 & 2 & 2 \\ 1 & 1 & 9 & 2 \end{bmatrix}, \ \boldsymbol{M}_1 = \frac{1}{5} \begin{bmatrix} 0 & 1 & 0 \\ 1 & 1 & 1 \\ 1 & 1 & 2 \end{bmatrix}, \ g_1(m, n) = \begin{bmatrix} 1 & 1 & 2 & 2 \\ 1 & 3 & 3 & 2 \\ 1 & 2 & 4 & 2 \\ 1 & 1 & 2 & 2 \end{bmatrix}$$

$$\boldsymbol{M}_2 = \begin{bmatrix} 0 & 1 & 0 \\ 1 & 1 & 1 \\ 0 & 1 & 0 \end{bmatrix}, \ g_2(m, n) = \begin{bmatrix} 1 & 1 & 2 & 2 \\ 1 & 1 & 2 & 2 \\ 1 & 1 & 2 & 2 \\ 1 & 1 & 2 & 2 \end{bmatrix}$$

图 7-3 给出了图像平均滤波和中值滤波的对比结果。从图中可以看出，加权平均法在

滤掉点噪声的同时，使目标物的边缘变模糊；中值滤波法在滤掉点噪声的同时，保留了目标物的边缘。

　　（a）被椒盐噪声污染的图像　　　（b）平均模板的滤波结果　　　（c）中值滤波的结果

图 7-3　图像平均滤波和中值滤波的对比

　　对一些内容复杂的图像，可以使用复合型中值滤波，例如中值滤波线性组合、高阶中值滤波组合、加权中值滤波以及迭代中值滤波等。为了在一定条件下对某些图像尽可能干净地去除噪声，而又尽可能保持有效的图像细节，可以对中值滤波器参数进行某种修正，例如加权中值滤波，也就是对输入窗口进行某种加权。也可以对中值滤波器的使用方法进行变化，保证滤波的效果。中值滤波器还可以和其他滤波器联合使用。

　　相对于平均滤波，中值滤波对于椒盐噪声及干扰脉冲有很好的滤除作用，同时还能保持目标物的边缘，但这要在合适的应用场合和合适的滤波窗口形状和大小的情况下，因为滤波的目的是既要滤除噪声和干扰，又要保持图像中目标物的细节。因此，在使用中值滤波时，要注意以下事项：① 中值滤波适合滤除椒盐噪声和干扰脉冲，尤其适合目标物形状是块状时的图像滤波；② 具有丰富尖角几何结构的图像，一般采用十字形滤波窗，且窗口大小最好不要超过图像中最小目标物的尺寸，否则会丢失目标物的细小几何特征；③ 需要保持细线状及尖顶角目标物细节时，最好不要采用中值滤波。

2. 锐化滤波器

　　图像在形成和传输过程中，如果成像系统聚焦不好或信道的带宽过窄，会使图像目标物轮廓变模糊，细节不清晰。同时，图像平滑后也会变模糊，究其原因，主要是对图像进行了平均或积分运算。对此，可采用相反的运算（如微分运算）来增强图像，使图像变得更清晰。图像锐化处理要求输入的图像有较高的信噪比，否则经过锐化后信噪比更低，因为锐化将使噪声受到比信号还强的增强。一般是先去除或减轻干扰噪声后，才能进行锐化处理。

　　微分作为数学中求变化率的一种方法，可用来求解图像中目标物轮廓和细节（统称为边缘）等突变部分的变化。对于数字信号，微分通常用差分来表示。常用的一阶和二阶微分的差分表示为

$$\frac{\partial f}{\partial x} \rightarrow f'_n = f(n+1) - f(n), \qquad \frac{\partial^2 f}{\partial x^2} \rightarrow f''_n = f(n+1) + f(n-1) - 2f(n) \qquad (7-5)$$

　　在图像锐化增强中，我们希望找到一种各向同性的边缘检测算子，使不同走向的边缘都能达到增强的效果。这个算子就是拉普拉斯算子，该算子及其对 $f(x, y)$ 的作用可表示为

$$\nabla^2 = \frac{\partial^2}{\partial x^2} + \frac{\partial^2}{\partial y^2} \qquad \nabla^2 f = \frac{\partial^2 f}{\partial x^2} + \frac{\partial^2 f}{\partial y^2} \qquad (7-6)$$

则数字图像的锐化公式为

$$g(x, y) = f(x, y) = \alpha[-\nabla^2 f(x, y)] \qquad (7-7)$$

用差分表示为

$$\frac{\partial^2 f}{\partial x^2} \to f''_m = f(m+1, n) + f(m-1, n) - 2f(m, n)$$

$$\frac{\partial^2 f}{\partial y^2} \to f''_n = f(m, n+1) + f(m, n-1) - 2f(m, n) \qquad (7-8)$$

则图像的拉普拉斯锐化表示为

$$\begin{aligned}
g(m, n) &= f(m, n) + \alpha\nabla f \\
&= f(m, n) - \alpha[f(m+1, n) + f(m-1, n) + \\
&\quad f(m, n+1) + f(m, n-1) - 4f(m, n)] \\
&= (1+4\alpha)f(m, n) - \alpha[f(m+1, n) + f(m-1, n) + \\
&\quad f(m, n+1) + f(m, n-1)] \qquad (7-9)
\end{aligned}$$

式中，α 为锐化强度系数(一般取为正整数)，α 越大，锐化的程度就越强。图像在不同 α 取值下的锐化结果对比如图 7-4 所示。

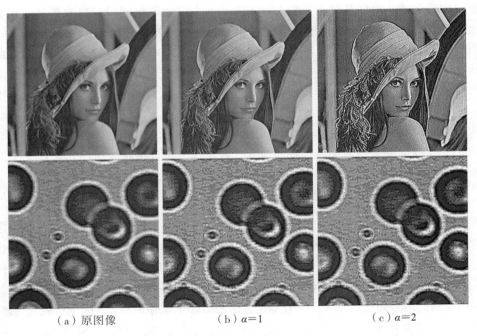

（a）原图像   （b）$\alpha=1$ （c）$\alpha=2$

图 7-4 图像在不同 α 取值下的锐化结果对比

将式(7-9)写成模板形式，则有

$$\boldsymbol{W}_1 = \begin{bmatrix} 0 & -\alpha & 0 \\ -\alpha & 1+4\alpha & -\alpha \\ 0 & -\alpha & 0 \end{bmatrix}$$

当 α 取 1 和 2 时，就有

$$W_2 = \begin{bmatrix} 0 & -1 & 0 \\ -1 & 5 & -1 \\ 0 & -1 & 0 \end{bmatrix}, \quad W_3 = \begin{bmatrix} 0 & -2 & 0 \\ -2 & 9 & -2 \\ 0 & -2 & 0 \end{bmatrix}$$

图 7-4 中的(b)和(c)就相当于 W_2 和 W_3 对图 7-4(a)锐化的结果。同理，我们可以根据实际需要，设计出其他具有不同特性的锐化模板，如

$$W_4 = \begin{bmatrix} -\alpha & -\alpha & -\alpha \\ -\alpha & 1+8\alpha & -\alpha \\ -\alpha & -\alpha & -\alpha \end{bmatrix}, \quad W_5 = \begin{bmatrix} -1 & -1 & -1 \\ -1 & 9 & -1 \\ -1 & -1 & -1 \end{bmatrix}, \quad W_6 = \begin{bmatrix} -2 & -2 & -2 \\ -2 & 9 & -2 \\ -2 & -2 & -2 \end{bmatrix}$$

$$W_7 = \begin{bmatrix} 1 & -2 & 1 \\ -2 & 5 & -2 \\ 1 & -2 & 1 \end{bmatrix}, \quad W_8 = \begin{bmatrix} -2 & 1 & -2 \\ 1 & 5 & 1 \\ -2 & 1 & -2 \end{bmatrix}$$

式中，W_1、W_2 和 W_3 为拉普拉斯锐化模板，也称为 4-邻锐化模板；W_4、W_5 和 W_6 为 8-邻锐化模板，也称为 8-邻拉普拉斯锐化模板，它们既能像 8-邻模板一样对水平和垂直方向边缘有锐化增强作用，也对边角方向的边缘有增强作用；W_7 和 W_8 与其他模板不同的是，W_7 在对水平和垂直方向边缘增强的同时，在对角方向还有平滑作用，W_8 在对对角方向边缘增强的同时，在水平和垂直方向还有平滑作用，即 W_7 和 W_8 在锐化的同时还有抑制噪声的作用。

利用模板对图像进行锐化处理时，一般从图像的第二行和第二列的像素点开始，逐点移动模板进行计算，而且始终用原图像。为保证在 3×3 的模板内都能围住像素点，图像的四周(第一行、最后一行、第一列和最后一列)不处理。

式(7-9)给出的图像的拉普拉斯锐化公式也可写成如下形式，即

$$g(m, n) = f(m, n) + \alpha\{[f(m, n) - f(m-1, n)] + [f(m, n) - f(m+1, n)] +$$
$$[f(m, n) - f(m, n-1)] + [f(m, n) - f(m, n+1)]\} \qquad (7-10)$$

式中，右边的 $f(m, n)$ 为原图像的当前处理像素点(称为本点)；α 为锐化强度系数；{ }内为本点分别与其上、下、左、右像素点的灰度差值之和，也就是图像本点处的边缘。因此，图像锐化的实质为

$$\text{锐化图像} = \text{原图像} + \text{加重的边缘} \qquad (7-11)$$

即

$$g(m, n) = f(m, n) + \alpha\Delta f \qquad (7-12)$$

式中，$\Delta f = [f(m, n) - f(m-1, n)] + [f(m, n) - f(m+1, n)] + [f(m, n) - f(m, n-1)] + [f(m, n) - f(m, n+1)]$，$\Delta f$ 为图像边缘。该结论可由图 7-5 得到验证。

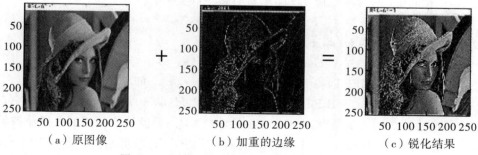

　　（a）原图像　　　　　　　　（b）加重的边缘　　　　　　　（c）锐化结果

图 7-5　图像、边缘和锐化结果的关系($\alpha=2$)

7.1.3 频域增强

卷积理论是频域增强的基础。设函数 $h(x, y)$ 与线性位不变算子 $f(x, y)$ 的卷积结果是 $g(x, y)$，即 $g(x, y) = h(x, y) * f(x, y)$，那么根据频域卷积定理可得

$$G(u, v) = H(u, v) F(u, v) \tag{7-13}$$

式中，$G(u, v)$、$H(u, v)$ 和 $F(u, v)$ 分别是 $g(x, y)$、$h(x, y)$ 和 $f(x, y)$ 的傅里叶变换。用线性系统理论，$H(u, v)$ 是转移函数。

在具体的增强应用中，$f(x, y)$ 是给定的（因此 $F(u, v)$ 可利用傅里叶变换得到），需要确定的是 $H(u, v)$，这样 $g(x, y)$ 就可由式（7-12）算出 $G(u, v)$ 而得到，即

$$g(x, y) = F^{-1}[H(u, v) F(u, v)] \tag{7-14}$$

根据以上讨论，在频率域中进行增强是相当直观的，其主要步骤有：① 对需要增强的图像进行傅里叶变换；② 将其与 1 个（根据需要所决定的）转移函数相乘；③ 根据相乘结果的傅里叶反变换得到增强的图像。

常用的频域增强方法有低通滤波、高通滤波和同态滤波。

1. 低通滤波

信息（包括信号和噪声）在空域和频域存在对应关系，即随空间位置突变的信息在频域表现为高频，而缓变的信息在频域表现为低频。具体到图像中，边缘和噪声对应频域的高频区域，背景及信号缓变部分则对应频域的低频区域。因此，我们可以利用频域的低通滤波法来达到滤除（高频）噪声的目的，这就是图像的频域平滑法，一般称为频域低通滤波法。

由于图像中的边缘反映在频域上也是高频，因此，在低通滤波的同时，也会损失边缘信息，使图像变模糊。

设 $F(u, v)$ 和 $G(u, v)$ 分别由含噪图像 $f(m, n)$ 和滤波结果图像 $g(m, n)$ 的频域表示，$H(u, v)$ 为低通滤波器。图 7-6 给出了采用离散傅里叶变换（FFT）的频域低通滤波法的处理过程。当然这里的变换方法不仅仅局限于离散傅里叶变换。

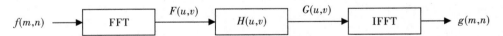

图 7-6   频域低通滤波法的处理过程

由图 7-6 可知，对含噪图像 $f(m, n)$ 进行傅里叶变换，得到 $F(u, v)$，即

$$F(u, v) = \mathrm{FFT}\{f(m, n)\} \tag{7-15}$$

设计给定低通滤波器 $H(u, v)$，则由卷积定理得

$$G(u, v) = H(u, v) F(u, v) \tag{7-16}$$

经过傅里叶逆变换（IFFT）得到滤波结果图像 $g(m, n)$，即

$$g(m, n) = \mathrm{IFFT}\{G(u, v)\} = \mathrm{IFFT}\{H(u, v) F(u, v)\} \tag{7-17}$$

频域低通滤波法的关键是设计和选定低通滤波器，图像滤波中常用的低通滤波器有理想低通滤波器（ILPF）、Butterworth 低通滤波器（BLPF）、指数低通滤波器（ELPF）和梯形低通滤波器（TLPF），下面我们以理想低通滤波器为例进行介绍。

一个理想低通滤波器的传递函数定义为

$$H(u, v) = \begin{cases} 1, & D(u, v) \leqslant D_0 \\ 0, & D(u, v) > D \end{cases} \qquad (7-18)$$

式中，D_0 为理想低通滤波器的截止频率；$D(u, v)$ 为从频域平面原点到点 (u, v) 的距离，即

$$D(u, v) = \sqrt{u^2 + v^2} \qquad (7-19)$$

理想低通滤波器的特征曲线如图 7-7 所示。其滤波特征为：以 D_0 为半径的圆内的所有频率分量无失真地通过，而圆外的所有频率分量完全被抑制。事实上，这种理想低通滤波器是无法用硬件实现的，因为实际的器件无法实现从 1 到 0 的突变。同时，既然是理想的矩形特性，那么其反变换的特性必然会产生无限的振铃现象。截止频率半径越小，这种现象就越严重。当然，其滤波效果也就越差。这是理想低通滤波器不可克服的缺点。不同截止频率的理想低通滤波结果的比较如图 7-8 所示，其中，图 7-8(b) 和图 7-8(c) 中有明显的振铃现象出现，而且图像变模糊了。

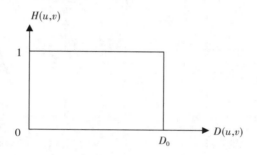

图 7-7 理想低通滤波特性曲线

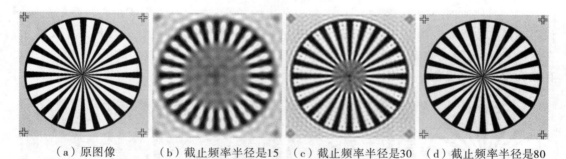

（a）原图像　（b）截止频率半径是15　（c）截止频率半径是30　（d）截止频率半径是80
　　　　　　　的ILPF的滤波结果　　的ILPF滤波结果　　　的ILPF滤波结果

图 7-8 不同截止频率的理想低通滤波结果的比较

2. 高通滤波

图像的边缘反映在频域的高频部分，通过频域上高通滤波器可以得到图像边缘的信息，再对图像进行锐化，其结果相当于对高频（边缘）分量的提升，可称为频域高通滤波法。

设 $F(u, v)$ 和 $\Delta F(u, v)$ 分别表示原图像 $f(m, m)$ 和高通滤波结果 $\Delta f(m, n)$ 的频域，$H(u, v)$ 为高通滤波器，$g(m, n)$ 为锐化结果。图 7-9 给出了频域高通滤波法的处理过程。与低通滤波器相似，几种常用的高通滤波器的特性曲线如图 7-10 所示。高通滤波所得到的并不是锐化图像，而是原图像的高频图像，即图像的边缘，我们需要按如图 7-9 所示的方法将该高频图像附加到原图像中去，才能够得到期望的锐化图像。

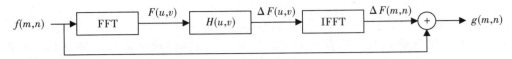

图 7 - 9　频域高通滤波法的处理过程

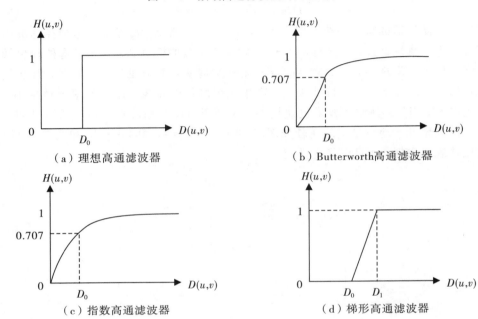

图 7 - 10　高通滤波器的特性曲线

与低通滤波器的性能相类似，由于理想高通滤波器是突变的，因此由它得到的高频图像中存在有较强的振铃现象。不同截止频率的理想高通滤波结果的比较如图 7 - 11 所示。在图 7 - 11(b)和(c)中可以看到明显的振铃现象，即使在截止频率较大的图 7 - 11(d)中也存在轻微的振铃现象。

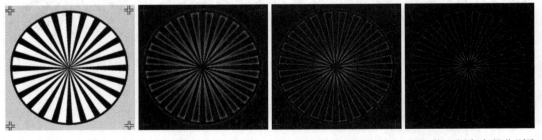

（a）原图像　　（b）截止频率半径分别取　（c）截止频率半径分别取　（d）截止频率半径分别取
　　　　　　　　　　15的IHPF滤波结果　　　　30的IHPF滤波结果　　　　50的IHPF滤波结果

图 7 - 11　不同截止频率的理想高通滤波结果的比较

3. 同态滤波

从图像的形成和其光特性方面考虑，一幅图像是由光源的照度分量（也称为照度场）$i(m,n)$ 和目标场的反射分量 $r(m,n)$ 组成的，即

$$f(m, n) = i(m, n)r(m, n) \tag{7-20}$$

在理想情况下，照度分量应是常数，这时 $f(m, n)$ 可以不失真地反映 $r(m, n)$。然而在实际情况中，由于光照不均匀，$i(m, n)$ 并非常数。同时，由于成像系统的不完善，也会引起类似于光照不均匀的效果。二者都引起 $i(m, n)$ 随坐标的变换而缓慢变化，结果造成图像 $f(m, n)$ 中出现大面积阴影，而掩盖一些目标物细节，使图像不清晰。因此，必须想办法减弱 $i(m, n)$，而 $r(m, n)$ 反映图像的对比度和目标物细节，必须增强。

事实上，$i(m, n)$ 变化缓慢，在频域上表现为低频分量，而 $r(m, n)$ 包含了目标物细节，在频域上表现为高频分量。为此，只要我们能从 $f(m, n)$ 中把 $i(m, n)$ 和 $r(m, n)$ 分开，并分别采取压缩低频分量、提升高频分量的方法，就可达到减弱照度分量、增强反射分量及使图像清晰的目的。

从式 (7-20) 中可知，$i(m, n)$ 和 $r(m, n)$ 是相乘关系，无法在频域上把它们分开。为此，先对式 (7-20) 两边取对数，即

$$z(m, n) = \ln f(m, n) = \ln i(m, n) + \ln r(m, n) \tag{7-21}$$

然后进行 FFT，有

$$\text{FFT}[z(m, n)] = \text{FFT}[\ln i(m, n)] + \text{FFT}[\ln r(m, n)] \tag{7-22}$$

简记为

$$Z(u, v) = I(u, v) + R(u, v) \tag{7-23}$$

式中，$Z(u, v)$、$I(u, v)$ 和 $R(u, v)$ 分别为 $z(m, n)$、$\ln i(m, n)$ 和 $\ln r(m, n)$ 的傅里叶变换。若用一滤波器 $H(u, v)$ 对 $Z(u, v)$ 进行滤波处理，则

$$S(u, v) = H(u, v)Z(u, v) = H(u, v)I(u, v) + H(u, v)R(u, v) \tag{7-24}$$

反变换到空域，则

$$s(m, n) = \text{IFFT}[H(u, v)I(u, v)] + \text{IFFT}[H(u, v)R(u, v)]$$
$$= i'(m, n) + r'(m, n) \tag{7-25}$$

式中，$i'(m, n) = \text{IFFT}[H(u, v)I(u, v)]$；$r'(m, n) = \text{IFFT}[H(u, v)R(u, v)]$。

再对 $s(m, n)$ 取指数运算，就得到了处理后的空域图像为

$$g(m, n) = \exp[s(m, n)] = \exp[i'(m, n)]\exp[r'(m, n)] \tag{7-26}$$

也可写成

$$g(m, n) = i_0(m, n)r_0(m, n) \tag{7-27}$$

式中，$i_0(m, n) = \exp[i'(m, n)]$，$r_0(m, n) = \exp[r'(m, n)]$，它们分别为输出图像的照度分量和反射分量。上述处理过程可用图 7-12 表示。这种方法就称为同态滤波法，其关键是选择合适的滤波器 $H(u, v)$（称为同态滤波器）。为达到抑制低频部分（照度分量）而增强（提升）高频部分（反射分量）的目的，同态滤波器的特性曲线如图 7-13 所示。图 7-14 给出了一个实际图像经同态滤波后增晰的示例。从图中可看出，处理后的图像中的目标物细节变得清晰可见。

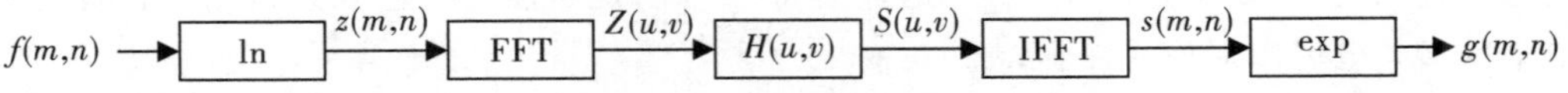

图 7-12　图像同态滤波的处理过程

图像的低层视觉处理是图像处理的基础，为后续的中层乃至多层后处理提供了保障。

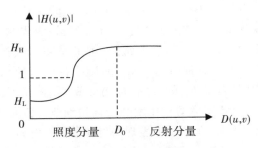

图 7 - 13　同态滤波器的特性曲线

（a）原图像　　　　　　　　　　　（b）同态滤波后的结果

图 7 - 14　图像经同态滤波后增晰的示例

7.2　图像的中层视觉处理

7.2.1　概述

图像的低层视觉处理主要是对图像进行加工和处理，得到满足人的视觉和心理需要的改进形式。中层视觉处理则是对图像中目标物（或称为景物）进行分析和理解，主要包括：① 把图像分割成目标物和背景区域两部分；② 提取正确代表不同目标物特点的特征参数，并进行描述；③ 对图像中目标物进行识别和分类。本节主要介绍图像分割。

在对图像的研究和应用中，人们往往仅对各幅图像中的某些部分感兴趣。这些部分常称为目标或前景（其他部分称为背景），它们一般对应图像中特定的、具有独特性质的区域。为了辨识和分析目标，需要将这些有关区域分离提取出来，在此基础上才有可能对目标进一步利用，如进行特征提取和测量。图像分割就是指把图像分成各具特性的区域并提取出感兴趣目标区域的技术和过程。这里的特性可以是灰度、颜色和纹理等，目标可以对应单个区域，也可以对应多个区域。

图像分割是由图像处理到图像分析的关键步骤，也是一种基本的计算机视觉技术。这是因为图像的分割、目标的分离、特征的提取和参数的测量可将原始图像转化为更抽象、更紧凑的形式，使更高层的分析和理解成为可能。图像分割多年来一直得到人们的高度重视。

7.2.2　图像分割的定义和依据

1. 图像分割的定义

令集合 R 代表整个图像区域，对 R 的分割可看成将 R 分成 N 个满足以下五个条件的非空子集（子区域）R_1，R_2，$\cdots$，R_n。

(1) $\bigcup\limits_{i=1}^{n} R_i = R$。完备性：分割所得全部子区域的总和（并集）应能包括图像中所有像素或将图像中每个像素都划分进一个子区域中。

(2) $\forall i$，j，$i \neq j$，有 $R_i \bigcap R_j = \varnothing$。独立性：一个像素不能同时属于两个子区域，即各子集互不重叠。

(3) $P(R_i) = \text{true}$，$i = 1$，2，$\cdots$，n。相似性：属于同一子区域的像素应具有某些相同或相近的特性。

(4) $P(R_i \bigcap R_j) = \text{false}$，$i \neq j$。互斥性：属于不同子区域的像素应具有某些不同的特性。

(5) R_i 是一个连通的区域，$\forall i$。连通性：同一子区域中的像素点是连通的。

其中，$\varnothing$ 表示空集；$P(R_i)$ 是对子区域 R_i 中所有元素的逻辑谓词，即特性的相似性准则。

在实际应用中，总是将图像划分成背景子区域（用 R_1 表示）和不同的目标物子区域（用 R_i 表示，$i = 2$，3，$\cdots$，n），其中的划分满足以上定义，则 $R_i(i = 1$，2，3，$\cdots$，$n)$ 就称为 R 的分割。

2. 图像分割方法分类

利用不同区域的交界（边缘）处像素灰度值的不连续（突变）性，先找到区域交界处的点、线（边缘线），边缘线围成的区域就是分割的子区；也可以利用同一区域内像素一般具有灰度相似性的特点，据此找到灰度值相似的区域；区域的外轮廓就是对象的边缘。所以，无论是利用像素灰度取值的突变性还是连续性，都可以达到图像分割的目的。据此，可将图像分割的方法分为两种：一种是利用区域间灰度的突变性，确定区域的边界或边缘的位置，称为边缘检测法；另一种是利用区域内灰度的相似性，将图像像素点分成若干相似的区域，称为区域生成法。这两种方法互为对偶，相辅相成。前者相当于用边缘点定义线（边缘线），而后者可由两个面的交界形成一条曲线（边缘线）。图像分割的两种方法示例如图 7 - 15 所示。

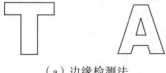

（a）边缘检测法　　　　　　　　　　　　（b）区域生成法

图 7 - 15　图像分割的两种方法示例

边缘检测法和区域生成法作为图像分割的经典方法，都有各自的优点和缺点。针对不同环境的实际应用，人们也提出了许多新的方法，而一些新的方法恰恰是从这两种经典方法中衍生出来的。

7.2.3　边缘点检测

边缘定义为图像局部特性的不连续性，具体到灰度图像中就是图像差别较大的两个区域的交界线。边缘作为图像的最基本特征广泛存在于目标物与背景之间、目标物与目标物之间，在图像处理中有着重要的作用和广泛的应用。

边缘反映图像中目标物的主要特征，因此能够作为图像识别、分类和理解的直接依据，例如，用线条勾画的简笔画就是一个很好的示例。同时，边缘作为图像轮廓，通过将检测出的边缘加重，再加到原图像中，就可实现图像锐化。边缘也是图像分割所依据的重要特征，进行边缘点检测然后将边缘点连接成边缘线，而边缘线围成的区域就是图像分割的结果。

1. 边缘点检测的基本原理

边缘点检测就是要确定图像中有无边缘点，还要进一步确定其位置。在具体实施时，可分为两步：首先对图像中每一个像素施以检测算子，然后根据确定的准则对检测算子的输出进行判定，确定该像素点是否为边缘点。具体检测算子和判定准则取决于实际应用环境及被检测的边缘类型。

在一幅图像中，边缘有方向和幅度两个特性。一般沿着边缘走向的灰度值缓变或不变，而垂直于边缘走向的灰度则突变。这种变化形式的不同就形成了不同类型的边缘。几种类型边缘的截面图如图 7 - 16 所示。

　　（a）理想阶跃式　　　　（b）斜升和斜降式　　　（c）脉冲式　　　（d）屋顶式

图 7 - 16　几种类型边缘的截面图

图 7 - 17 给出了阶跃式边缘与其一阶、二阶导数的关系示意图。

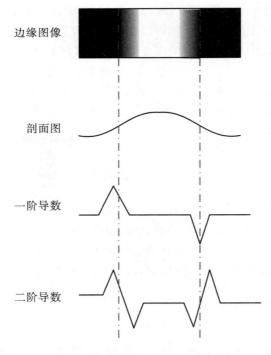

边缘图像

剖面图

一阶导数

二阶导数

图 7 - 17　阶跃式边缘与其一阶、二阶导数关系的示意图

从图 7-17 中我们可以看出，边缘的一阶导数在图像由暗变亮的突变位置有一个正的峰值，而在图像由亮变暗的位置有一个负的峰值，而在其他位置都为 0。这表明可用一阶导数的幅度值来检测边缘的存在，幅度峰值对应的一般就是边缘的位置，峰值的正或负就表示边缘处是由暗变亮还是由亮变暗的。同理，可用二阶导数的过零点检测图像中边缘的存在。

2. 边缘点检测常用算子

1) 正交梯度算子法

在图像处理中，一阶导数是通过梯度来实现的，因此，利用一阶导数检测边缘点的方法就称为梯度算子法。

在求解梯度时，既可以利用两个垂直方向的一阶导数，也可以利用不同方向的一阶导数集。前者可称为正交梯度，由此生成的边缘点检测模板称为正交模板；后者称为方向梯度，用它在检测边缘点的同时，还可以确定其方向，由此生成的边缘点检测模板称为方向匹配模板。

根据正交算子的不同，正交梯度算子法主要有正交梯度法、Roberts 梯度算子法和平滑梯度算子法（其中包括 Prewitt 梯度算子法、Sobel 算子法、各向同性 Sobel 算子法）。以下分别介绍正交梯度法、Roberts 梯度算子法和平滑梯度算子法。

(1) 正交梯度法。

函数 $f(x, y)$ 在 (x, y) 处的梯度是通过一个二维列向量来定义的，有

$$\nabla f(x, y) = \begin{bmatrix} G_x \\ G_y \end{bmatrix} = \begin{bmatrix} \dfrac{\partial f}{\partial x} \\ \dfrac{\partial f}{\partial y} \end{bmatrix} \tag{7-28}$$

这个向量的幅度（模值）和方向角分别为

$$G(x, y) = (G_x^2 + G_y^2)^{\frac{1}{2}} \tag{7-29}$$

$$\phi(x, y) = \arctan\left(\frac{G_x}{G_y}\right) \tag{7-30}$$

式中，梯度的幅度 $G(x, y)$ 代表边缘的强度；梯度的方向与边缘的走向垂直。

在数字图像处理中，常用差分来近似导数。连续函数 $f(x, y)$ 的梯度在 x 和 y 方向的分量就对应于数字图像 $f(m, n)$ 的水平和垂直方向的差分。水平和垂直方向的梯度可定义为

$$\begin{cases} G_h(m, n) = f(m, n) - f(m, n-1) \\ G_v(m, n) = f(m, n) - f(m-1, n) \end{cases} \tag{7-31}$$

对应水平及垂直方向的梯度模板可表示为

$$\boldsymbol{W}_h = \begin{bmatrix} 0 & 0 & 0 \\ -1 & 1 & 0 \\ 0 & 0 & 0 \end{bmatrix}, \quad \boldsymbol{W}_v = \begin{bmatrix} 0 & -1 & 0 \\ 0 & 1 & 0 \\ 0 & 0 & 0 \end{bmatrix}$$

利用模板对图像进行处理相当于模板与图像的卷积，因此，水平和垂直方向梯度为

$$\begin{cases} G_h(m, n) = F(m, n) * \boldsymbol{W}_h \\ G_v(m, n) = f(m, n) * \boldsymbol{W}_v \end{cases} \tag{7-32}$$

式中，$*$ 为卷积运算符号。梯度幅度为

$$G(m,n)=[G_h^2(m,n)+G_v^2(m,n)]^{\frac{1}{2}} \tag{7-33}$$

在实际应用中，根据不同图像需要来选用上述三种梯度幅度公式，所得结果称为梯度图像。为检测边缘点，可选取适当的阈值 T，对梯度图像进行二值化，即

$$B(m,n)=\begin{cases}1, & G(m,n)\geqslant T \\ 0, & \text{其他}\end{cases} \tag{7-34}$$

这样就形成了一幅边缘二值化图像，其中为 1 的像素点就是阶跃状边缘点。据此可得到利用正交梯度法检测边缘点的过程如图 7-18 所示。

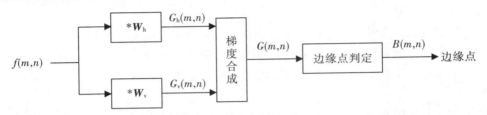

图 7-18　利用正交梯度法检测边缘点的过程

图 7-19 给出了一个通过正交梯度法对一副图像边缘点进行检测的示例。图 7-19(a) 为一幅原始图像，它包含各个方向的边缘和噪声。图 7-19(b) 为水平模板 $W_h(m,n)$ 处理得到的水平梯度图像，它对水平突变（垂直走向边缘）较为敏感。图 7-19(c) 为用垂直模板 $W_v(m,n)$ 处理得到的垂直梯度图像，它对垂直突变（水平方走向边缘）较为敏感。图 7-19(d)、图 7-19(e) 和图 7-19(f) 分别为根据式(7-28)、式(7-31) 和式(7-32) 得到的合成梯度图像，虽然它们从主观视觉上来看较类似，但相比而言，还是利用式(7-28) 的梯度合成方法的检测要灵敏一些。同时，该梯度算子也将噪声点当成边缘点检测了出来，说明它对噪声敏感。

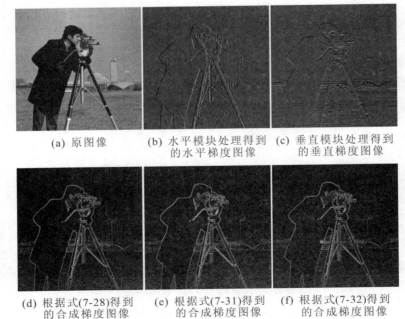

　(a) 原图像　　　　(b) 水平模块处理得到　　(c) 垂直模块处理得到
　　　　　　　　　　　的水平梯度图像　　　　　的垂直梯度图像

　(d) 根据式(7-28)得到　(e) 根据式(7-31)得到　(f) 根据式(7-32)得到
　　的合成梯度图像　　　的合成梯度图像　　　的合成梯度图像

图 7-19　利用正交梯度法检测边缘点的示例

（2）Roberts 梯度算子法。

事实上，任意一对相互垂直方向上的差分都可用来估计梯度。Roberts 梯度就是采用对角方向相邻两像素之差，故也称为四点差分点。其水平和垂直方向梯度定义为

$$\begin{cases} G_h(m,n) = f(m,n) - f(m-1,n-1) \\ G_v(m,n) = f(m,n-1) - f(m-1,n) \end{cases} \tag{7-35}$$

对应的水平和垂直方向的模板为

$$\boldsymbol{W}_h = \begin{bmatrix} -1 & 0 & 0 \\ 0 & 1 & 0 \\ 0 & 0 & 0 \end{bmatrix}, \quad \boldsymbol{W}_v = \begin{bmatrix} 0 & -1 & 0 \\ 1 & 0 & 0 \\ 0 & 0 & 0 \end{bmatrix} \tag{7-36}$$

根据式（7-32）就可以计算 Roberts 梯度。

Roberts 算子利用 4 个像素点求差分，方法简单，检测结果优于式（7-31）所示的梯度算子，其缺点是对噪声敏感。图 7-20(c) 是 Roberts 算子的一个应用实例，该方法不常用于不含噪声的图像边缘检测。

（3）平滑梯度算子法。

梯度算子类边缘检测方法的效果类似于高通滤波，有增强高频分量、抑制低频分量的作用。这类算子对噪声比较敏感，它们会把噪声当作边缘点而检测出来，这就给后续的边缘特征提取和边缘线追踪带来很大的困难。为此，在对实际含噪声图像进行边缘点检测时，人们希望检测算法同时具有噪声抑制作用。

① Prewitt 梯度算子法。Prewitt 算子是一阶微分算子的边缘检测，利用像素点上下、左右邻点的灰度差，在边缘处达到极值检测边缘，去掉部分伪边缘，对噪声具有平滑作用。其噪声抑制是在图像空间利用两个方向模板与图像进行领域卷积来完成的，这两个方向模板一个检测水平边缘，一个检测垂直边缘。

水平和垂直梯度模板分别为

$$\boldsymbol{W}_h = \frac{1}{3}\begin{bmatrix} -1 & 0 & 1 \\ -1 & 0 & 1 \\ -1 & 0 & 1 \end{bmatrix}, \quad \boldsymbol{W}_v = \frac{1}{3}\begin{bmatrix} -1 & -1 & -1 \\ 0 & 0 & 0 \\ 1 & 1 & 1 \end{bmatrix} \tag{7-37}$$

有了检测模板，就可以利用式（7-32）求得水平和垂直方向的梯度，再通过梯度合成和边缘点判定，就可得到平均差分法的检测结果。按照同样的原理，可以进一步扩大窗口，则抑制噪声会更明显，但同时也会损失一些边缘信息。

② Sobel 算子法。将 Prewitt 算子中的平均差分改为加权平均差分，即对当前行或列对应值加权后，再进行平均差分，就形成 Sobel 差分，也称为加权平均差分。其水平和垂直梯度模板分别为

$$\boldsymbol{W}_h = \frac{1}{4}\begin{bmatrix} -1 & 0 & 1 \\ -2 & 0 & 2 \\ -1 & 0 & 1 \end{bmatrix}, \quad \boldsymbol{W}_v = \frac{1}{4}\begin{bmatrix} -1 & -2 & -1 \\ 0 & 0 & 0 \\ 1 & 2 & 1 \end{bmatrix} \tag{7-38}$$

Sobel 算子法和 Prewitt 算子一样，都在检测边缘点的同时具有抑制噪声的能力，检测出的边缘宽度至少为二像素。由于它们都是先平均后差分，平均时会丢失一些细节信息，因此图像边缘有一定的模糊。但 Sobel 算子有加权作用，其边缘的模糊程度要稍低于 Prewitt 算子。

③ 各向同性 Sobel 算子法。上面所述 Sobel 算子的水平和垂直梯度分别对水平及垂直方向的突变敏感，即只有用其检测水平及垂直走向的边缘时，梯度的幅度才一样，Frei 和 Chen 曾提出上、下、左、右权值由 2 改为 $\sqrt{2}$，使其水平、垂直和对角边缘的梯度相同。各向同性的 Sobel 算子，其水平和垂直梯度的模板为

$$\boldsymbol{W}_{\mathrm{h}} = \frac{1}{2+\sqrt{2}} \begin{bmatrix} -1 & 0 & 1 \\ -\sqrt{2} & 0 & \sqrt{2} \\ -1 & 0 & 1 \end{bmatrix}, \quad \boldsymbol{W}_{\mathrm{v}} = \frac{1}{2+\sqrt{2}} \begin{bmatrix} -1 & -\sqrt{2} & -1 \\ 0 & 0 & 0 \\ 1 & \sqrt{2} & 1 \end{bmatrix} \quad (7-39)$$

图 7-20 给出了上述五种梯度算子的边缘检测示例。

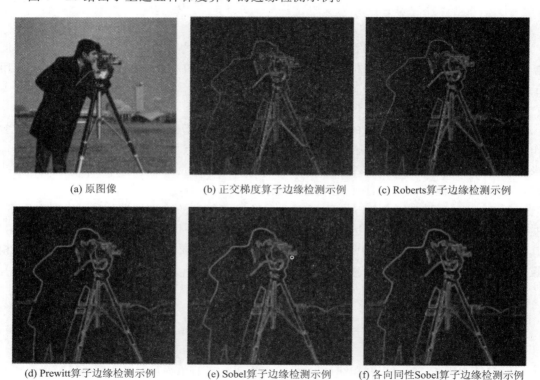

　　(a) 原图像　　　　　　　　(b) 正交梯度算子边缘检测示例　　　　(c) Roberts算子边缘检测示例

　　(d) Prewitt算子边缘检测示例　　　(e) Sobel算子边缘检测示例　　　(f) 各向同性Sobel算子边缘检测示例

图 7-20　几种梯度算子检测边缘点的示例

2) 二阶导数算子法

对于阶跃状边缘，其二阶导数在边缘点处出现过零交叉，即边缘点两旁的二阶导数取异号，据此可以通过二阶导数来检测边缘点。

(1) Laplacian 算子法。连续图像 $f(x, y)$ 的 Laplacian 边缘点检测算子可定义为

$$G(x, y) = -\nabla^2 f(x, y) \quad (7-40)$$

式中，Laplacian 算子为

$$\nabla^2 = \frac{\partial^2}{\partial x^2} + \frac{\partial^2}{\partial y^2} \quad (7-41)$$

对数字图像 $f(m, n)$，用差分代替二阶偏导，则边缘点检测算子可变为

$$G(m, n) = 4F(m, n) - [F(m-1, n) + F(m, n-1) +$$
$$F(m, n+1) + F(m+1, n)] \quad (7-42)$$

写成检测模板为

$$\boldsymbol{W} = \begin{bmatrix} 0 & -1 & 0 \\ -1 & 4 & -1 \\ 0 & -1 & 0 \end{bmatrix}$$

该模板也称为 4 -邻域 Laplacian 检测模板,同理也可给出 8 -邻域检测模板为

$$\boldsymbol{W} = \begin{bmatrix} -1 & -1 & -1 \\ -1 & 8 & -1 \\ -1 & -1 & -1 \end{bmatrix}$$

Laplacian 检测模板的特点是:各向同性,对孤立点及线端的检测效果好,但边缘方向信息易丢失,对噪声敏感,整体检测效果不如梯度算子。

(2) LoG 算子法。在实际应用中,由于噪声的影响,对噪声敏感的边缘点检测算法(如 Laplacian 算子法)可能会把噪声当成边缘点检测出来,而真正的边缘点会被噪声淹没而未检测出。为此,马尔(Marr)和希尔德雷斯(Hildreth)提出了高斯-拉普拉斯(Laplacian of a Gaussian,LoG)边缘检测算子,简称 LoG 算子法。该方法是先采用高斯算子对原图像进行平滑,然后再施加 Laplacian 算子,这就克服了 Laplacian 算子对噪声敏感的缺点,减少了噪声的影响。

二维高斯函数为

$$h(x, y) = \exp\left(-\frac{x^2 + y^2}{2\sigma}\right) \tag{7-43}$$

则连续函数 $f(x, y)$ 的 LoG 边缘检测算子定义为

$$\begin{aligned} G(x, y) &= -\nabla^2 [h(x, y) * f(x, y)] \\ &= [-\nabla^2 h(x, y) * f(x, y)] \\ &= H(x, y) * f(x, y) \end{aligned} \tag{7-44}$$

式中

$$H(x, y) = -\nabla^2 h(x, y) = \frac{\sigma^2 - r^2}{\sigma^4} \exp\left(-\frac{r^2}{2\sigma^2}\right) \tag{7-45}$$

式中,$r^2 = x^2 + y^2$;σ 是标准差;$H(x, y)$ 是一个轴对称函数,其横截面如图 7 - 21 所示。由于它相当平滑,能减少噪声的影响,因此当边缘模糊或噪声较大时,利用 $H(x, y)$ 检测过零点能提供较可靠的边缘位置。图 7 - 22 给出了摄影师图像经 Laplacian 算子和 LoG 算子边缘点检测结果对比。

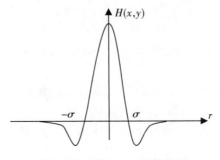

图 7 - 21　$H(x, y)$ 的截面图

（a）原图像　　　　（b）4-邻域的　　　　　（c）8-邻域的　　　　（d）LoG检测结果
Laplacian检测结果　　　　Laplacian检测结果

图 7 - 22　Laplacian算子和 LoG算子边缘点检测结果对比

7.2.4　边缘线跟踪

　　7.2.3 节之所以称为边缘点检测，是因为无论是通过梯度算子、方向梯度算子、线检测模板还是二阶导数算子，检测结果都是满足算子条件的离散点，包括真正的边缘点，也有噪声点和其他干扰点。因为噪声、干扰及成像时不均匀光照的影响，所以很少能真正得到一组完整描述一条边缘线的边缘点集，检测到的边缘点可能是不同的边缘线上的像素点，也可能是噪声点或干扰点，同时在边缘点组成边缘线时还会发现中间断裂或间断的现象。本节介绍的边缘线跟踪就是要把检测到的边缘点连接成边缘线，因为边缘线是描述目标物特性的最基本特征，也是基于边缘检测的图像分割中分割区域的边界最佳表示方式。边缘线跟踪也称为边缘连接或边界检测。以下介绍几种常用的方法。

1. 局部边缘连接法

　　将边缘点连成边缘线的最简单的方法是依据预先确定的准则，把相似的边缘点连成线。该方法以局部梯度算子处理后的梯度图像作为输入，连接过程分为以下两步。

　　（1）选择可能位于边缘线上的边缘点。在边缘点(m, n)的一个小邻域（如 3×3、4×4 或 5×5）内，若其中梯度值超过某一预定阈值，则具有最大梯度值的点被称为候选边缘点。对每一个候选点，利用方向梯度或模板匹配的方法确定其边缘方向。

　　（2）对相邻的候选边缘点，根据事先确定的相似准则判定是否连接。如果相邻的小邻域内的两个候选点的梯度和方向差值都在某阈值之内，则这两点被认为属于同一边缘线，可以连接起来。相似准则定义为

$$\begin{cases} |G_1(m, n) - G_2(i, j)| \leqslant E \\ |\phi_1(m, n) - \phi_2(i, j)| < A \end{cases} \tag{7-46}$$

式中，$G_1(m, n)$和$G_2(i, j)$分别为边缘点(m, n)和(i, j)的梯度模值；$\phi_1(m, n)$和$\phi_2(i, j)$分别为两边缘点的方向（角度）值。

　　若将第（2）步对相邻的候选边缘点的判定改成对相隔几个像素的候选边缘点的判定，则该方法还可以实现对有间隔（断裂）边缘的连接。

　　由于该方法是基于边缘的局部特性进行边缘连接，因此容易受噪声或干扰的影响。

2. 光栅扫描跟踪法

　　光栅扫描跟踪法是一种按照电视光栅行的扫描顺序，对遇到的像素进行阈值判定而实

现的边缘跟踪方法，也称为顺序扫描跟踪法。下面结合一个实例来介绍这种方法。

图 7-23 为光栅扫描跟踪法的示例。图 7-23(a)为一幅含有三条曲线的模糊图像，其各条曲线与水平方向夹角近似于 90 度，现在要检测出这些曲线。

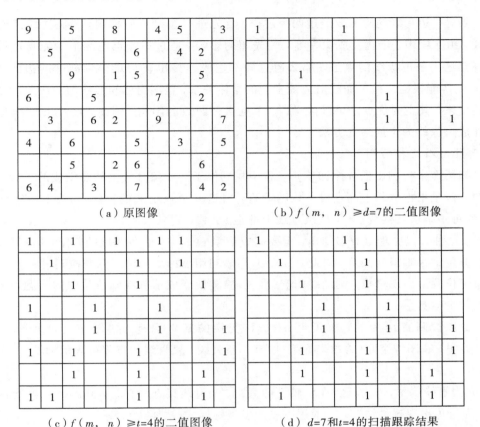

（a）原图像　　　　　　　　　（b）$f(m, n) \geqslant d = 7$ 的二值图像

（c）$f(m, n) \geqslant t = 4$ 的二值图像　　　（d）$d = 7$ 和 $t = 4$ 的扫描跟踪结果

图 7-23　光栅扫描跟踪法的示例

光栅扫描跟踪法的实施步骤如下：

（1）先设立两种门限：检测门限 d 和跟踪门限 t，且 $d > t$。在本例中，$d = 7$，$t = 4$。

（2）将每一行中像素灰度值大于检测门限的点记为 1，作为下一步的跟踪起点，这就是检测准则。本例检测结果如图 7-23(b)所示。

（3）对第 m 行上被记为 1 的点 (m, n)，就在下一行的 $(m+1, n-1)$、$(m+1, n)$ 和 $(m+1, n+1)$ 点上进行跟踪判决，只要这些点的灰度值达到跟踪门限 t，这些也被记为 1，这就是跟踪准则。本例中的跟踪结果如图 7-23(d)所示。

当整幅图像扫描完成时，跟踪过程便已结束。图 7-23(b)和图 7-23(c)也分别给出了用 $d = 7$ 和 $t = 4$ 做简单二值化的结果，可看到图 7-23(b)的漏检多，图 7-23(c)发生虚警的概率大，只有光栅扫描跟踪法的检测跟踪结果较好，可清楚地看到三条曲线。

光栅扫描跟踪法实现简单，但也有缺点。若线条灰度值自上而下由小变大，则开始阶段就检测不到线条。此外，若跟踪线的方向接近水平，用自上而下的扫描方式也可能漏检。

一种解决方法是按行自上而下、自下而上扫描，并按列自左向右、自右向左扫描，一般地，综合这四种扫描方式可以得到更好的结果，但也要增加计算量。

3. Hough 变换法

一般地，边缘线的检测要经过两个过程。首先进行边缘点的检测，再将边缘点连接成边缘线。由于噪声、干扰及成像时不均匀光照的影响，通过边缘点检测很少能真正得到一组完整描述一条边缘线的点迹，那么通过局部边缘连接也就很难得到准确的边缘线。而Hough 变换能根据待检测曲线对应像素间的整体关系，检测出已知形状的曲线并用参数方程描述出来。其主要优点是可以抗噪声、干扰点及断点的影响。因此，Hough 变换是将边缘点连成边缘线的全局最优方法。

1）Hough 变换的基本原理

已知图像中检测出的 n 个边缘点，希望找到位于同一条直线上的点组成的子集。一种可行的方法是根据数学上两点成一线的原理，对这 n 个点组成的直线（最多有 $n(n-1)/2$ 条）中的每一条求其共线点（位于该直线上的点）个数，则共线点最多的那条直线就是要找的直线。这种方法原理上看似简单，但要完成最多 $n(n-1)/2$ 条线段的判定，运算量较大，在实际应用中很难得到满足。对此，Hough 巧妙利用坐标变换使图像变换到另一坐标系后在其特定位置上出现峰值，则曲线（包括直线）检测就变成了寻找峰值位置的问题，这样就能大大减少运算量。

下面以检测直线为例，来说明 Hough 变换的基本原理，如图 7-24 所示。在图7-24(a)中，在图像空间（直角坐标系）中有一条直线，该直线的方程可表示为

$$y=kx+b \tag{7-47}$$

式中，k 为直线斜率；b 为直线在 y 轴上的截距。当直线接近垂直时，其斜率 k 可能趋于无穷大。为避免出现这种情况，一般用直线的极坐标形式（法线式）表示。

设坐标原点到直线的（垂直）距离为 ρ，直线法线（垂直）与 x 轴夹角为 θ，则这条直线可唯一地表示为

$$\rho=x\cos\theta+y\sin\theta \tag{7-48}$$

式中，(x,y) 为该直线上点的坐标；(ρ,θ) 为直线的参数。

若 (x_i,y_i) 为图像空间的一个边缘点，则通过该点的直线均满足

$$\rho=x_i\cos\theta+y_i\sin\theta=(x_i^2+y_i^2)^{\frac{1}{2}}\sin(\theta+\varphi) \tag{7-49}$$

式中，$\varphi=\arctan(y_i/x_i)$；ρ 和 θ 为变量，对应于各条直线的参数。

现在观察以 x 和 y 为坐标的图像空间（如图 7-24(a)所示）和以 ρ 和 θ 为坐标的参数空间（如图 7-24(b)所示），得到以下的对应关系：

（1）图像空间中的一条直线，在参数空间映射为一个点 (ρ,θ)（分别如图 7-24(a)和图7-24(b)所示）。

（2）图像空间的一个点映射为参数空间的一条正弦曲线（分别如图 7-24(c)和图 7-24(d)所示）。

（3）图像空间的一条直线上的多个共线点映射为参数空间相交于一点的多条正弦曲线

（分别如图 7-24(e)和图 7-24(f)所示）。

这种图像空间上的点和参数空间上的线之间的映射关系就称为 Hough 变换。据此，要检测图像空间共线点最多的直线，就变成了参数空间相交于一点正弦曲线最多的这个峰值点。这就是 Hough 变换检测直线的原理。

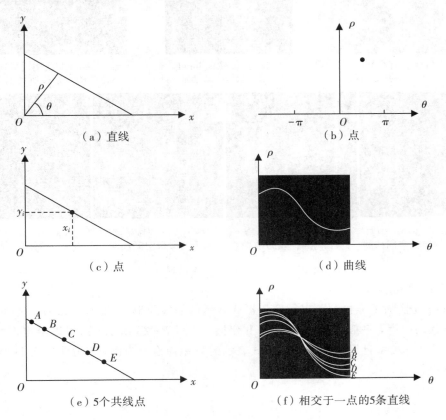

图 7-24　Hough 变换的基本原理示意图

为了找出这个峰值点，我们可以将参数空间 ρ 和 θ 量化成许多小格（称为计数单元）。根据每一个边缘点(x_i, y_i)代入 θ 的量化值，按式(7-48)计算出 ρ，所得值经量化落在某个小格内，便使该小格的计数单元加 1。当全部边缘点(x, y)变换完后，对计数单元进行检验，若只检测一条直线，则最大计数值的计数单元对应于共线点，(ρ, θ)就是该直线的参数；若要检测出 N 条直线，则计数值大的前 N 个计数单元的(ρ, θ)就分别是这 N 条直线的参数。求得的(ρ, θ)代入式(7-49)就可得到要检测（连接）直线的方程。

因此可以看出，如果 ρ 和 θ 量化过粗，则参数空间的凝聚效果就差，求得的直线参数就不精确；反之，如果 ρ 和 θ 量化过细，则计算量会增加。因此，对 ρ 和 θ 的量化要兼顾参数量化精度和计算量两个方面。

Hough 变换不仅可以检测直线，也可以检测圆、椭圆和抛物线等形状的曲线，其示例如图 7-25 所示。

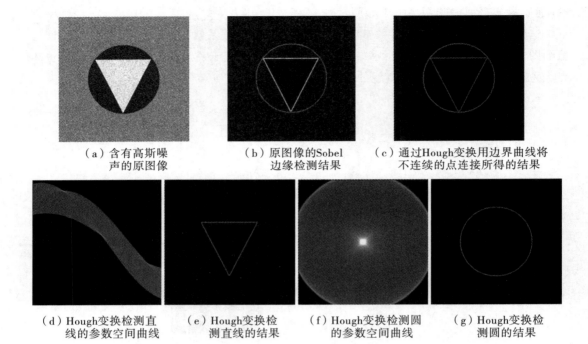

（a）含有高斯噪
声的原图像

（b）原图像的Sobel
边缘检测结果

（c）通过Hough变换用边界曲线将
不连续的点连接所得的结果

（d）Hough变换检测直
线的参数空间曲线

（e）Hough变换检
测直线的结果

（f）Hough变换检测圆
的参数空间曲线

（g）Hough变换检
测圆的结果

图 7 - 25   Hough 变换检测示例

2）广义 Hough 变换

Hough 变换除了能检测可以用解析形式表示的曲线及形状（有规曲线）外，也可以推广到任意形状的检测，一般称为广义 Hough 变换，如图 7 - 26 所示。这里以给定形状、大小及方向而位置未知，且形状不能用解析式表示的目标物检测为例，来说明广义 Hough 变换的检测过程。

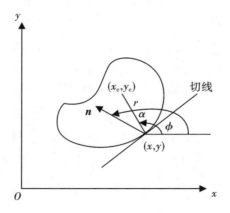

图 7 - 26   广义 Hough 变换

图 7 - 26 所示的任意形状目标物内任意确定一点(x_c, y_c)作为参考点，并通过它向边界上的点(x, y)作直线，连线的长度为 r，连线与 x 轴夹角为 α，r 和 α 都是 ϕ 的函数。ϕ 是边界点(x, y)的梯度方向，即边界点(x, y)的切线与 x 轴的夹角。这时，可通过下式计算参考点位置(x_c, y_c)，即

$$\begin{cases} x_c = x + r(\phi)\cos[\alpha(\phi)] \\ y_c = y + r(\phi)\sin[\alpha(\phi)] \end{cases} \tag{7-50}$$

若已知目标物的边界 R，则可按 ϕ 的取值由小到大生成一个二维表格，即 $\phi_i \sim (r(\phi_i), \alpha(\phi_i))$ 表。再通过式（7-50）计算参考点位置 (x_c, y_c)。若未知图像边界点计算出的 (x_c, y_c) 很集中，才能形成峰值点，就表示已找到该形状的边界。因而，下一步就是沿用 Hough 变换的上述步骤，把计数单元中相应元素 $A[x_c, y_c]$ 的内容加 1。最后寻找计数单元的峰值点，它对应待检测的给定形状目标物所在的位置。

7.2.5　门限化分割

根据图像分割的定义，同一个分割区的图像灰度值具有相似（相近）性，不同的分割区具有较大差别。尤其图像中的目标物与背景、不同目标物之间的灰度值具有明显的差别，其灰度直方图呈双峰或多峰形状，如图 7-27 所示，此时可通过取门限的方法将图像分割成不同的目标物和背景区域。灰度门限法主要分为单阈值分割和多阈值分割。

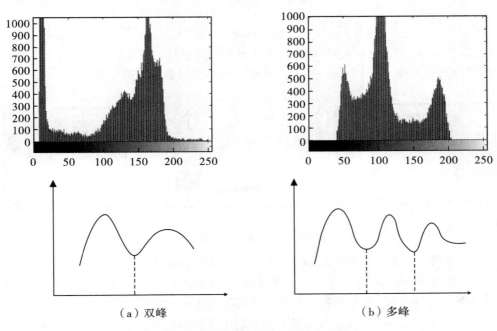

（a）双峰　　　　　　　　　　　　（b）多峰

图 7-27　具有双峰和多峰的灰度直方图

1. 单阈值分割

当图像的灰度直方图呈双峰形状时，如图 7-27(a)所示，可通过取单阈值，将图像分割成目标物和背景两类，即

$$g(m, n) = \begin{cases} 1, & f(m, n) > T \\ 0, & \text{其他} \end{cases} \tag{7-51}$$

式中，T 为灰度门限，一般取直方图双峰间波谷的灰度值，此时就将图像分成了标记为"1"的区域和标记为"0"的另一区域。至于哪个区域是目标物，哪个区域是背景，要看目标物和背景灰度取值的相对大小。这种方法也称为门限化二值分割。图 7-28 所示的是单阈值分

割的示例。

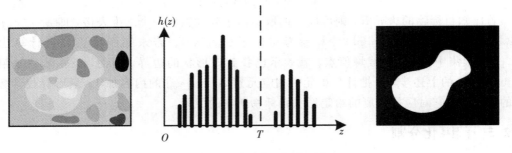

图 7-28　单阈值分割的示例

2. 多阈值分割

当图像的灰度直方图呈多峰形状时，如图 7-27(b)所示，可通过取多个阈值的方法，将图像分割成不同目标物和背景区域，即

$$g(m, n) = \begin{cases} k, & T_{k-1} < f(m, n) \leqslant T_k \\ 0, & f(m, n) \leqslant T_0 \end{cases} \tag{7-52}$$

式中，T_0，T_1，…，T_k 为一系列门限值；k 为分割后各区域的标记，$k=1, 2, …, M$。这样就将图像分割成了 $M+1$ 个区域。图 7-29 所示的是多阈值分割的示例。

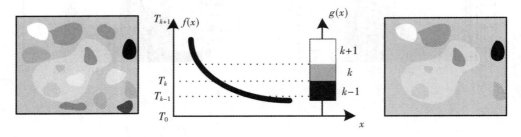

图 7-29　多阈值分割的示例

可见，灰度门限法的关键在于选取门限 T。当 T 的选取取决于 $f(m, n)$ 时，该门限就称为全局门限。如果 T 的选取取决于 $f(m, n)$ 以及像素的局部性质，该门限称为局部门限。此外，如果 T 取决于空间坐标，则门限称为是动态的或自适应的。

门限化分割方法具有简单、高效的特点，但是其局限性也大：对目标和背景灰度级有明显差别的图像分割效果较好；但对于目标物和背景灰度一致性或均匀性较差（如目标的部分区域与背景灰度相近或者低于背景灰度）的图像分割效果不好。

7.2.6　区域分割法

区域分割法就是利用同一区域内灰度值的相似性，将相似的区域合并，把不相似区域分开，最终形成不同的分割区域。常用的区域分割方法有区域生长法、分裂合并法及空间聚类法等。本节将介绍区域生长法和分裂合并法。

1. 区域生长法

区域生长是把图像分割成特征相似的若干小区域，比较相邻小区域的特征，若相似则合并为同一区域，如此进行直到不能再合并为止，最后生成特征不同的各区域。这种分割方法也称为区域扩张法。

在进行区域生长时，需要解决三个问题：确定要分割的区域数目，并在每个区域中选择或确定一个能正确代表该区域灰度取值的像素点，这个像素点被称为种子点；选择有意义的特征和邻域方式；确定相似性准则。其中，第一个问题是指分割前先粗略确定区域数目，并在每个区域指定一个初始生长点，对于灰度图像，其基本特征就是灰度取值。邻域方式是区域的生长方式，一般是指像素方式和区域方式。像素方式一般为 4 -邻域，区域方式为相邻。相似性准则是区域生长(或相邻小区域合并)的条件。最后生长停止，即分割结束的条件。

根据所用邻域方式和相似性准则的不同，区域生长法可以分为简单生长法(像素＋像素)、质心生长法(区域＋像素)和混合生长法(区域＋区域)。分述如下：

(1) 简单生长法。按事先确定的相似性准则，生长点(种子点为第一个生长点)接收(合并)其邻域(如 4 -邻域)的像素点，该区域开始生长。接收后的像素点称为生长点，其值取种子点的值。重复该过程，直到不能再生长为止，到此该区域生成。简单生长法的相似性准则为

$$|f(m, n)-f(s, t)|<T_1 \qquad (7-53)$$

式中，$f(s, t)$ 为生长点 (s, t) 的灰度值；$f(m, n)$ 为 (s, t) 的邻域点 (m, n) 的灰度值；T_1 为相似门限。$f(s, t)$ 始终取种子点的值，因此这种方法对种子点的选取依赖性很强。

(2) 质心生长法。修改简单生长法的相似性准则，即相似性准则变为

$$|f(m, n)-\overline{f(s, t)}|<T_2 \qquad (7-54)$$

式中，$\overline{f(s, t)}$ 为已生长区域内所有像素(所有生长点)的灰度平均值。即用已生成区域的像素灰度均值(类似质心)作为基准，这样就可以克服简单生长法中过分依赖种子点的缺陷。

(3) 混合生长法。混合生长法是按相似性准则进行相邻区域的合并，其相似性准则是相邻两区域的灰度均值相近，即

$$|\overline{f_i}-\overline{f_j}|<T_3 \qquad (7-55)$$

式中，$\overline{f_i}$ 和 $\overline{f_j}$ 分别为相邻的第 i 区域和第 j 区域的灰度平均值。这样就用某像素点周围区域的灰度平均值来表示该点的特性，增加了抗干扰性。

图 7 - 30 给出了一个区域生长法分割图像的示例。图 7 - 30(a)为原图像块，其中标定的两个种子点(灰度低值区的灰度 1 和灰度高值区的灰度 6)用阴影标出。图 7 - 30(b)和图 7 - 30(c)分别为当门限 $T_1=T_2=3$ 时简单生长法和质心生长法的分割结果，图像块被分成两个区域。虽然两种方法的分割结果恰巧相同，但生长过程中所用相似性准则是不同的。在简单生长法中，是用生长点与其邻域点直接比较，质心生长法则是用生长区域内所有生长点的均值与其邻域点比较。例如，在高灰度区的质心生长过程中，第一次从种子点 6 开始生长得到其上下左右 4 个邻域点，此时这 5 个已接收点的平均灰度为 $(6+7+7+5+6)/5=6.2$，故第二次生长就用这 4 个邻域点(生长点)与门限值 6.2 比较，按相似性准则再接受生长点的邻点。如此进行，直到不能再生长或到图像块的边界为止。对于图 7 - 30(b)或图 7 - 30(c)中的两个区域分别标记为 f_1 和 f_2，其均值分别为 $\overline{f_1}=1.1$，$\overline{f_2}=5.7$。若取 $T_3=5$，则 $|\overline{f_1}-\overline{f_2}|=|1.1-5.7|=4.6<T_3=5$，由混合生长法可将图 7 - 30(b)中的两个区域合并为同一个区域，如图 7 - 30(d)所示；若门限

$T_3 < 4.6$，则图 7-30(b)中的两个区域不能合并。

1	1	0	4	6	5
0	2	1	5	7	6
1	1	0	5	6	4
2	1	2	7	6	5
1	0	1	5	7	6
1	2	2	6	5	7

（a）原图像块

1	1	1	6	6	6
1	1	1	6	6	6
1	1	1	6	6	6
1	1	1	6	6	6
1	1	1	6	6	6
1	1	1	6	6	6

（b）简单生长法（$T_1=3$）

1	1	0	4	6	5
0	2	1	5	7	6
1	1	0	5	6	4
2	1	2	7	6	5
1	0	1	5	7	6
1	2	2	6	5	7

（c）质心生长法（$T_2=3$）

1	1	0	4	6	5
0	2	1	5	7	6
1	1	0	5	6	4
2	1	2	7	6	5
1	0	1	5	7	6
1	2	2	6	5	7

（d）混合生长法（$T_3=5$）

图 7-30　区域生长法分割图像的示例

2. 分裂合并法

当事先完全不了解区域形状和区域数目时，可采用分裂合并法。这种方法首先将图像分解成互不重叠的区域，再按相似准则进行合并。若用 R 表示图像，则利用四叉树分裂合并法实现图像分割的步骤如下：

（1）给定一相似准则 P，如果对图像中的任一区域 R_i，有 $P(R_i) = $ false，即不满足相似性准则，则把 R_i 区域等分为四个子区，即 R_{i1}、R_{i2}、R_{i3} 和 R_{i4}。

（2）对相邻的区域 R_i 和 R_j，若 $P(R_i \cup R_j) = $ true，则合并这两个区域。

（3）直到合并和分割都无法再进行时，分割结束。

此时，就可得到分割结果的四叉树表示。图 7-31 为利用四叉树分裂合并法进行二值图像分割的示例。其中，R_i^j 表示第 i 个区域，其取值为 j（本例中 $j=0$ 或 1）。

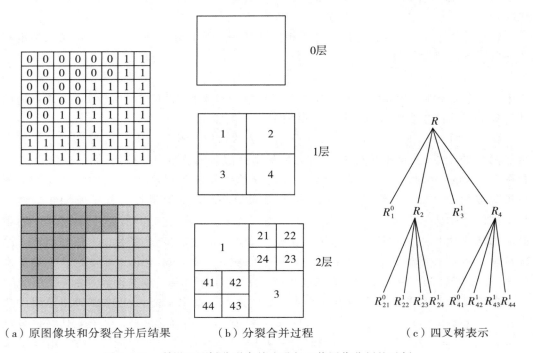

（a）原图像块和分裂合并后结果　　（b）分裂合并过程　　　（c）四叉树表示

图 7-31　利用四叉树分裂合并法进行二值图像分割的示例

7.3　视频处理中的关键技术研究

7.3.1　概述

视频是用来记录信息的重要载体，由于它同时可以包含图像、声音和字幕信息，因此被人们广泛使用。随着数字技术日新月异的发展，数字视频的数量飞速增长。一方面，包括数字摄像机在内的一些数字视频获取设备已经有了很广泛的应用；另一方面，原来的使用胶片记录的模拟视频也有着转化为数字视频的需要，以便于更好地进行处理和保存。这就对数字视频的处理和管理技术提出了很大的挑战。如何更有效地对视频进行处理和管理就成了研究的热点。

视频的数据从结构上自顶向下可分为视频序列、场景、镜头和帧。帧是视频数据的最小单元，是一幅静止的画面。镜头是视频数据的基本单位，它是由一个摄像机连续拍摄得到的时间上连续的若干帧图像组成的。视频组成的层次结构越高，其中所含的内容信息也越丰富，也就意味着处理的难度越高。因此，对于视频的处理往往是采用自顶向下的解剖分析法，首先通过场景检测将视频序列分为多个场景，接着使用镜头分割将每一个场景分为多个镜头，然后提取出每个镜头的关键帧，作为该视频序列的主要内容，最后进行视频的目标检测（如字幕、人脸等），因此，镜头边界检测、视频关键帧提取、视频目标检测是视频处理的三大关键技术。本节我们主要对这三大关键技术进行介绍。

7.3.2　镜头边界检测

镜头是视频流在编辑制作及检索中的基本结构单元，因此镜头的自动分割是视频结构化的基础，也是视频分析和检索过程中的首要任务。镜头分割的效果将直接影响到更高一级的视频结构化以及后续的浏览和检索。

镜头边界检测是视频摘要提取系统的一个重要组成部分，镜头边界检测的准确率直接关系到视频摘要提取系统后续的关键帧提取的效果。镜头的边界类型可以被分为三类：突变类型、淡入淡出类型和溶解类型，分别如图 7-32、图 7-33 和图 7-34 所示。突变类型的镜头具有突变的性质，如图 7-32 所示的第 10 帧和第 11 帧，直接在两帧之间从一个场

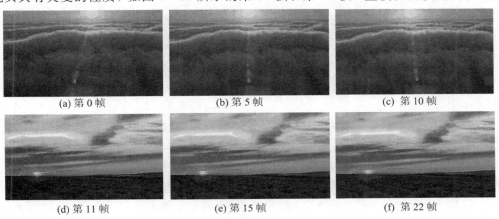

(a) 第 0 帧　　　　　　(b) 第 5 帧　　　　　　(c) 第 10 帧

(d) 第 11 帧　　　　　　(e) 第 15 帧　　　　　　(f) 第 22 帧

图 7-32　突变类型的镜头

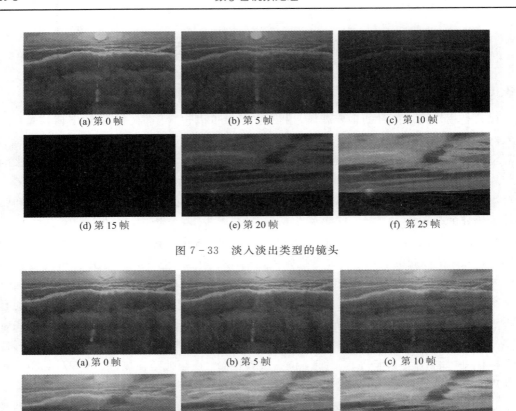

(a) 第 0 帧　　　　　　　(b) 第 5 帧　　　　　　　(c) 第 10 帧

(d) 第 15 帧　　　　　　　(e) 第 20 帧　　　　　　　(f) 第 25 帧

图 7 - 33　淡入淡出类型的镜头

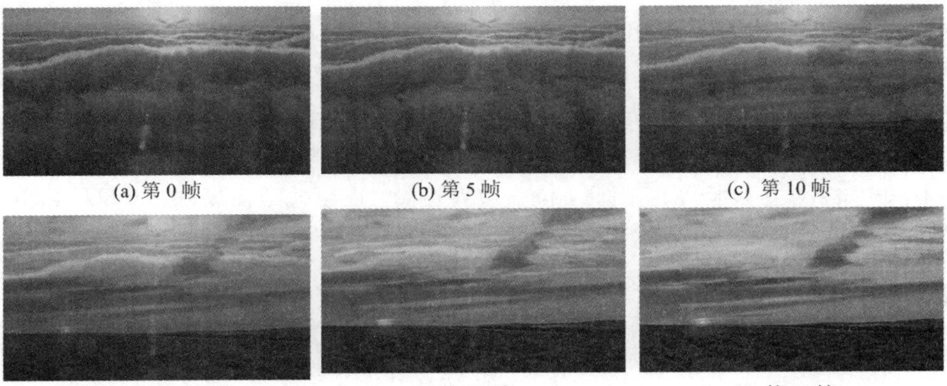

(a) 第 0 帧　　　　　　　(b) 第 5 帧　　　　　　　(c) 第 10 帧

(d) 第 15 帧　　　　　　　(e) 第 20 帧　　　　　　　(f) 第 25 帧

图 7 - 34　溶解类型的镜头

景切换到另外一个场景。淡入淡出类型的边缘也具有明显的特征，往往是图像画面渐渐地变为一帧白帧或黑帧，然后再渐渐地出现后一个镜头的图像。溶解类型的镜头也具有渐变的特性，但表现为前一个镜头图像慢慢消失的同时后一个镜头的图像慢慢浮现，在镜头转化的中间帧，会出现前后镜头图像叠加的帧。

现有的镜头边界检测算法主要有两大类：基于像素域的方法和基于压缩域的方法。

1. 像素域中的镜头边界检测方法

像素域中的镜头边界检测方法主要是利用空时域中的颜色、纹理和形状等特征来进行的，常见的方法有以下几种。

1) 像素差异法

首先定义一个像素差异的测度，然后计算连续两帧图像的帧间差异并用其与一个预先设定的阈值进行比较，若差值大于该阈值，则认为场景发生了改变。对于渐变镜头，一般采用双阈值的方法，用高阈值来滤除突变镜头，用低阈值确定渐变过渡。任何差值大于这个低阈值的帧都被认为是潜在的镜头切换处，并标记出起始帧，在累积差的基础上将起始帧与后续帧相比较，当这个值达到了较高的阈值水平时，就表明这一帧发生了镜头转换。该方法的缺点在于难以区分小区域中的大变化或者大区域中的小变化，因此，它对物体运动和摄像机运动很敏感,在有运动发生的情况下可能导致错误的检测。为此,人们采用 3×3 平滑滤波器来降低摄像机的运动和噪声的影响,但这只对摄像机的低速运动有效。该方法的一个扩展就是区域比较法,它将一幅图像分成若干个小区域进行比较,而不是单一地将像素进行比较,从而有效地降低了算法的复杂度,提高了效率。该方法是基于内容视频检索中最基本的也是最直观的方法,是其他检测方法的基础。

2) 统计量法

统计量法是利用像素的统计特征,通过阈值化检测镜头的边界。计算相邻图像之间的均值和方差的一阶、二阶导数可以较好地检测划变镜头。该方法对噪声的影响不敏感,当镜头中存在高速运动的物体时,就容易产生误检。为此有些学者将相关系数法与块匹配法相结合,以减少运动造成的误检,此时,对渐变镜头的检测率达到 89%。该方法本身的复杂性使其很少单独使用,一般都与其他方法相结合来构成高性能的检测方法。

3) 直方图法

在镜头边界检测方法中,基于相邻两帧图像的灰度直方图或彩色直方图方法是最常用的一类。此类方法又可分为两种:一种是计算两帧图像直方图之间的差异(Difference of Histogram,DOH);另一种是计算两帧图像差值的直方图(Histogram of Difference,HOD)。前者对场景中的局部运动不敏感而对全局运动敏感,后者则恰好相反。但两者都对亮度变化敏感,当一个镜头内部的亮度发生变化时(如闪光灯造成的亮度突变),会使直方图发生突变,容易造成错检。为此,必须进行一些预处理操作,如去除闪光灯的影响等。

在亮度直方图上采用双阈值的方法,可用于检测渐变镜头,具体方法类似于像素差异法。另外,由于直方图的方法丢掉了图像像素点的位置信息,因此它无法反映图像的整体内容,从而导致检测率不高。

4) 块匹配法

与前面提到的相邻图像上逐点像素差异法不同,基于块匹配的方法先将每一帧图像划分成 k 个块,连续帧之间的相似性通过比较对应的块来进行估计。该方法利用了图像的局部特征来抑制噪声以及摄像机及物体运动的影响。然而,对于像素值相似,而场景表示不同函数的两帧,会出现漏判的情况。这种方法若能够较好地与其他方法融合使用,有望达到较高的检测率。

将基于块匹配的方法与像素差异法结合使用是将图像分成若干个小区域(一般为 9 或 12 个区域),在相邻的帧之间给每个区域都找到最好的对应区域(即匹配块)。连续帧之间的差异就可以通过比较对应的匹配块来估计。计算每个小区域的像素差异或直方图差异,其各个分类区域的像素差异的加权和提供了整个图像的差异。通过从每帧图像差异的连续值中产生的累积差异可以检测出渐变过程,即如果该差异(或者称为相似性)超过了预先给定的阈值,则镜头发生了切换。

将块匹配的技术与运动矢量结合在一起可以适应较大幅度的运动矢量,能更好地估计全局运动。同时,如果增大匹配块的尺寸,则由局部物体运动引起的计算偏差就会减小,从而为全局运动估计提供较为准确的数据。

5) 边界变化率法

边界变化率法的主要思想是通过计算边界的变化程度来确定镜头的边界。计算边界改变是通过对全局运动信息的估计来确定摄像机的运动参数的,并用该全局运动向量来对齐相邻的两帧以消除摄像机运动参数对边缘比较的影响。对于划变镜头的检测，由于划变过渡的种类很多，就要联系具体空间分布特征才能作出较准确的判断。

在边界变化率法中，正确选择参数有利于提高检测率。该方法可以较好地区分渐变和突变，但是并不能确定淡化和溶解的具体边界。这种算法利用运动补偿和Hausdorff距离来提高准确度，但局限性在于：一是不能控制整个场景亮度的快速变化以及不能应对场景非常亮或非常暗的情况；二是运动补偿技术并不能处理多层运动的快速运动物体。为了克服这两个缺陷，可以采用多层运动补偿及将特征算法、基于亮度的算法和像素匹配等其他特征集成在一起形成综合多种特征的模糊逻辑镜头检测，以提高效率和准确率。

6）距离差异法

距离差异法是边界变化率算法的一个延伸和扩展。利用Hausdorff距离比较视频帧之间边缘特性差异，这种差异体现在各个小区域新出现及刚消失边缘点的数量之和。这种方法不但受光照条件变化影响不大，而且能在某种程度上抵消物体和镜头的运动。

7）聚类算法

由于在一个镜头中，各帧的内容具有很强的相似性，并且各帧间在时间上也是接近的，因此，便可以用聚类算法来实现镜头的分割。目前这种方法对于切变镜头的检测较为有效，但是它还无法直接用于渐变镜头的检测。一些学者根据这一思想提出了视频迹（Video Trail）的检测方法，即将n维特征空间上的每帧对应的点按帧的播放顺序排列连接起来，形成一个轨迹，称之为视频迹。对应于一个镜头内的那段轨迹中的点往往聚集在n维特征空间上一段较小的区域内，并且具有较大的点密度。从而视频序列的镜头分割问题就转换成将一段视频迹切分成一些具有一定特征的子迹，每段子迹对应着一个镜头或渐变镜头的过渡帧序列。与一些常规算法进行比较，其检测率高出近10个百分点。但是这种方法对摄像机的运动及大物体的运动仍然十分敏感，因此在应用此算法的同时要首先剔除一些全局摄像机的运动，以达到更好的检测效果。

以上七种方法为像素域中镜头边界检测的常用方法，表7-1列出了这七种方法的综合比较。由于这类方法大都需要根据经验选择检测门限，而普适的阈值又不存在，因此如何找到一种自适应阈值的方法是当前视频分割研究的热点。再者，这类方法会受到全局和局部运动的影响，因此如何识别全局和部分的运动来提高检测精度也是亟待解决的问题。

表7-1　像素域中七种方法的综合比较

主要方法	对运动的敏感性	计算复杂度	受干扰影响	查准率
像素差异法	敏感	高	敏感	75%以上
统计量法	敏感	高	不敏感	约87%
直方图法	较敏感	较高	不敏感	90%以上
块匹配法	不敏感	低	不敏感	约82%
边界变化率法	不敏感	高	敏感	约88%
距离差异法	较敏感	较高	不敏感	约80%
聚类算法	敏感	低	较敏感	70%以上

注：表中的查准率是指在查全率（Recall）最高时的查准率（Precision），其数值是相关文献中渐变检测的最大值的平均值。

2. 压缩域中的镜头边界检测方法

绝大多数视频序列是以压缩格式存储的，对这些压缩格式的视频流直接进行镜头边界检测被认为是一种高效的检测方法。近年来越来越多的研究者把关注的焦点集中到压缩域中边界检测方法的研究上。

1) 离散余弦变换(Discrete Cosine Transform，DCT)系数法

由于频域中的变换系数是与像素域紧密相关的，因此 DCT 系数可以用于压缩视频序列中的镜头边界检测。首先计算相邻帧间的 DCT 系数的差值，然后将其与某一预先设定的阈值进行比较，从而作出场景切换的判决。若该差值大于某一预先设定的阈值，就认为发生了场景切换。对于 MPEG 视频序列而言，只有 I 帧在压缩时才包含 DCT 系数，因此这种技术无法直接用于 B 帧与 P 帧。此外，这种技术也容易导致误判。为此，人们使用 DC 系数来解决这一问题。B 帧和 P 帧的 DC 系数需要通过运动补偿来求得。计算帧间 DC 系数的差值之和，并将其作为两帧之间的相似性度量。该方法虽然可以提高运算速度，但是在像素值相似且密度函数不同的两帧之间会造成误检。

2) 小波变换法

小波变换法是在子带域上对镜头边界进行检测的一种检测方法，其基本思想是将图像进行小波分解后，分别对它的低频部分和高频部分进行分析和处理。在其低频部分利用彩色直方图(Color Histogram)的方法可以检测出突变；在其高频部分应用边界计数(Edge Count)、边界幅度平均(Edge Spectrum Average)以及双彩色差分(Double Chromatic Difference)等算法即可分辨出渐变镜头边界。该算法的优点是计算复杂度比较低。另外在该算法中加入适当的平滑滤波可以消除噪声的干扰，同时可以抑制低速的摄像机和物体的运动，从而提高检测效率。有研究者提出将直方图的方法应用于此，即计算连续两帧图像从低频到高频的低通子带的直方图，再利用二次比较的方法找出渐变过渡的镜头，取得了很好的效果。小波分析在各个领域得到了广泛应用，今后会有更大的发展。

3) 空时分析法

空时分析法利用图像在空间上的特点以及其在时间上与前后帧图像间的相关性来检测渐变过渡。

例如，有学者提出了基于联合概率图像(Joint Probability Images，JPI)空时特性分析的方法，该方法利用连续两幅图像间亮度的联合概率来检测溶解过渡，取得了较好的检测效果。由于该方法默认各种渐变过渡是线性的，而实际情况并非如此，因此也容易导致误检。目前，基于空时相关性的方法是研究渐变镜头检测的热门方向之一。

4) 矢量量化法

根据编译码理论，最好的接收形式是矢量而不是标量。因此，矢量量化的技术无论是在传输中还是在检索中都非常重要。根据这一特点，很多学者将矢量量化的方法应用到视频渐变检测中，其基本思想是构造相似性函数，通过帧间相似性来检测镜头的变化。

如果当前帧与当前镜头的第一帧之间的差值大于预先给定的阈值，则表示检测出渐变过渡，但是这种检测方法受到视频压缩比的影响。通常情况下，压缩比越小，检测效果越好。因此，此类方法的未来工作就是要找到一种在各种压缩比下及各种不同的压缩视频下都能有良好的检测效果的综合方法。

5）运动矢量法

在渐变检测中，运动分析是一个非常重要的检测手段，它对于描述视频的内容具有非常重要的作用，许多专家、学者在这方面做了很多的研究工作。从视频序列中估计出来的运动矢量在同一个镜头中是相对连续的，而在不同镜头之间则不存在这种连续性，利用这一点可以检测渐变镜头。由于带有摄像机运动的镜头可能被错误地认为是渐变的，因此，可以用运动矢量去判断从块匹配中所检测出的渐变镜头是不是由摄像机运动（如 Zoom 和 Pan）引起的，从而提高检测的准确率。该方法可以很好地从突变镜头中识别出渐变镜头，但是并不能确定镜头的边界，因此未来还有较大的发展空间。

表 7-2 列出了上述五种压缩域中渐变镜头检测方法的综合比较。总体来看，该类算法检测精度不太高，但是速度却是相当快的。

表 7-2　压缩域中五种渐变镜头方法的综合比较

主要方法	对运动的敏感性	计算复杂度	受干扰影响	查准率
DCT 系数法	敏感	高	敏感	99%
小波变换法	不敏感	低	不敏感	90%以上
空时分析法	敏感	较高	不敏感	70%以上
矢量量化法	敏感	较低	不敏感	90%以上
运动矢量法	较敏感	较低	敏感	75%以上

注：表中的查准率是指在查全率（Recall）最高时的查准率（Precision），其数值是相关文献中渐变镜头检测值中的最大值。

7.3.3　视频关键帧提取

关键帧也称为代表帧，它是用来描述一个镜头的关键图像帧，反映了一个镜头的主要内容。把它作为视频流的索引，比用原始的视频数据更有效，同时关键帧也为检索和浏览视频提供了一个组织框架。

通过镜头检测可以将输入的视频序列分割成其基本单元——镜头的集合。在此基础上可以对每个镜头进行关键帧提取，并用关键帧简洁地表达镜头。这是因为每个镜头都是在同一个场景下拍摄的，同一个镜头中的相邻帧之间有相当多的重复信息。一个镜头的关键帧就是反映该镜头中主要信息内容的一帧图像或若干帧图像。由于视频数据量巨大，在存储容量有限的情况下，通常仅存储镜头关键帧，这样可以节约存储资源，提高存储效率。由此可见，提取关键帧无论是在数据存储，还是在镜头的表达方面都起着重要的作用。同样提取关键帧的方法也可以分为基于压缩域和基于非压缩域两大类。下面分析基于非压缩域和基于压缩域中关键帧的提取算法。

1. 非压缩域关键帧提取算法

1）基于镜头边界法

基于镜头边界法是指由切分得到的镜头中的第一幅图像和最后一幅图像作为镜头关键帧。这种方法的原理和思想是：在一组镜头中，相邻图像帧之间的特征变化很少，整个镜头中图像帧的特征变化也不大，因此选择镜头的第一帧和最后一帧可以将镜头的内容全部表达出来。

基于镜头边界法容易实现，目前被许多研究人员所采用。但是它没有考虑当前镜头视觉内容的复杂性，并且限制了镜头关键帧个数，使长短不同和内容不同的视频镜头都有相同个数的关键帧，这显然是不合理的。事实上首帧和尾帧往往并非关键帧，不能精确地代表镜头信息。联系前面叙述的镜头分割算法，如果镜头的分割出现了误差，那么这样选择的关键帧就较为杂乱了。

2）基于平均值法

基于平均值法包括帧平均法和直方图平均法，这两种方法是关键帧提取的经典方法。帧平均法是指从镜头中取所有帧在某个位置上像素值的平均值，然后将镜头中该点位置的像素值最接近平均值的帧作为关键帧；直方图平均法则是将镜头中所有帧的统计直方图取平均值，然后选择与该平均直方图最接近的帧作为关键帧。平均值法的优点是计算比较简单；缺点是从一个镜头中选取一个关键帧，无法准确描述有多个物体运动的镜头。

3）基于内容的自适应提取算法

基于内容的自适应提取算法的基础是基于内容的，因此必须分析视频图像的局部特征变化。该算法在理论上首先假设用连续关键帧之间特征点的变化来代表连续单元之间的特征变化。在此基础上，该算法的具体操作步骤如下：

（1）设视频镜头 S 的总帧数为 n，预计提取的关键帧数为 $n' = n \times 6\%$，将其划分为长度均为 L 的小单元，使得相邻两单元中的第一帧和最后一帧相同。

（2）定义差异度量 Change $= D_c(R_i, R_{i+1}$，R_i 表示第 i 帧的颜色直方图），此处 D_c 用来计算相邻两帧的颜色直方图的帧间方差值。在每个单元内计算第一帧和最后一帧的差异。

（3）选择率值 r，$0 < r < 1$，将分组根据单元内的变化分为两类，第一类为变化小的，长度为 $k \times r$，称为小类，k 为一个常数。剩下的则为变化较大的，长度为 $k \times (1-r)$，称为大类。

（4）将大类中的元素对应的单元所包含的帧全部作为当前的关键帧，将小类对应单元中所包含的帧只保留首、末两帧添加到当前关键帧，删除 $k \times r \times (L-2)$ 的冗余帧。

（5）假设当前取得的关键帧数为 n'，如果 $n' \leqslant n$，则停止。如果 $n' \geqslant n$，将当前关键帧按序重组。重复进行上述操作，直到满足条件为止。

通过研究发现，基于内容的自适应提取算法的主要思想是将单元内特征变化小的逐渐缩小聚合，这样经过几次重复，剩下的将是单元内特征变化大的，而其中这些帧就可以用来表达视频内容的变化，每次缩小聚合的执行都会有冗余的帧从小单元中删除，不论期望数有多少，算法最终都将收敛。

该算法在具体应用中，最主要的难点就是确定单元长度 L 和率值 r，它们的选取直接影响到算法的效率。理论上，L 越小，得到的效果越好，但这样是以增长计算时间为代价的。一般情况下镜头内包含的帧数较少，因此不会影响效率。而在长镜头中，开始选取的 L 值对选取结果影响不大，因此可以先选用较大的 L 值，这样可以节约时间，在所剩帧数为总数的 $20\% \sim 30\%$ 时，改用较小的 L 值，这样就在节约时间开销和保证效率之间找到了一个平衡点。对于 r 值的选取，显然是越大算法收敛得越快，但实际中并不是这样。实验证明，一般取 $r = 0.3$ 左右可以得到较好的结果。

4）基于运动分析法

在视频拍摄过程中，摄像机运动是产生图像变化的重要因素，这也可以作为提取关键帧的一个依据。这种方法将摄像机造成的图像变化分成两类：一类是由相机焦距变化而引起的；另一类是由相机角度变化而引起的。对于第一类，选择首、末两帧作为关键帧。对于第二类，如果当前帧与前一帧重叠小于30%，则选当前帧为关键帧。

5）基于聚类的关键帧提取算法

聚类分析的方法在语音识别、人工智能和模式识别等领域都有十分广泛的应用。聚类分析是给定大量的样本，在不知道样本的分类，甚至连样本分成几类也不知道的情况下，希望用某种方法将观测进行合理的分类，使同一类的观测比较接近，不同类的观测相差较多。它是无监督学习算法的一种。聚类分析依赖于对观测间的接近程度或相似程度的理解，定义不同的距离量度和相似性量度就可以产生不同的聚类结果。将它用于提取视频关键帧也是现在的主流技术。

基于聚类的关键帧提取算法大致描述如下：

（1）假设某个镜头 S_i 包含 n 个图像帧，可以表示为 $S_i = \{F_{i1}, \cdots, F_{in}\}$，其中，$F_{i1}$ 为首帧，F_{in} 为尾帧。设定相邻两帧之间的相似度度量。相似度度量可以采用任何有用的视觉或语义特征，也可以是各种特征的组合。在此我们以颜色直方图为例，并预定义一个阈值 s 控制聚类的密度。

（2）计算当前帧 F_{ii} 与现有某个聚类质心间的距离。如果当前位于首帧，将第一帧作为第一个聚类与其后的图像帧相比较。

（3）如果该值大于 s，则该帧与该聚类之间的距离太大，不能加入。如果 F_{ii} 与所有现存类质心的距离都小于 s，则以 F_{ii} 为质心形成一个新的聚类。否则，将该帧加入与之相似度最大的聚类中，使该帧与这个聚类的质心之间的距离最小，并调整该聚类的质心为

$$\text{centrod}' = \frac{\text{centrod} \times F_n}{(F_n + 1) \times F_{ii}} \tag{7-56}$$

式中，centrod、centrod′ 和 F_n 分别是聚类群原有的质心、更新后的质心和聚类群的总帧数。

（4）在整个镜头聚类完成后，就可以选择关键帧，从每个聚类中抽取距离质心最近的帧作为这个聚类的代表帧，所有聚类的代表帧就构成了镜头 S_i 的关键帧。镜头 S_i 形成了 N 个聚类，那么就可以提取 N 个关键帧。算法的优劣主要由阈值 s 控制，s 越大，形成的聚类越多，镜头划分越细，选择的关键帧越多；反之，s 越小，形成的聚类个数越少，镜头划分越粗。

基于聚类的关键帧提取算法不但计算效率高，而且还能有效地获取视频镜头的显著视觉内容。该方法仅依赖于当前帧与前面的帧，这个特性有利于实现在线关键帧提取。聚类算法中利用质心计算帧间距离的方法既抽象地考虑了图像组成，又兼顾了位置关系。聚类算法实际是一个非监督过程，用户只需提供聚类参数 s，聚类和关键帧提取可自动完成，效率非常高。聚类算法的难点是参数 s 选择是否恰当。对于不同的应用，s 的差别很大，很难获取一个普遍的聚类参数。这也是目前聚类算法研究的重点。

6）基于图论分析法

基于图论分析法是关键帧提取算法在理论上的最新进展之一。该方法将视频看成高维特征空间上的点。这样，提取关键帧就等价于在这些点中选取一个子集，这个子集中的点

的特点是：一是能在指定特征距离内覆盖其他点；二是反映了镜头内容上的显著变化。Chang 等人将镜头看成邻接图，每一帧都是图上的一个顶点，因此关键帧的提取问题就等价于顶点覆盖问题，即期望找到一个最小的顶点覆盖以使顶点和它们的邻接点之间的特征距离和最小，不过这是一个 NP(Non-deterministic Polynomial)完全问题(即多项式复杂程度的非确定性问题)，因此使用了一个次优化方法。与 Chang 的观点不同，德芒东(Dementhon)与 Zhao 等人将关键帧提取转化为曲线分割问题。他们把镜头看成特征轨迹或高维空间点组成的曲线，所以关键帧选取转化为检测曲线结合或分裂的点。基于这种想法，德芒东进一步提出了利用递归的标识曲线连接点得到分层次的关键帧的方法。

2．压缩域视频关键帧提取算法

1）I 帧等价算法

上节讨论的方法都是针对非压缩域的视频流，直接分析镜头内的帧，但目前网络上的很多视频都是以 MPEG 等压缩形式存取的。如果将其应用到 MPEG 压缩流，在每次算法计算之前，都要解压缩视频流中的每一帧图像，这样计算量大，算法效率低。根据 MPEG 标准，视频流由图像帧构成，而图像帧分为 I 帧、P 帧和 B 帧(或 D 帧)三种类型，并且 MPEG 视频编码要求大约每 13 帧就要有一个 I 帧。由不被打断的连续画面组成的镜头，其播放时间以秒为单位才有意义。故按画面频率 24 帧/秒计算，每个镜头内必然包含 I 帧。因此我们可以从视频流中提取 I 帧，将原始的视频流等价为由 I 帧构成的视频流。在此基础上，应用前面的各种方法，分析相邻 I 帧的连续性和相似性，从而进行关键帧的提取。

2）比较宏块互异数算法

根据 MPEG 数据流编码的特性，还有一些专门的提取关键帧方法。其中比较典型的方法是比较宏块互异数算法。在 MPEG 标准中，图像压缩是基于 DCT 变化的，并且该变化是以小图块(8×8 像素块)为变换的基本单元。DCT 系数的直流分量很容易获取，它是宏块均值的 8 倍，而且宏块是三个颜色分量的最小单位，因此相邻画面宏块的互异数能够很好地反映画面的连续性和相似性。通过将 I 帧的宏块互异数与预定的互异阈值相比较，就可以提取关键帧了。

3．关键帧提取结果示例

有三类镜头是视频中最常见的，第一类是摄像机缩放镜头，第二类是具有丰富运动特性的镜头，第三类是摄像机平移镜头。下面分别给出这三类具有代表性的镜头的关键帧提取结果示例。

1）摄像机缩放镜头的关键帧提取

图 7 - 35 显示了一个含有 186 帧的摄像机缩放镜头以 30 帧为抽样间隔的抽样帧。图 7 - 36 显示了从这段视频中抽取出的关键帧。可以看到，抽取的关键帧很好地表示了整个缩放镜头的内容。

2）具有丰富运动特性的镜头的关键帧提取

具有丰富运动特性的镜头在视频中较为常见。图 7 - 37 是从包含了 395 帧的丰富运动场景镜头中的 50 帧为采样间隔的抽样帧。图 7 - 38 则给出了从这段视频中抽取出的关键帧。

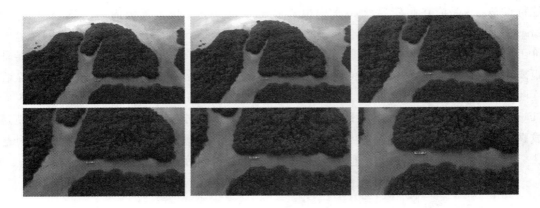

图 7 - 35　摄像机缩放镜头的抽样帧

图 7 - 36　摄像机缩放镜头的关键帧

图 7 - 37　丰富运动特性的镜头的抽样帧

图 7 - 38　丰富运动特性的镜头的关键帧

3）摄像机平移镜头的关键帧提取

对于摄像机平移镜头，实验中选取了一段含有 263 帧的足球比赛视频。图 7 - 39 为这段视频的每隔 50 帧的抽样帧。图 7 - 40 给出了我们在这段视频中抽取出的关键帧。

图 7 - 39　摄像机平移镜头的抽样帧

（a）第76帧　　　　　　　（b）第211帧

图 7 - 40　摄像机平移镜头的关键帧

4）基于多模式的新闻视频中主持人帧检测和提取

对于已得到的候选主持人关键帧和我们提取到的主持人模板进行模板匹配的过程，实质上是一个类似图像检索的过程。所不同的是，候选主持人帧中找到的并不一定是与模板完全匹配的镜头帧，而是相似的主持人帧。该检测方法的具体步骤如下：

步骤1：从音频检测中找到音乐向语音过渡的静音帧（即新闻的开始部分），如果其长度大于某一阈值，则将其后面的视频帧作为主持人帧；

步骤2：提取出主持人帧模板；

步骤3：提取镜头的第一帧作为关键帧，进行模板匹配，从而减少了运算复杂度以及阈值选择带来的误差；

步骤4：用检测到的主持人帧对新闻视频进行粗分类。

图7-41(a)为主持人镜头模板帧，图7-41(b)为提取出的主持人关键帧。

(a) 主持人镜头模板帧　　　　　　　　　(b) 提取出的主持人关键帧

图 7-41　基于多模式的新闻视频中主持人帧检测和提取

7.3.4　视频目标检测

随着计算机视觉理论和算法研究的发展以及计算机硬件性能的提高，如何让计算机具有人的理解能力这一问题越来越受到研究人员的关注。作为计算机视觉的重要组成部分，基于视频的目标检测与跟踪技术通过图像处理技术确定视野中是否存在目标和目标的位置，以及在完成目标检测的基础上实现对目标的跟踪。

视频目标检测与跟踪技术在人机交互、安防监控以及基于视频的存储和检索等领域有着巨大的应用前景和经济价值，从而激发了广大学者和研究人员的浓厚兴趣。在军事上，该技术可以应用于战斗机、坦克和舰艇等武器装备，提高飞机、车辆、船只的机动侦察能力，实现对目标的实时跟踪与打击；另外，在精确制导武器上的应用可以提高武器的命中率，增强部队的战斗能力。除了军事应用外，该技术在民用领域也有着十分广泛的应用，如智能制造中产品的质量检验、智能交通系统中对道路状况的实时监控与调度、对视频中人脸图像或字幕的定位与检测等。

鉴于视频目标检测与跟踪技术在军用和民用上具有巨大的应用价值，在该领域开展研究有着极其重要的意义。本章将在介绍基于视频的目标检测方法的基础上，对视频序列中字幕检测和视频序列中人脸检测进行详细介绍。

1. 基于视频的目标检测方法

目标是指一个待探测、定位、识别和确认的物体。目标检测分为纯检测和辨别检测，前者是指从局部均匀的背景中检测出一个物体，后者是指识别出某些外形或形状，以便从背景的杂乱物体中区分出来。如何从图像中检测出目标是计算机视觉的基础问题之一，目标的检测可以在静态图像中进行，也可以在视频序列中进行。对于静态图像中目标的检测，可以采用基于图像分割技术的方法。它利用目标图像的灰度、纹理等特征将目标和背景分开，再利用先验知识将两者进行分离。同时也可以采用基于模板匹配的方法，这种方法根据已有的模板在场景中匹配寻找最相似的目标。静态图像中的目标检测在本章中不再介绍，在这里我们主要介绍视频序列中的目标检测方法。常见的基于视频的运动目标检测方法主要有以下几种。

1) 背景相减法

背景相减法是利用当前帧图像与背景帧图像对应的灰度值相减，在环境亮度变化不大的情况下，认为像素灰度差值很小时，物体是静止的；当像素灰度值变化很大时，认为该区域是由运动物体引起的。背景相减法的关键技术在于对图像背景进行建模，然后将当前帧与背景帧对应灰度值进行比较，获得运动变化区域。背景相减法的算法简单，但其对光照、运动目标阴影的变化比较敏感，并且当摄像机运动时该算法需要不断更新背景模型，检测效果较差。

2) 邻帧差分法

邻帧差分法是将相邻帧对应的像素点灰度值相减，在环境变化不大的情况下，可以认为灰度变化大的区域是由物体运动引起的，利用这些标志像素的区域即可确定目标在图像中的大小和位置。该算法的优点是对于像素灰度变化明显的点容易检测且利于实时实现，缺点首先是对于像素变化较小的点难以准确检测，如纹理单一的目标往往出现空洞现象，还需要利用相关算法进行填充，其次对光照变化、背景变化和噪声干扰无能为力。因此该算法只适合背景单一或背景不变、环境干扰较小场合的目标检测。

邻帧差分法有三种形式：正差分、负差分和全差分。图 7-42(a)和 7-42(b)是视频序列中连续两帧，图 7-42(c)和图 7-42(d)分别为正差分和负差分检测结果，与图 7-42(e)所示的全差分检测结果相比较，全差分效果最好。

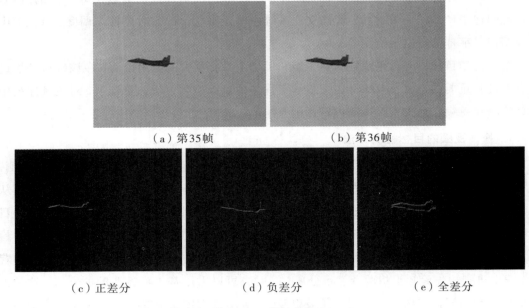

（a）第35帧　　　　　　　　　（b）第36帧

（c）正差分　　　　　　（d）负差分　　　　　　（e）全差分

图 7-42　邻帧差分法

3）光流法

光流法是利用运动目标随时间变化的光流特性，计算位移向量光流场来初始化基于轮廓的跟踪算法，从而提取出运动目标。与邻帧差分法和背景相减法不同的是，光流法可以用于摄像机静止和摄像机运动两种状态下的运动目标检测，但该算法比较复杂，不利于硬件实现。

2. 视频序列中字幕检测

为了更好地理解各种字幕检测与提取算法的思想，有必要对字幕的特点进行说明。视频字幕可以分为两类：一类是标注字幕，这种字幕是通过后期制作合成到视频流中去的，包含了对当前视频流内容的语义描述；另一类是场景字幕，这类字幕是录制中环境和物体本身所携带的文字，如路牌上的路名、服装上的文字和产品上的商标等。尽管有些场景字幕也蕴涵了语义信息，但是由于场景字幕出现具有偶然性，而且不同场景字幕之间的差异较大，很难寻找出所有场景字幕的共同特征进行识别，因此我们介绍的视频字幕属于标注字幕。

与光学字符识别（Optical Character Recognition，OCR）相比，视频字幕的提取面临如下几个问题：① 视频图像的复杂背景使字幕提取和分割极其困难；② 为避免遮挡图像的主体部分，许多视频字符的尺寸都相当小且分辨率低；③ 数字视频采用有损压缩方式的格式存储，再次降低了其分辨率。

另外，视频字幕一般有几个特点：① 字幕的尺寸限定在一定的范围之内；② 采用通用且规范的粗笔画字体，如黑体和宋体等；③ 字幕按照水平方向排列形式聚集在一起；④ 采用边影，边影是字幕前景或衬底颜色的补色。利用这些特性，可以降低字幕的提取难度，并使提取出的字幕具有更高的准确性。

近年来出现了许多字幕检测提取方法，它们大致可分为三类：连通分量法、纹理分类法和边缘检测法。

（1）连通分量法。连通分量法是假设字幕被表示为统一的颜色，经过颜色量化后，提取出符合某种大小、形状和空间限制条件的单色连通分量作为字符。这种方法在背景杂乱的情况下有效性较低。

（2）纹理分类法。纹理分类法是将字幕区作为一类特殊的纹理来处理，通过多路处理和计算空间变化来提取纹理特征或者利用神经网络检测字幕区。总体上讲，在处理复杂背景时，纹理分类法比连通分量法更有效。然而，当背景具有与字幕区相似的纹理结构时，纹理分类法将变得更困难。此外，对大量的视频数据，由于计算复杂性，许多纹理分类方法不适用。

（3）边缘检测法。近年来，边缘检测法被广泛应用于字幕检测技术中，这是因为字符由行组成，使得字幕区包含丰富的边缘信息，利用字幕边缘的高频信息，能有效地从背景中分离出字幕。当然，如果场景中其他物体和结构也包含很强的边缘，该方法的可靠性也会降低。

下面给出一个视频序列字幕检测示例。

在检测出了相应的字幕帧后，进行字幕定位，主要是字幕行的检测和字幕列的检测，分别如图 7-43 和图 7-44 所示。然后进行字幕提取，主要是进行字幕增强和切分字幕，分别如图 7-45 和图 7-46 所示。

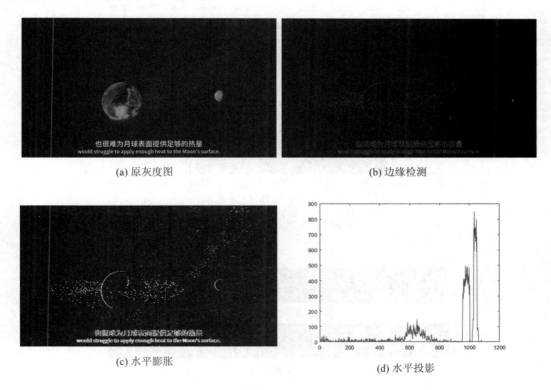

(a) 原灰度图　　　　　　　　　　　　　(b) 边缘检测

(c) 水平膨胀　　　　　　　　　　　　　(d) 水平投影

图 7-43　字幕行的检测

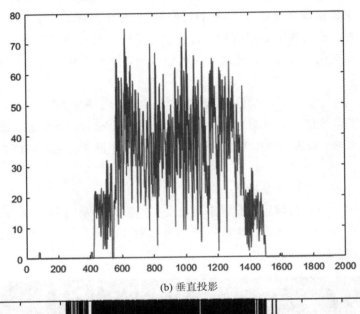

(a) 取出的第一行字幕膨胀结果

(b) 垂直投影

(c) 二值化

图 7 - 44 字幕列的检测

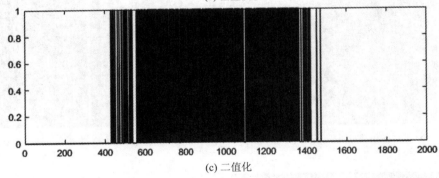

(a) 出现字幕的第一帧

(b) 多帧平均

图 7 - 45 字幕增强

也很难为月球表面提供足够的热量
would struggle to apply enough heat to the Moon's surface.

图 7 - 46 切分字幕

3. 视频序列中人脸检测

传统的人脸检测的基本思想是用知识或统计的方法对人脸进行建模，比较所有可能的待检测区域与人脸模型的匹配度，从而得到可能存在人脸的区域。其方法大致可分为基于统计和基于知识两类。前者将人脸图像视为一个高维向量，从而将人脸检测问题转化为高维空间中分布信号的检测问题；而后者则利用人的知识建立若干规则，从而将人脸检测问题转化为假设/验证问题。

1）基于统计的人脸检测方法

（1）示例学习：将人脸检测视为区分非人脸样本与人脸样本的两类模式分类问题，通过对人脸样本集和非人脸样本集进行学习以产生分类器。目前国际上普遍采用人工神经网络方法。

（2）子空间方法：彼特兰(Pentland)等人将 K-L 变换引入了人脸检测，在人脸识别中利用的是主元子空间(特征脸)，而在人脸检测中利用的是次元子空间(特征脸空间的补空间)。用待检测区域在次元子空间上的投影能量，即待检测区域到特征脸子空间的距离作为检测统计量，距离越小，表明越像人脸。子空间方法的特点在于简便易行，但由于其没有利用反例样本信息，因此对与人脸类似的物体辨别能力不足。

（3）空间匹配滤波器方法：包括各种模板匹配方法、合成辨别函数方法等。

2）基于知识建模的人脸检测方法

（1）器官分布规则：虽然人脸在外观上变化很大，但是它遵循一些几乎是普遍适用的规则，如五官的空间位置分布大致符合"三停五眼"等。检测图像中是否有人脸，即测试该图像中是否存在满足这些规则的图像块。这种方法一般有两种思路：一种思路是"从上到下"，其中最为简单有效的是 Yang 等人提出的 Mosaic 方法，该方法给出了基于人脸区域灰度分布的规则，依据这些规则对图像从粗分辨率到高分辨率进行筛选，以样本满足这些规则的程度作为检测的判据；另一种思路则是"从下至上"，先直接检测几个器官可能分布的位置，然后将这些位置点分别组合，用器官分布的几何关系准则进行筛选，找到可能存在的人脸。

（2）轮廓规则：人脸的轮廓可以近似地看成一个椭圆，而人脸检测可以通过椭圆检测来完成。Goyindaraju 提出认知模型方法，将人脸建模为两条直线(左右两侧面颊)和上下两个弧(头部和下巴)，通过修正 Hough 变换来检测直线和弧。坦库斯(Tankus)则利用凸检测的方法进行人脸检测。

（3）颜色、纹理规则：同民族人的面部肤色在颜色空间中的分布相对比较集中，因此颜色信息在一定程度上可以将人脸同大部分背景区分开来。Lee 等人设计了肤色模型表征人脸颜色，利用感光模型进行复杂背景下人脸器官的检测与分割。Dai 利用了 SGLD(空间灰度共生矩阵)纹理图信息作为特征进行低分辨率的人脸检测。萨贝尔(Saber)等人则将颜色、形状等结合在一起来进行人脸检测。

（4）运动规则：通常相对背景人脸总是在相对运动，利用运动信息可以简单有效地将人脸从任意复杂背景中分割出来，其中包括利用眨眼、说话等的活体人脸检测方法。

（5）对称性规则：人脸具有一定的轴对称性，各器官也具有一定的对称性。Zabrodshky

提出了连续对称性检测方法,通过检测一个圆形区域的对称性,从而确定是否为人脸。瑞瑟菲尔德(Riesfield)提出广义对称变换方法,检测局部对称性强的点来进行人脸器官定位。还有学者则定义方向对称变换,分别在不同方向上考察对称性,不仅能够用来寻找强对称点,而且可以描述有强对称性物体的形状信息,在进行人脸器官定位时更为有效。

实践证明,基于统计的人脸检测方法准确率高,但计算复杂,时间花费量大;基于知识建模的人脸检测方法计算简单,但精度不高。因此,这些方法和规则各有优缺点,在具体实现算法的过程中可全面分析比较,结合使用。

3)视频序列人脸检测示例

下面给出一个基于归一化 RGB 颜色空间的视频序列人脸检测示例。

(1)提取肤色区域。首先,使用 XingMPEG Player 从已有的视频序列中抓取 50 幅含人脸的 BMP 图像作为样本,图 7-47 为其中一幅含人脸的 BMP 图像。

再从这 50 幅含人脸的 BMP 图像中提取出 50 幅人脸图像。从图 7-47 所示的 BMP 图像中提取出的人脸图像如图 7-48 所示。

图 7-47 含人脸的 BMP 图像

图 7-48 提取出的人脸图像

将每幅人脸图像从 RGB 空间转化到归一化 RGB 空间,即将图像每个像素点的输入 $\boldsymbol{X}=(R \quad G \quad B)^{\mathrm{T}}$ 转换为 $\boldsymbol{X}=(r \quad g \quad b)^{\mathrm{T}}$。

基于样本为背景复杂的新闻视频序列,要求算法对人脸的大小、数量、姿态和角度及光强、阴影、光线变化均不敏感。在这样的情况下,通过对人脸检测与定位各种算法的分析与比较,采用建立高斯模型的方法是比较合适的。

接下来,统计上一步获得的 50 幅人脸图像在归一化 R-G 空间的统计直方图,如图 7-49 所示。

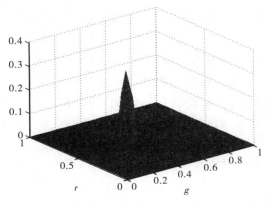
图 7-49 人脸图像在归一化 R-G 空间的统计直方图

由统计直方图可以看出，人脸图像在归一化 R - G 空间符合二维高斯分布。

我们知道，n 维正态随机变量 $(X_1 \quad X_2 \quad \cdots \quad X_n)$ 的概率密度为

$$f(x_1 \quad x_2 \quad \cdots \quad x_n) = \frac{1}{(2\pi)^{n/2}|\boldsymbol{C}|^{1/2}} \exp\left\{-\frac{1}{2}(\boldsymbol{X}-\boldsymbol{\mu})^{\mathrm{T}}\boldsymbol{C}^{-1}(\boldsymbol{X}-\boldsymbol{\mu})\right\} \tag{7-57}$$

式中，$\boldsymbol{X} = \begin{pmatrix} x_1 \\ x_2 \\ \vdots \\ x_n \end{pmatrix}$；$\boldsymbol{\mu} = \begin{pmatrix} \mu_1 \\ \mu_2 \\ \vdots \\ \mu_n \end{pmatrix} = \begin{pmatrix} E(X_1) \\ E(X_2) \\ \vdots \\ E(X_n) \end{pmatrix}$；协方差矩阵 $\boldsymbol{C} = \begin{pmatrix} c_{11} & c_{12} & \cdots & c_{1n} \\ c_{21} & c_{22} & \cdots & c_{2n} \\ \vdots & \vdots & & \vdots \\ c_{n1} & c_{n2} & \cdots & c_{nn} \end{pmatrix}$；$c_{ij} =$

$E\{[X_i - E(X_i)] \cdot [X_j - E(x_j)]\}$，$i, j = 1, 2, \cdots, n$。

因此，二维正态随机变量 $(r \ g)$ 的概率密度为

$$f(r \ g) = \frac{1}{2\pi|\boldsymbol{C}|^{1/2}} \exp\left\{-\frac{1}{2}(\boldsymbol{X}-\boldsymbol{\mu})^{\mathrm{T}}\boldsymbol{C}^{-1}(\boldsymbol{X}-\boldsymbol{\mu})\right\} \tag{7-58}$$

式中，$\boldsymbol{X} = \begin{pmatrix} r \\ g \end{pmatrix}$；$\boldsymbol{\mu} = \begin{pmatrix} \mu_r \\ \mu_g \end{pmatrix}$。

协方差矩阵 $\boldsymbol{C}$ 为

$$\boldsymbol{C} = \begin{pmatrix} c_{rr} & c_{rg} \\ c_{gr} & c_{gg} \end{pmatrix} \tag{7-59}$$

对图 7 - 49 所示的直方图运用以上三个公式，可计算得到 $\boldsymbol{\mu} = \begin{pmatrix} 0.4125 \\ 0.3163 \end{pmatrix}$、

$\boldsymbol{C} = \begin{pmatrix} 0.0013 & -0.0003 \\ -0.0003 & 0.0006 \end{pmatrix}$。

这样对于每个输入 $\boldsymbol{X} = (r \quad g)^{\mathrm{T}}$ 可计算得到相应的概率密度值 $f(r \quad g)$，为减少运算量，我们采用马氏距离 $\boldsymbol{D} = (\boldsymbol{X}-\boldsymbol{\mu})^{\mathrm{T}}\boldsymbol{C}^{-1}(\boldsymbol{X}-\boldsymbol{\mu})$。

根据求出的马氏距离的范围确定经验值门限 T，就可将图像二值化，再经过形态滤波就可提取肤色区域，如图 7 - 50 所示。

(a) 门限二值化后的图像   (b) 形态滤波后的图像

图 7 - 50 提取肤色区域

然而这样提取出的肤色区域除了人脸区域，还可能包含人的四肢部分和具有类似肤色的颜色的其他区域，因此必须对得到的肤色区域进行判断和选择，才能最终确定是否为人

脸区域。

（2）提取人脸区域。对图像进行连通分量标注，从而能够对图像中每个连通区域依次进行处理，同时可将区域内像素点总数太少的区域予以滤除，经过这样处理后的图像如图7-51所示。

图 7-51　经过连通分量标注的图像

根据人体测量学的研究，人脸近似椭圆，且长短轴之比接近黄金分割。由此，我们可将人脸区域与其他多余区域区分开。

对一个连通区域 C 计算其最符合的椭圆，算法公式如下：

原点矩：$m_{ij} = \sum\limits_{(x\,y) \in C} x^i y^j f(x\,y)$；

中心：$\bar{x} = \dfrac{m_{10}}{m_{00}}, \ \bar{y} = \dfrac{m_{01}}{m_{00}}$；

中心矩：$\mu_{ij} = \sum\limits_{(x\,y) \in C} (x - \bar{x})^i (y - \bar{y})^j f(x\,y)$；

定位角：$\theta = \arctan[(2\mu_{11})/(\mu_{20} - \mu_{02})]/2$；

长短轴：$a = (4/\pi)^{1/4} \left\{ \dfrac{\left[\sum\limits_{(x\,y) \in C} [(x - \bar{x})\sin\theta - (y - \bar{y})\cos\theta]^2 \right]^3}{\sum\limits_{(x\,y) \in C} [(x - \bar{x})\cos\theta - (y - \bar{y})\sin\theta]^2} \right\}^{1/8}$；

$b = (4/\pi)^{1/4} \left\{ \dfrac{\left[\sum\limits_{(x\,y) \in C} [(x - \bar{x})\cos\theta - (y - \bar{y})\sin\theta]^2 \right]^3}{\sum\limits_{(x\,y) \in C} [(x - \bar{x})\sin\theta - (y - \bar{y})\cos\theta]^2} \right\}^{1/8}$。

对每一个连通区域 C 经过计算都可获得这样的一组值：a、b、$t(t = a/b)$、$\bar{x}$、$\bar{y}$。以往的方法是通过对 t 设定经验门限来提取人脸区域，但由于视频序列图像的复杂性，这样做的效果十分不理想，必须找到新的确定门限的方法。

我们发现，当一幅图像中连通区域的个数 l 较少（如 $l = 1, 2, 3$ 时），这些连通区域基本上就是图像中存在的人脸，这时的门限可适当放宽，并且一个门限 t 就足够了；当 l 的个数适中（如 $l = 4, 5$）时，可能获得的连通区域中含有极少数的多余区域，这时我们就需要对多个门限 a，b，t 以及每个连通区域的像素点的个数 h 进行限制；当 l 的个数较多（如 $l = 6$，$7, \cdots$）或 l 为 0 时，就需要在确定马氏距离门限 T 之前对门限进行调整。这样，就可按照上述想法建立自适应的门限。

　　经过上述门限的区域基本上就可以认为是人脸区域，然后根据计算得到的各项数值对人脸区域进行定位(用椭圆标出)，提取并定位的人脸区域如图 7-52 所示。

图 7-52　提取并定位的人脸区域

　　不同情况下的视频序列中的人脸检测结果如图 7-53 所示。其中，每组的第一幅图为门限二值化后的图像；第二幅图为形态滤波后的图像；第三幅图为连通分量标注的图像；第四幅图为提取并定位的人脸区域。

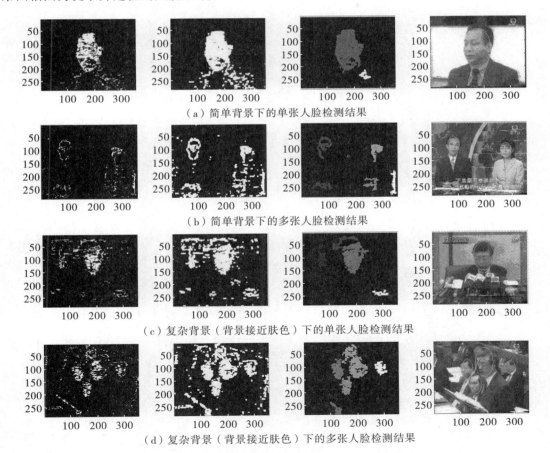

图 7-53　不同情况下的视频序列中的人脸检测结果

7.4 本章小结

本章主要研究数字图像和数字视频的处理技术。在数字图像处理中，重点分析了图像的低层视觉处理(包括空域滤波增强和频域增强)和中层视觉处理(包括边缘点检测、边缘线跟踪、门限化分割和区域分割法)。在数字视频处理中，重点研究了相关关键技术(包括镜头边界检测、视频关键帧提取方法和视频目标检测)。本章旨在介绍数字图像/视频的基本处理方法，为后续多媒体数据的高层处理(如图像检索和语义理解)奠定了理论基础。

第 8 章　基于内容的音频、图像、视频检索技术

自文字产生起，如何快速地从大量的、各种各样的存储媒体中查找或获取信息就成为一个引人注目的问题。这个问题关系到人类如何主动地获取自己需要的知识，因此，文本信息检索技术甚至在古代的书籍编目中就有所体现。但是近一个世纪以来，随着人类的知识以前所未有的速度急剧膨胀，信息存储方式越来越丰富，在海量、多模态的信息库中快速准确地检索成为一种迫切的需求。随着多媒体技术与网络技术的发展，多媒体资源已成为信息资源的重要组成部分，并随着需求的不断增加而迅速增加。面对不断增长的多媒体资源，如何有效地进行查找检索，以便人们能够方便地使用，已成为数据库与多媒体技术研究的一项重要内容。

8.1　多媒体信息检索概述

8.1.1　信息检索

信息检索泛指用户从包含各种信息的文档集中查找所需要的信息或知识的过程。信息检索从手工建立关键字索引的检索，发展到计算机自动索引的全文信息检索，直到现今的基于各种特征描述的，甚至是多种模态（如图像、视频和音频等）下的信息检索。检索方法也从简单地查找关键词发展到现在各种复杂的检索算法并存的局面。信息检索包括对信息的表示、存储、组织和访问等各个环节。不同于以往的数据检索，信息检索既不具有明确的条件定义（如正则表达式等），也不具有良好的结构性和非歧义性；相反，它具有一定的容错性和基于任务的导向性。信息检索的基本处理框架如图 8-1 所示。

8.1.2　多媒体信息检索

多媒体信息检索是指从各种不同种类的复杂媒体资源中寻找所需要的信息或知识的过程，它是信息检索中非常重要的组成部分。与传统的信息检索相比，多媒体信息检索主要有两方面的不同。首先，多媒体资源的结构比起以往典型的文本数据而言更为复杂，需要对大量高维数据进行处理，因此这就需要"多媒体数据处理系统"来表示、存储和访问它们。其次，多媒体资源的检索是基于相似度比较的，因此它的输入、输出方式都是多模态的，不再是以往纯文本的输入、输出方式，这就需要对查询需求等提出更高的要求，如 MPEG-7 就提出了非常详尽的多媒体描述方法。多媒体信息检索的基本框架如图 8-2 所示。它包括多种媒体资源，常见的如图像、音乐、影视和动画等。不同于纯文本文档集，媒体资源不仅容量大、范围广，而且所含的信息多而杂，为了从中更快、更有效地获取所需内容，多媒体信息检索研究迅猛发展。如今，由于媒体种类层出不穷，在多媒体应用的各

个不同领域，需要提出各种不同的检索手段和方法，才能满足使用者日益增长的各种需求。

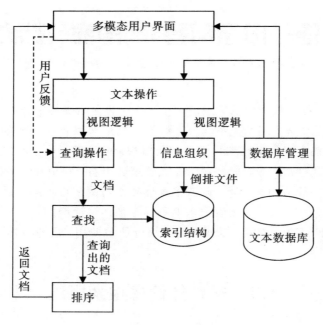

图 8-1 信息检索的基本处理框架

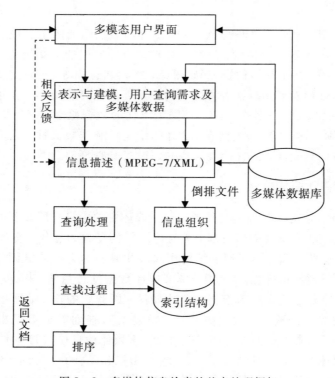

图 8-2 多媒体信息检索的基本处理框架

目前，最为流行的检索就是基于内容的检索，基于内容的检索主要有以下类型。

1）文本检索

文本检索通过关键词进行标引，并采用传统的数据库技术来实现管理和检索。然而，关键词标引工作量大，而且标引同用户的检索概念不一致，导致查准率和查全率较低。因此，就需要直接对文本进行任意词和字的检索。根据实现方法的不同，其检索技术可分为串搜索、串匹配和全文检索，它们以字、词及其逻辑组合为条件进行查询。

2）音频检索

音频检索利用声学和主观的特性来进行查询。声音的一些感知特性，如音调、响度和音色等，与音频信号的测量属性非常接近，因此，可在音频数据库中记录这些特征，并利用这些特征进行示例和特定特征值查询。

3）图像检索

图像检索主要依据图像的颜色、纹理、形状特征以及图像中子图像的特征进行检索。其中包括：颜色查询帮助用户查到与用户所选择的颜色相似的图像；纹理查询则帮助用户查到含有相似纹理的图像；使用形状查询的用户选择某一形状或勾勒一幅草图，利用形状特征（如区域、主轴方向、矩、偏心率、圆形率和正切角等）或匹配主要边界进行检索；图像对象查询是对图像中所包含的静态子对象进行查询。查询条件可以综合利用颜色、纹理、形状特征、逻辑特征和客观属性等。

4）视频检索

视频可用场景、镜头、帧来描述。帧是一幅静态的图像，是组成视频的最小单元。镜头是由一系列帧组成的一段视频，它描绘同一场景，表示的是一个摄像机操作、一个事件或连续的动作，而一个镜头则是由一个或多个关键帧表示的。场景包含多个镜头，针对同一批对象，拍摄的角度不同，表达的含义也不同。基于关键帧的检索对代表视频镜头的关键帧进行检索。关键帧的获取可以采用与图像检索相似的方法。一旦检索到目标关键帧，就可以播放这些关键帧来观看它所代表的视频片段了。

本书仅讨论基于内容的音频、图像和视频检索技术。

8.2　基于内容的音频检索

基于内容的音频信息检索技术（Content-based Audio Information Retrieval，CBAIR）研究如何利用音频的幅度、频谱等物理特征，响度、音高和音色等听觉特征，字词、旋律等语义特征实现基于内容的音频信息检索。近年来，它已成为国内外研究的热点问题之一，引起了各国众多研究机构和学者的广泛重视。

音频信息按内容可以分成语音类和非语音类，非语音类又包括音乐、音效、非规则声音等。语音是人类发出的含语义内容的声音，含有字、词、语法等语素，是一种高度抽象的概念交流媒体；而音乐是人声和（或）乐器声响等配合所构成的一种声音，具有节奏、旋律或和声等语义要素。按照存在的形式，音频信息还可以分为静态音频信息和动态音频信息。静态音频信息是指那些以某种格式保存在文件或数据库中，且可一次性全部获取的音频数据，如以 WAV 格式保存的语音数据、以 MP3 格式保存的歌曲等。动态音频信息是指以数据流的形式出现的、不可预知的音频信息，即实时音频流信息，如广播、电视节目伴音、通信会话中的语音以及网络流媒体中的音频流等。面对这些大量、形式多样的音频数据，如何能够自动、准确、快速地寻找到感兴趣的内容，实现基于内容的音频信息检索，是一个既迫切又具有挑战性的研究课题。由于数据复杂和研究难度大等原因，音频信息检索技术发展水平和文本检索技术相比仍存在很大差距，还有大量问题亟待解决。

不同类型的音频具有不同的音频内容。从整体来看，音频内容可分为四个级别：最底层的物理样本级、中间层的声学特征级、感知特征级和最高层的语义级，如图 8 - 3 所示。按照从低级到高级的顺序，其内容逐级抽象，内容的表示逐级概括。最底层是物理样本级，音频内容呈现的是流媒体形式，用户可以通过时间刻度，检索或调用音频的样本数据，如现在常见的音频录放程序接口。中间层包括声学特征和感知特征。声学特征是从音频数据中自动提取的。一些听觉特征表达用户对音频的感知，可以直接用于检索；一些特征用于语音的识别或检测，支持更高层的内容表示。语义级是对音频内容、音频对象的概念级的描述。在这个级别上，音频的内容是语音识别、检测、辨别的结果，音乐旋律和叙事的说明。中间层和最高层是基于内容的音频检索技术最关心的，在这三个级别上，用户可以提交概念查询或按照听觉感知来查询。

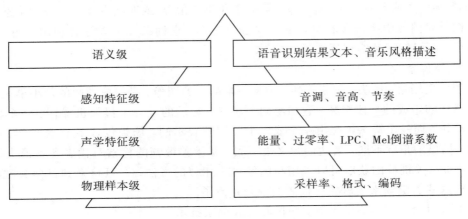

图 8 - 3　音频内容的级别

8.2.1　国内外研究现状

基于内容的音频信息检索技术的研究工作从 20 世纪 90 年代中后期开始。国外的大学及研究机构对音频检索进行了多方面的研究，麻省理工学院、康奈尔大学、南加州大学、卧龙岗大学、欧洲 Euromedia 和欧洲 Eurocom 的语音和音频处理小组等研究机构分别开展了用字词方法进行语音检索、通过哼唱查询、音频分类、结构化音频表示和基于说话人的分割和索引等方面的研究。卡内基梅隆大学的 Informedia 项目结合语音识别、视频分析和文本检索技术支持视频广播的检索。马里兰大学的 VoiceGraph 结合基于内容和基于说话人的查询，检索已知的说话人和词语，并设计了音频图示查询接口。国内的一些研究单位已相继开展了基于内容的音频检索研究，并开发了一些实验系统。主要有浙江大学人工智能研究所对基于内容的音频检索、广播新闻分割等领域进行了深入的研究。中科院声学所信利语音实验室在语音的分类和检索、哼唱检索方面也进行了较为深入的研究，并开发出了相关产品。清华大学计算机科学与语音实验室在语音方面开展了相关研究工作。国防科技大学在多媒体数据库检索系统方面展开了研究工作，其中就包括音频检索方面的工作。此外，南京大学、哈尔滨工业大学、西安交通大学、中科院自动化所等学校和科研机构也开展了这方面的研究工作。

从目前的研究状况来看，基于内容的音频检索，一般分为音频特征提取、音频识别分类和检索三个过程。在提取音频特征之前，一般还需要对音频数据进行预处理，预处理主要包括预加重和加窗，预加重提高音频高频部分抗干扰能力，加窗使音频数据形成音频帧。预处理是音频检索的基础。特征提取是提取音频的物理、听觉或语义特征，是以音频帧为单位或者以若干个帧组成的音频片段为单位来进行。音频识别和分类是对音频进行归类划分，分类本身可以是一种检索方式，也可以作为检索的一个辅助手段。一般来说，分类越精确，检索就越准确。检索的过程是一个匹配的过程，根据音频特征间的相似度给出检索结果。检索系统一般分为两部分：一部分是生成数据库，即音频数据及其特征录入到数据库；另一部分是查询数据库，即用户通过输入音频或特征字符串在数据库中查找所需要的音频。基于内容的音频检索系统的基本结构如图 8-4 所示。

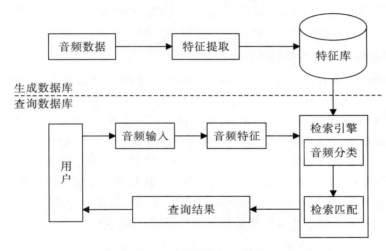

图 8-4　基于内容的音频检索系统的基本结构

下面以三种类型的音频检索为例对国内外的部分研究工作进行介绍。

1. 音频分类及相似类别的检索

音频分类是根据音频的相关特征将不同内容的音频划分为若干个类别，类别相同的音频即为相似音频。分类方法也是一种检索方法。

美国 Muscle Fish 公司的伍德(Wold)等人研究音频片段的整体表示与检索，他们先将带标识的数据进行加窗处理，对每帧数据提取音调、响度、亮度和带宽属性，而后对属性序列计算其均值、方差和自相关值等，最终形成一个 13 维的特征向量。使用高斯模型对声音例子进行建模和训练，检索时可根据输入音频与数据库中音频片段高斯模型间的相似度，将相关片段返回给用户。

乔纳森(Jonathan)提出了一种基于量化树的方法，它将音频数据的 Mel 倒谱系数(Mel Frequency Cepstrum Coefficient，MFCC)作为特征，并借鉴了语音分析中的方法，利用音频数据的频谱表示并构造一个量化树，最后的特征是一种量化柄的直方图。

卡内基梅隆大学的陈祖汉和香港理工大学的 Liu、Wang 等人在音频分类与分割研究中，通过对选取的音频特征进行详尽的分析，基本概括了音频特征分析的早期研究成果，包括短时能量、短时过零率、音调、带宽、短时频谱、频谱质心和 Mel 倒谱系数等。

Li 等人提出了基于特征线的分类方法，在每类音频中选择一些典型样本集（至少存在两个以上不同样本），将任意两个样本的特征值在特征空间中作一余线段，称为特征线，将所有特征线作为参考集。对于查询输入，计算其样本特征值与所有特征线的距离，选取距离最近的特征线所代表的类别作为查询结果。

吴飞等人采用增量学习支持向量机方法从视频节目的伴音中检索鼓掌、枪击、打斗和爆炸四类音频。该方法从每一帧音频信号中提取子带能量、子带能量熵、15 维 MFCC 特征、音调共 19 维特征，再在一段音频信号中统计这些特征的均值与方差，最终用一个 38 维的特征向量表示音频信号。

Liu 将音频数据分割成不同的片段，使用高斯混合模型（Gaussian Mixture Model，GMM）对片段的 MFCC 特征的数值分布进行参数估计，这些参数构成片段的特征向量，然后对特征向量进行聚类。查询时，采用同样的方式对查询音频分段建立高斯模型，并根据查询音频与数据库中各聚类中心的距离，在数据库中检索相似音频数据。

2. 基于声学特征描述的相同内容检索

相同内容的音频在听觉特性上往往具有相似性。这种类型的检索称为音频例子检索。柏野（Kashino）和史密斯（Smith）研究了基于特征直方图的音频例子检索。拉维亚（Lavia）采用过零率（Zero Crossing Rate，ZCR）及其一阶、二阶差分作为特征，提出了一种称为活动搜索的直方图快速搜索方法。Avrahami 将归一化的频带能量作为特征，由于直方图进行搜索匹配是基于统计的方法，不能反映音频帧的时序信息，因而将音频划分为若干个片段，这些片段的序列体现了时序信息，然后对每个片段建立一个直方图。贝里斯（Balyis）利用线性预测编码（Linear Prediction Coding，LPC）和 Mel 倒谱系数矢量量化值作为特征。亚瑟（Arthur）利用基于频带能量矢量量化值作为特征，同样将音频划分为若干个片段以体现时序信息。

约翰逊（Johnson）等人以 Mel 倒谱系数的协方差矩阵为特征，采用 AHS（Arithmetic Harmonic Sphericity）距离，从广播录音中搜索重复出现的新闻节目的结尾片段以及非新闻的音频片段。李超等人则提出了一种基于距离相关图的音频检索方法。

克里斯汀（Christian）等人开发了音频检索系统 Soundspotter。Soundspotter 系统采用 MFCC 特征，对五种匹配搜索方法进行了比较研究：① 直接使用 MFCC 特征进行轨迹匹配；② 用 MFCC 特征经自组织映射后形成的轨迹进行匹配；③ 直接使用 MFCC 特征和动态时间规正（Dynamic Time Warping，DTW）算法进行匹配；④ 将 MFCC 特征经聚类后进行字符串匹配；⑤ MFCC 特征经聚类后用直方图进行匹配。其中，轨迹匹配是指用检索目标的特征向量序列与相同长度的输入特征向量序列进行匹配计算，将两个序列中所有对应向量相似度的均值作为二者的相似度数值。测试结果表明，方法①和③的性能最好。

3. 基于语义级描述的乐曲语音检索

1）乐曲检索

在检索方式上，乐曲检索可以采用哼唱检索（Query By Humming，QBH）、节拍拍打检索（Query By Tapping，QBT）、演奏输入检索（如使用 MIDI 键盘等）和乐谱录入检索（如直接输入音符序列)等多种方式。

最早的哼唱音乐检索研究是 1995 年吉雅斯(Ghias)发表的一篇关于单声部 MIDI 音乐和哼唱检索的文章。他用三个符号来表示曲调音高的变化，即 U(升高)、R(重复，即音高不变)和 D(降低)，用这几个符号表示旋律的大致轮廓。他采用时域自相关算法提取音高信息，用最大相同符号序列的匹配方法，来比较两段旋律的相似程度。

台湾清华大学的张智星用拍打麦克风的方式输入查询，从拍打输入中提取音符时长信息，根据节拍信息采用 DTW 算法检索乐曲。艾森伯格(Eisenberg)等人则使用 MIDI 键盘或 E - drum 拍打歌曲的节奏，并将输入的节奏转换成与 MPEG - 7 对应的表示形式，采用动态规划 (Dynamic Programming，DP) 算法计算查询输入与 MPEG - 7 中节拍描述方案 (Beat Description Scheme)数值间的相似度，实现乐曲检索。

杰瑞米(Jeremy)和蒂姆(Tim)根据和声不变性(Harmonic Invariance)，以多声部 MIDI 音乐作为查询输入，采用隐马尔可夫模型从 MIDI 音乐库中检索同一首音乐具有不同变化 (Variations)的版本。

Hu 等人以多声部音频音乐作为查询输入，并用色谱图(Chromagram)向量序列表示不同音乐，采用 DTW 算法从 MIDI 音乐库中检索多声部音乐。

2) 语音检索

语音检索(Speech Retrieval)是文档库为语音文件的一种信息检索方式，目的是从大量语音文件中找到与查询相关的一系列语音文件，并且会根据文件与查询的相关度大小进行排序。文本形式的信息检索技术已趋于成熟，然而语音文件形式的信息检索才刚刚起步。与文本形式的信息检索不同的是，语音文件无法直接与查询词进行对比，语音文件必须通过语音识别转换成内容特征，如关键词、音节串和文字等。近年来，随着语音识别技术的飞速发展，语音文件检索技术也得到了长足的进步。其应用领域主要包括图书馆、报社、电台、电视台、信息中心和大中型企业等各种电子媒体领域。

目前，语音检索模型可以根据两种不同的匹配策略进行划分，即基于统计的方式和基于语义的匹配。基于语义的匹配主要有 LSI(Latent Semantic Indexing)、PLSI (Probabilistic Latent Semantic Indexing)和 TMM(Topical Mixture Model)。基于语义的匹配试图从语法和语义上理解自然语言来解决检索问题，但是这种方法需要投入较多的资源，如分类体系、语义词典和推理规则等，这些资源的完善程度受人为限制。向量空间模型(Vector Space Model)和基于概率的方法是采用基于统计的方法的。向量空间模型将查询词与文件用向量的形式表示，原理简单且有令人满意的结果，因而得到广泛应用。向量空间模型通过数学的方法对文档和查询进行向量化表示，并用向量之间的相似度对文档进行排序。这种方法简洁明了，但是相似度的计算量大。当有新文档加入时，必须重新计算词的权值，并且文本中的词被认为是相互独立的，会丢掉大量的文本结构信息。

统计语言建模(Statistical Language Modeling，SLM)技术是指基于概率的模型并利用统计学和概率论的知识对自然语言进行建模，从而捕获自然语言中的规律和特性，以解决语言信息处理中的特定问题。1998 年，庞特(Ponte)和克罗夫特(Croft)两人首次把统计语言建模技术应用于信息检索领域，把检索问题转化成为对语言模型的估计问题，提出一种基于查询似然(Query Likelihood)的文档排序方法，并在语音检索领域掀起了语言模型的研究热潮。在卡内基梅隆大学的语言技术研究所(Language Technologies Institute)以及麻省理工学院的智能信息检索中心（Center for Intelligent Information Retrieval）等的研究推动下，基于统计语言建模的检索技术得到了较快的发展。

在原有的 SLM 技术的查询似然检索模型的基础上，研究者们进行了拓展和改进，相继提出了一些更为复杂的检索模型，如统计翻译模型和 KL 距离检索模型。统计翻译模型的一个显著特点是其固有的查询扩展和处理同义词和多义词的能力，但是因为翻译模型是上下文无关的，它处理词义歧义的能力有限。截至目前，统计翻译模型比基准语言模型性能上有了显著提高。它的缺点是需要大量的训练数据来估计翻译模型和对文档排序时的低效率（因为对文档中的每个词都要估计翻译模型）。拉弗蒂（Lafferty）和 Zhai 根据贝叶斯决策论和 SLM 技术提出了一种基于风险最小化的概率检索构架。在这个构架中，文档和查询各来自两个不同的生成模型，即文档语言模型和查询语言模型。根据贝叶斯决策理论，文档语言模型与查询语言模型可以整合在文档排名函数中，用户的个人偏好信息由损失函数体现，检索问题最终可转换为风险最小化问题。在 KL 距离检索模型中，因为文档和查询都被建模为相应的语言学模型，所以利用一些统计估计技术自动地设置检索参数是可行的，这是该检索构架的一个重要优点。

对于中文语音文件建立索引的特征，一般来说有三种：以词为基础（Word-based）、以字为基础（Character-based）和以音节为基础（Syllable-based）。根据之前的研究，对于西方语言如英文，通常以词为基础的索引特征会比其他两者有较好的索引率；而对于中文而言，以音节为基础的索引特征会有比较好的效果。以词为基础的索引特征会提供较多的语义信息，而以音节为索引特征，在处理语音识别时更具有鲁棒性，因此，近几年来有学者提出将这两种检索特征相结合。

语音文件检索中语音文件的表示形式通常有三种：One. best、WCN（混淆网络）和 Lattice（网格）。One. best 是语音文件经语音识别系统处理过后的最优译本，形式上类似于传统的文本文件；WCN 为 Lattice 的一种特殊结构；语音识别结果中间结构——Lattice，是一种有向无环图，在网格中可能存在多个潜在路径，这种多候选特性可以在一定程度上补偿由于模型不匹配等带来的语音识别错误，提高系统的稳健性。近几年来，语音的关键词检索及语音文件的检索受到了广泛关注。台湾大学语音实验室在研究中文语音文件的检索方面做了大量工作，研究者们分别将 VSM、HMM、TMM、LSI、PLSI、PLSI＋VSM 等信息检索模型用于语音文件检索实验中，取得了一定的成果。

语音文件的表示形式均采用的是 One. best。对于 One. best 输出，索引单位是词与音节的结合方法主要有三种：① 分别检索以词为单位和以音节为单位的识别结果，然后将检索结果相加；② 对于属于字典的查询词，搜索以词为识别结果的索引，对于词表外的查询词，搜索以音节为识别结果的索引；③ 搜索词的索引，如果没有结果返回，则搜索音节的索引。Lattice 的应用最早出现在关键词检出任务当中，1994 年，詹姆斯（James）等人首次在语音文件建立索引时采用网格结构。随后，1995 年，该团队在音素网格结构上统计查询词的出现次数，应用于向量空间模型中的 TF－IDF 权重信息，进行语音文件检索。随后，一些应用 Lattice 进行语音文件检索的方法被提出，如希格勒（Siegler）用基于词的网格，结合 VSM 进行语音文件检索。在国内，中科院的一些学者也采用 Syllable Lattice（音节网格)结构，结合向量空间模型的原理，采用 500 个新闻文件作为实验文档集，进行了以查询词为语音的中文语音文件检索任务。

语音检索需要使用自动语音识别(Automatic Speech Recognition，ASR)技术分析语音数据的内容。大词表连续语音识别(Large Vocabulary Continuous Speech Recognition，LVCSR)技术的语音检索是指将语音转换为文本，并记录文本在语音中的对应位置，采用文本检索的方法进行语音检索。很多早期的语音检索系统，例如，美国通用电话与电子设备公司的 John Makhoul 和 Francis Kubala 等人开发的 Rough 'n' Ready 系统、美国的卡内基梅隆大学的 Informedia 项目、Marcello Federico 开发的广播新闻检索系统、美国的科罗拉多大学与密歇根州立大学联合开发的 SPEECHFIND 系统、MITRE 公司开发的广播新闻浏览器、英国的剑桥大学和谢菲尔德大学联合开发的 THISL 系统也都采用了连续语音识别技术。国内的中科院自动化所和声学所等单位也开展了这方面的研究工作。

在使用词表对语音文档建立索引时，由于词表大小有限，不能处理词表之外的词(Out of Vocabulary，OOV)，为解决这个问题，识别结果可以采用字词基元的形式为语音数据建立索引。剑桥大学的 Compaq 研究室在广播新闻语音资料上分别尝试了基于音素和词片(Word Fragment)两种基元的索引。詹姆斯(James)、Yang 以及富特(Foote)研究了基于音素网格的语音检索技术。希德(Seide)等人采用了一种相类似的方法，但其语言模型的基元是词片，索引时又将词片网格转化为对应的音素网格。由于汉语中的音节数量少且独立性强，因而汉语语音检索中，音节是最常用的字词基元，郝杰、李星和白博任则针对汉语的特点，采用了基于音节网格的技术。罗骏等人采用三音子基元(Triphone)，提出了基于拼音图的两阶段检索系统。为了充分利用语言学信息，也有研究者尝试了混合的索引策略，在索引中加入字词信息以反映语言学知识。

从目前总体研究和应用现状来看，基于内容的音频检索研究有着良好的发展趋势，各种新的研究方法和手段不断被提出，阶段性成果明显。但该领域的发展离技术成熟还有一段距离，较高水平的自动化和智能化的要求还没有达到。另外，针对海量数据的特点如何快速地进行音频的检索，以及如何引入相关性反馈更好地满足用户的检索需求的问题还需要解决。

8.2.2　基于内容的音频检索的总体框架

基于内容的音频检索系统的应用可以分为许多不同的场合，这里讨论的是基于哼唱的音乐检索技术。歌曲库中共 20 首歌，均为附带人声的中文歌曲，在实际检索时，需要人通过哼唱来进行检索。图 8-5 是基于内容的音频检索的总体框图。由图可以看出整个系统主要可以分为三大部分：音频数据获取、音频内容描述(语音与乐音特征提取)和特征相似度匹配。

在当前研究中，较常用到的对乐音内容的描述方法有 MIDI 音乐、MP3 音乐、WAV 音乐和乐谱等，虽然方法不同但是描述的内容是一致的。音频内容是一维的、变化的、重要性不均等的，即在一个音频文件中存在着对整个乐音的内容表达非常重要的旋律片段，同时也存在着并不是很重要的前奏或间奏旋律片段。因此音频数据获取包括乐音内容的结构化(即内容分割)和音频主旋律片段提取两部分。

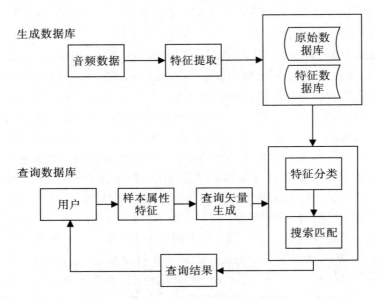

图 8-5　基于内容的音频检索的总体框图

音频内容描述是整个基于内容的音频检索的核心技术。音频内容可以分为语音内容和乐音内容两部分。音频内容描述是在音频内容获取的基础之上进行的，同时是进一步进行音频特征相似度匹配的必要前提。音频内容描述主要是指旋律包络曲线，这是因为一般来说，人在哼唱歌曲时，可以根据所哼唱的歌曲的旋律信息判断其哼唱的歌曲名字，而旋律信息以旋律包络曲线表示，主要包含两个重要的参数序列：一是音调变化信息；二是节奏信息。这两种音频内容描述与音调持续时间长短及音调间的高低变化有关。

音频的特征相似度匹配是基于内容的音频检索的关键环节，匹配算法的性能直接影响着检索结果和整个系统性能。相似度匹配包括精确匹配、模糊匹配、相似度计算和相关度计算等，其性能各不相同适用范围也不同，通常根据实际需要组合使用。

音频检索的第一步是建立数据库：对音频数据进行特征提取，将音频数据录入数据库的原始音频库部分，并将特征录入特征库部分。通过特征对音频数据聚类，将聚类信息录入聚类参数库部分。建立数据库以后就可以进行音频信息检索了。用户通过查询界面设定属性值，哼唱旋律片段，然后提交查询。系统对用户哼唱的示例提取特征，结合属性值确定查询特征矢量，然后检索引擎对特征矢量与聚类参数集进行匹配，按相关性排序后通过查询接口返回给用户。

8.2.3　基于内容的音频检索的难点

音频检索是指从音频资源中找出满足用户需求的音频的过程。音频本身具有的特点如下：

（1）音频信号是带有语音、音乐和音效的有规律的声波的频率、幅度变化信息载体，它也是一种时间依赖的连续媒体。

（2）人接收声音有两个通道（左耳、右耳），计算机模拟接收自然声音也有两个声道。

（3）语音或乐音信号不仅仅是声音的载体，同时还携带了情感和意向，故对音频信号的处理不仅是信号处理,还要抽取语义等其他信息。

由于音频具有以上特点,基于人工输入的属性和描述来进行音频检索有其固有的缺陷,势必要寻找一种新的途径来进行音频检索。然而,尽管国内外研究者就音频信息检索技术开展了大量的研究工作,音频检索技术在应用领域仍面临着重重困境。在理论研究方面,与文本信息检索及图像和视频信息检索技术相比,音频检索技术仍然是一个未成熟的、具有极大潜力的研究领域,还存在以下一些问题需要解决:

(1)有效音频特征提取问题。音频是应用最广泛的信号表示形式,却由于难以获得其有效信息,因此很难进行相关检索。要解决这个问题,首先需要实现音乐的自动标注,检测音频中同时发声的多个音符的基频(多基频估计)和识别音乐的旋律、节拍等语义内容。在实际的检索应用中,音频数据不可避免地存在噪声。在歌曲旋律检索时,由于存在大量的背景音乐而模糊了实际提取所需的旋律。如何正确有效地进行音频特征提取是音频检索的一个重要的研究内容。

(2)动态音频检索问题。与静态音频信息相比,动态音频流具有实时性强、播放过的数据无法重现且事先不能预知等特点。对动态音频检索,首先需要实时地获取音频流数据、计算特征以及匹配计算等,而且检索过程必须一次完成,无法采用基于用户反馈进行多次检索的机制。因此,要求动态音频检索首先具有足够的速度,即检索速度大于数据流到达的速度,这在多目标音频检索中的困难较大。其次,要求动态音频检索在噪声、检索目标发生部分残缺等情况下,均能达到较好的检索性能;最后,在检索中还需要解决与实时性相关的控制问题。

(3)噪声鲁棒的静态音频检索与索引问题。在实际的检索应用中,在背景声音相当大并且特征提取标注可能存在错误的情况下,大多数检索算法的噪声鲁棒性不理想;其次,实现静态信息快速检索的最有效方法就是对其建立索引,之后再进行检索。高维数据的索引存在“维数灾难”问题,即索引的复杂度随维数的增加呈指数增长,这一直是索引研究领域中的难点。音频数据经过短时分帧和特征提取后得到的特征数据不仅维数高,而且还含有时序信息,导致音频数据索引的难度很大。

8.2.4　现有的音频检索系统

音频信息可以划分为语音、音乐和波形声音三种类型,相应的检索处理方法也分为以下三种。

1. 语音检索

语音检索指以语音为中心,通过语音输入进行信息检索的技术。它允许用户使用口语或语音指令来提出查询并获取相关的搜索结果。语音检索利用语音识别和自然语言处理技术将用户的语音输入转换为文本,并将其与数据库或互联网上的内容进行比对,以找到与查询相关的信息。

在语音检索领域,有许多常见的网站提供了强大的语音识别和检索功能,其中,Google 语音搜索是最著名的语音检索系统。用户可以使用 Google 语音输入来进行各种搜索,如查找信息、获取实时新闻、获取路线导航等。用户只需说出他们的查询需求,Google 语音搜索会将其转换为文字并提供相关的搜索结果。用户只要打开谷歌应用或浏览器,点击搜索框中的麦克风图标,然后说出你要搜索的内容,经过几秒钟的等待就可以得到相关的结果。图 8 - 6 为使用 Google 语音检索获取天气信息的示例。

图 8 - 6　Google 语音检索天气示例

　　另一个常见的语音检索网站是 Amazon 的 Alexa。Alexa 是一款智能助手设备，支持语音命令和查询。用户可以使用 Alexa 执行各种任务，如播放音乐、设定闹钟、控制智能家居设备等。通过语音交互，Alexa 能够理解用户的指令并提供相应的反馈和执行操作。图 8 - 7 为 Amazon Alexa 控制智能家居设备示例。

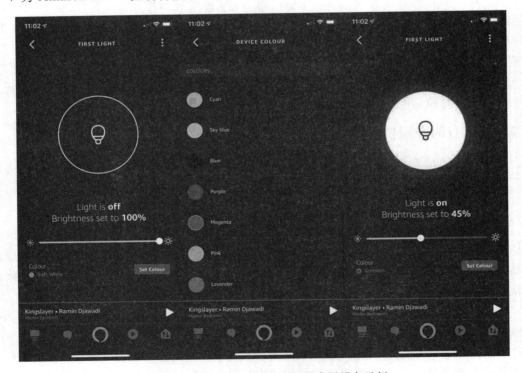

图 8 - 7　Amazon Alexa 控制智能家居设备示例

　　在这个领域中，Houndify 是一个令人印象深刻的语音检索平台。Houndify 不仅具备优秀的语音识别能力，还提供了强大的语义理解功能。例如，用户可以通过简单的语音指令向 Houndify 询问天气情况，Houndify 能够理解用户的意图并提供准确的天气预报。此外，Houndify 还能够回答关于股票行情、音乐、新闻、交通和地理位置等方面的查询。图 8 - 8 为 Houndify 的应用程序开发界面。

图 8 - 8　Houndify 的应用程序开发界面

　　Houndify 的优势在于其可定制性和开放性。开发者可以使用 Houndify 的 API 和工具包将其集成到自己的应用程序中，实现强大的语音交互功能。无论是智能助手、智能家居设备还是其他应用场景，Houndify 都可以为开发者提供灵活且高度可定制的解决方案。

　　这些语音检索平台通过其卓越的语音识别和语义理解能力，以及可定制性和开放性，为开发者提供了一个优秀的解决方案，使他们能够构建具有自然对话功能的语音驱动应用程序，并为用户提供全面和准确的信息服务。

2. 音乐检索

　　音乐检索是一种查找和获取音乐资源的过程。这种检索可以基于各种音乐特性，如歌手、歌曲名、专辑名、流派、节奏、声调、情感等关键词进行。它为用户提供了便捷的方式，让他们能够快速地找到自己喜欢的音乐作品或了解更多关于特定歌曲、歌手或乐队的信息。

　　有许多知名的音乐检索网站为用户提供丰富多样的音乐资源，例如酷我音乐、QQ 音乐、网易云音乐还有千千音乐等。这些音乐检索网站在提供大量音乐资源的同时，也提供强大的音乐搜索引擎，可以帮助用户快速找到所需的音乐，并且提供歌曲试听、下载等功能。

　　图 8 - 9 为千千音乐的分类检索界面，界面中给出了语种、流派、主题、情感和场景等多种检索方式。图 8 - 10 为 QQ 音乐的分类检索界面，可以看出其检索方式还包括热门、主题、场景和心情等。

图 8-9　千千音乐的分类检索界面

图 8-10　QQ 音乐的分类检索界面

3. 音频检索

音频检索是一种基于波形声音的检索方法，它允许用户通过音频内容来查找相关的信息或资源。这种技术利用了声音的唯一特征和波形形状，以实现准确的匹配和识别。

在当今的数字音乐时代，有许多音乐检索网站提供了方便快捷的音乐搜索服务，下面以 Shazam 和 QQ 音乐为例进行说明。

Shazam 是一款广受欢迎的音频识别应用程序，它能够迅速识别和标识几乎任何播放中的歌曲。Shazam 音频识别界面如图 8-11(a)所示。用户只需打开 Shazam 应用，让其听

(a) Shazam的听歌识曲功能　　(b) QQ音乐的听歌识曲功能

图 8-11　Shazam 与 QQ 音乐的听歌识曲功能

取正在播放的音乐片段，它就能通过匹配声音特征和波形形状，准确地识别出歌曲的相关信息，如歌曲名称、歌手、专辑和歌词。此外，Shazam 还提供了音乐推荐、歌曲购买和分享功能，使用户能够更好地与喜爱的音乐互动。

QQ 音乐的音乐识别功能允许用户通过录制或上传一段音频来识别该音频所对应的歌曲信息，如图 8-11(b)所示。用户可以使用 QQ 音乐移动应用程序中的"听歌识曲"功能，在听到一首自己喜欢的歌曲但不知道歌名或歌手的情况下，将手机麦克风对准音乐源，利用 QQ 音乐的音乐识别功能进行识别。QQ 音乐会通过对音频的特征进行分析和匹配，找到对应的歌曲信息，并向用户展示相关结果。这样，用户就可以轻松找到他们想要的歌曲，并了解更多关于这首歌曲的信息。

8.3　基于内容的图像检索技术

图像数据的爆炸性增长使得对图像的管理和检索越来越受到关注。传统的图像检索方法从本质上来说是一种基于文本的图像检索技术，它的历史可以追溯到 20 世纪 70 年代末期，当时流行的图像检索技术是将图像作为数据库中存储的一个对象，用关键字或自由文本对其进行描述，查询操作是基于该图像的文本描述进行精确匹配或概率匹配。然而，传统的图像检索方法具有以下难以克服的缺点：

（1）每一幅图像都需要人工进行注释，因此标注较大的图像数据库需要大量的人工劳动。

（2）人工注释具有很强的主观性，即使对于同一幅图像，不同的人有着不同的看法，而且，一旦人工注释完成就很难更新和改变。

（3）一幅图像所包含的意义非常丰富，"一幅图像胜过千言万语"，人工注释的少量文字很难充分表达图像的内涵。

（4）不同国家、不同民族很难用同一种语言对图像加注标识，而且对图像语义理解的差异也很大，不可能形成一种统一的检索方法。

因此，有限的、固定的人工注释难以满足不同用户的需求。从 20 世纪 90 年代初期开始，利用图像的内容，如颜色、纹理和形状等图像特征检索图像的技术应运而生，这项技术被称为基于内容的图像检索（Content-based Image Retrieval，CBIR）技术。其基本思想是根据图像所包含的色彩、纹理、形状及对象的空间关系等信息，建立图像的特征矢量。检索方法是根据图像的多维特征矢量进行相似性匹配。这项技术涉及计算机视觉、图像处理、图像理解、人工智能、机器学习、统计学、数据库及心理学等众多领域，是一个极具发展前途的研究方向，其研究必将推动相关领域技术的发展。

8.3.1　基于内容的图像检索系统的检索过程和关键技术

图 8-12 给出了一个典型 CBIR 系统的基本结构框图。从图中可以看出，系统主要由图像查询子系统和图像库建立子系统两部分组成。图像库建立子系统的主要功能是建立和维护整个图像库及相关文件，其核心是特征提取技术。特征提取技术对图像库中的图像提取特定的特征，生成特征矢量，并与图像一起存储在图像库中，从而形成基于内容的图像数据库。图像查询子系统的主要功能是负责与用户的交互和度量数据库中的图像与用户提交的查询图像之间的相似性。当用户提交查询图像后，对它进行分析并提取特征矢量，按

照相应的相似性度量准则在图像库中进行匹配，最后根据相似度顺序把查询结果反馈给用户。

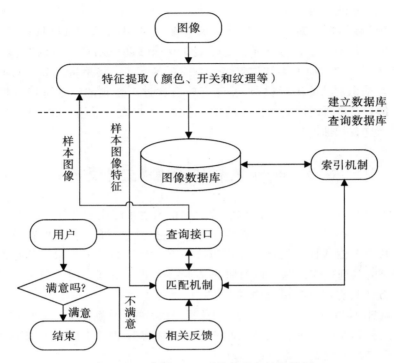

图 8-12 典型 CBIR 系统的基本结构框图

根据上述对 CBIR 系统基本功能的描述，下面我们着重介绍基于内容的图像检索系统中的关键技术。

1. 特征提取

图像特征的提取与表达描述是图像检索技术的基础。图像的内容特征可以分为两类：低层视觉特征和高层语义特征。低层视觉特征主要包括颜色、纹理、形状和空间关系等，可以通过特征提取获得。高层语义特征则包含图像对应的语义信息，需要对图像中目标进行检测、识别和解释，往往要借助人类的知识推理，依靠人机交互的方式获得。

1）低层视觉特征

（1）颜色特征提取。颜色被认为是 CBIR 系统中最主要的视觉特征，最早在基于内容的图像索引中得到应用。每个物体都有其特有的颜色特征，同一类事物往往有着相似或相同的颜色特征，因此可以利用颜色特征来区分不同物体。对图像检索比较有效的颜色特征的表达方法有颜色直方图、颜色相关图、颜色矩和颜色一致性矢量等。颜色包含两个概念：一个对应全局颜色分布；一个对应局部颜色信息。

基于全局颜色特征的检索方法中，目前采用最多的是色彩直方图的方法，它的主要思想是：根据色彩直方图统计每种色彩在图像中出现的概率，然后采用色彩直方图的交集来度量两幅图像色彩的相似性。该方法优点在于简单有效，而且对图像旋转、伸缩变换不敏感，缺点是忽略了色彩的空间分布信息。在此基础上，又出现了累积直方图、模糊直方图和合并直方图等改进方法。帕斯（Pass）等人提出用颜色聚合矢量（Color Coherence Vector，

CCV)来描述颜色的空间分布信息，其主要思想是：如果图像中颜色相似的像素所占连续区域的面积大于给定的阈值，则称该区域中的像素为聚合像素，反之为不聚合像素。然后统计图像中每种颜色的这两种类型的像素所占的百分比，形成颜色聚合矢量，每种颜色的聚合像素与不聚合像素之和就是该颜色在图像中所占的百分比，即颜色直方图，它是图像直方图的一种演变，聚合矢量中的聚合信息在某种程度上保留了图像色彩的空间信息。颜色矩是一种简单而有效的颜色表示，它的数学基础是：任何图像的颜色分布都可以通过其各阶矩来表征。斯特里克(Stricker)和奥伦戈(Orengo)提出了累色彩直方图方法和色彩矩的方法。他们主要对每种色彩分量的一阶、二阶和三阶矩进行统计，并认为色彩信息集中在图像色彩的低阶矩中。由于全局颜色特征检索捕获了整幅图像颜色分布的信息，因此丢失了许多局部的颜色空间信息。

局部颜色信息是指局部相似的颜色区域，它考虑了颜色的分布与一些初级的几何特征。局部区域中的颜色信息可以表示为平均色彩、主色彩、色彩直方图和二进制色彩集。Xu 等人试图结合图像的色彩信息和图像色彩的部分空间信息对颜色直方图进行检索。Chang 等人采用色彩的自动分割方法，形成一个二进制的色彩索引集，在图像匹配中，比较这些图像色彩集的距离和色彩区域的空间信息。色彩的空间关系主要有色彩区域的分离、包含、交。每种关系对应一定的评分，查询的空间距离是所有这些色彩区域所对应的空间关系的评分之和。

（2）纹理特征提取。纹理特征是一种不依赖于颜色或亮度的反映图像中同质现象的视觉特征，它是图像中既重要而又难以描述的特征，反映的是图像像素灰度级空间分布的属性。纹理是与物体表面材质相关的视觉特性，可以视为某些近似形状的重复分布。从人类的感知经验出发，纹理特征的基本特征大致包括粗糙度、对比度、方向度、线像度、规整度和粗略度，其中最重要的特征是粗糙度、对比度和方向度。这些纹理特征集很好地对应人类视觉感知特性，也是用于检索的主要特征。纹理分析的方法大致可以分为两类：统计方法和结构方法。另外，近年来小波理论和分形理论的发展，为纹理分析提供了新的工具。

统计方法是最简单的，它借助于灰度直方图的矩来描述纹理。纹理统计特征分析方法主要有共生矩阵分析法、马尔可夫分析法、多尺度自回归模型以及遗传算法等。基于二阶灰度统计特征的统计方法通常在频率域和空间域上进行。在频率域上，主要采用傅里叶变换和小波分析方法。图像在傅里叶变换后，其能量谱在一定程度上反映了图像的粗糙度和方向性。用 Gabor 小波模型表示纹理也是纹理分析的一大方向。20 世纪 90 年代以后，小波分析在纹理分析方面发展很快，出现了很多新的方法。在空间域方法中，最简单的直方图统计方法只能反映一维的灰度变化。在空间域上主要采用共生矩阵分析法，共生矩阵的每个元素表示从灰度值为 i 的像素开始离开某固定位置 t 的像素点灰度值为 j 的概率。

结构方法是根据纹理基元及其排列规则来描述纹理的结构、特征以及特征与参数之间的关系。结构方法的纹理描述包括图像的对比度、粗细度、方向性、重复性和复杂性等。这种描述方法通常将计算特征与语义联系起来，有利于高层语义的获取。纹理结构分析假定图像由较小的纹理基元排列而成，多采用句法分析的方法。由于该方法只适用于规则的结构纹理分析，目前对其研究不是十分广泛。

（3）形状特征提取。物体或区域的形状是图像表达和图像检索中的另一重要特征。许多物体具有不同的颜色，但其形状总是类似的。形状常与目标联系在一起，有一定的语义含义，因而形状特征可以看成比颜色或纹理更高层一些的特征。事实上，目标形状的描述是一个非常复杂的问题，从不同视角获取的图像中目标形状可能会有很大差别，利用形状特征进行图像检索时，为准确进行形状匹配，需要解决平移、尺度及旋转变换不变性的问题。由于物体形状的自动获取比较困难，基于形状的检索一般仅限于非常容易识别的物体。

形状特征的表达必须以对图像中物体或区域的划分为基础。形状可用面积、周长、连通性、离心率、拐点数、圆形度、偏心率、主轴方向形状矩、曲率、分形维等全局和局部特征来表示。在采用这些特征进行检索时，用户通过勾勒图像的形状或轮廓，从图像库中检出形状类似的图像。

一般来说，形状特征有两种表示方法：一种是轮廓特征；另一种是区域特征。图像的轮廓特征主要针对物体的外边界，而图像的区域特征则关系到整个形状区域。这两类形状特征提取的最典型方法是傅里叶形状描述符（Fourier Shape Descriptor）和形状无关矩（Moment Invariant）。傅里叶形状描述符是用物体边界的傅里叶变换作为其形状描述的。形状无关矩是基于区域的物体形状表示方法。除此之外，还有有限元法、旋转函数、小波描述符（Wavelet Descriptor）、Chamfer 比较法、几何参数法、自回归模型法、微分法、小波轮廓表示法、弹性模板匹配和向心链法等。随着人们对图像检索的进一步研究，基于形状的特征提取方法不断地被提出。

对于轮廓的描述主要有直线段描述、样条拟合曲线、高斯参数曲线和傅里叶描述子等算法。对于形状的区域的描述主要有形状的无关矩、区域的面积、形状的纵横比、主轴方向和凹凸面积等。这些特征描述法得到了十分广泛的应用。几何特征描述法通过抽取边界长度、曲率等形状特征进行，但是这种方法给出的结果太笼统，对轮廓特性的描绘比较抽象。用傅里叶形状描述符虽然能够以一定精度描述轮廓特性，进行相似度的定量比较，但如果想加快图像检索的速度，欲通过很少的点数并以足够的精度描述轮廓的信息，傅里叶形状描述符是无法胜任的。因此基于小波的轮廓描述符成为当前的一个研究热点。

形状特征表达的一条重要准则是要求对平移、旋转及尺度的不变性，因为人类识别和检索的目的是确保图像或物体在不同变换条件下仍能被准确识别和检索。但是因为计算机视觉技术的局限，我们无法将目标从背景中精确地分割出来，从而也很难让计算机来表达和理解其形状特征。这使基于形状特征的检索成为目前 CBIR 系统的一大难点。

（4）图像空间关系特征提取。颜色、纹理和形状等多种特征反映的都是图像的整体特征，而无法体现图像中所包含的对象或目标。事实上，图像中对象所在的位置和对象之间的空间关系同样是图像检索中非常重要的特征。空间关系是指空间对象之间的空间特性关系，主要包括拓扑、方向、度量这三大类关系。

提取图像空间关系特征的方法可分为两类。一类是基于图像分割的方法。对图像进行自动分割，划分出其中所含的对象或颜色区域，然后根据这些区域进行图像索引。另一类是基于图像子块的方法。简单地将图像均匀划分成若干规则子块，然后提取每个图像子块特征并建立索引。如同形状特征的提取与匹配，图像中对象特征的提取与匹配涉及图像分割和图像理解。尤其对自动图像分割而言，若想提取合适的对象特征，会遇到比提取合适的形状特征更多的问题，有些问题需要借助相关知识或人工辅助才能解决。目前，虽然有不少研究者正致力于这方面的研究，但在理论上和技术上尚有许多工作可做。

2）高层语义特征

在 CBIR 系统中，存在一个低层视觉特征和高层语义特征理解之间的差异，也就是著名的语义鸿沟（Semantic Gap）。语义鸿沟存在的主要原因是低层视觉特征不能完全反映或者匹配用户的检索意图。弥补这个鸿沟的技术手段主要有相关反馈、图像分割、建立复杂的分类模型以及完善图像语义抽取规则知识库等，这些图像检索技术都有需要完善的地方。语义检索是填补图像简单视觉特征与用户检索丰富语义之间"语义鸿沟"的关键，而解决语义检索问题的关键是图像语义的有效描述、语义描述的提取方法和检索系统的语义处理方法等。

提取图像的语义特征依据的是图像的视觉特征，这与基于文本的图像检索有本质区别。过去的基于文本的图像检索只是简单机械地进行字符串匹配，而现在提出的语义特征提取概念则是在文字与图像之间建立起映射关系。这种映射关系不是一对一的，相同的文字在不同的图像内容中可以代表不同的含义，不同的文字也可以表示相似或是相同内容的图像。专家们依据图像的视觉特征提取出图像的语义特征，也有依据用户的相关反馈信息来试图自动生成可以表述一幅图像或一类图像的文字。

目前基于语义的图像检索主要致力于两个方面的技术研究：景物分析与分类技术和目标识别与检索技术。景物分析与分类技术对于基于语义的图像检索是非常重要的，因为其不仅可作为检索时一个重要的过滤器，还可以识别特殊物体。目标识别与检索技术主要是利用数据库检索技术来识别和分类目标，它包括全自动目标识别和基于用户的相关反馈学习这两种技术。

基于语义的图像检索主要涉及图像层次中的对象语义、对象空间关系语义、场景语义、行为语义和情感语义等。它不仅要识别出图像中包含的对象类别，还需要对所描述的对象、场景的含义和目标进行高层推理。目前这方面的研究主要集中在图像语义检索模型的建立和图像语义分割技术这两个方面。

2. 索引技术

在 Internet 上存储的图像数据一般都是海量数据，必须建立合适的高维索引方法对特征空间进行索引，使得在检索时，不必比较数据库中的每一幅图像，而是通过索引直接找到相似图像。美国匹兹堡大学的张系国教授在研究图像信息系统时指出，对于图像数据其索引应从三个方面（索引的表示、索引的组织和索引的提取）进行研究，并用一个三维坐标来表示。

图像索引可以细分为关键词索引、色彩特征索引、形状特征索引和纹理特征索引等。图像索引的提取可以分为手工提取、半自动提取和自动提取，这在很大程度上依赖于图像处理技术的发展，对于不同情况，应该区别对待。由于图像索引的表示一般维数都比较高，有的高达上百维，传统数据库采用的数据结构（如哈希表、B 树等）不能很好地组织这些高维的特征索引。因此，研究出一种高效的数据结构就显得十分迫切和必要。在基于内容的图像检索过程中，图像索引主要由图像的视觉和形象特征来表示，从色彩、纹理以及对象形状和空间关系这几方面研究。目前的主要技术包括基于色彩特征的索引技术、基于形状特征的索引技术、基于纹理特征的索引技术和基于空间关系的索引技术。

3. 相似性匹配

图像检索的效果很大程度上取决于相似度匹配算法的优劣，即如何以一定的计量或测量方法来判断图像内容是否相关。在模式识别技术中，特征的相似度测量一般采用距离法，即特征的相似程度用特征向量的空间距离来表示，常用的有欧氏距离、马氏距离等。在基于内容的图像检索中，两幅图像是否相似是指它们的视觉特征是否相似。通常将图像的特征看成坐标空间（即特征空间）中的点，两个点的接近程度通常用它们之间的距离表示，即它们之间的不相似程度。距离度量函数的定义通常要满足距离公理的自相似性、最小性、对称性和三角不等性等条件。

8.3.2　现有的图像检索系统

从 20 世纪 90 年代初期开始，随着基于内容的图像检索技术成为研究热点，各大公司和科研机构陆续推出了一些商用或研究用的图像检索系统。

1. QBIC

QBIC(Query by Image Content)系统是由 IBM 提出的、在基于内容的图像检索领域应用最早的商用产品。图 8-13 为 QBIC 系统界面。QBIC 系统提供了多种查询方式，包括支持用户使用例子（系统自身提供）查询、用户素描草图查询、扫描输入图像查询、指定特征（纹理、颜色等）查询方式、用户输入动态影像片段和前景中运动的对象等查询方式。在此系统中，颜色主要使用在 RGB、YIQ 和 Lab 等颜色空间直方图。纹理特征主要基于文献的纹理描述方法。形状信息主要采用面积、圆形度、偏心度和矩不变量等。另外，QBIC 系统还考虑到了高维特征的索引，采用 R 树作为索引结构。QBIC 系统建立较早，技术成熟，功能全面，为基于内容的图像检索技术的验证和推广做出了很大贡献。

2. Virage

Virage 是由 Virage 公司开发研制的基于内容的图像搜索引擎。Virage 的特点包括：提供了完善的用户开发功能，例如用于用户开发界面的工具包；提出 Primitive 概念，用于支持用户定义新的图像视觉特征（包括该特征的类型、计算和相似性度量方法）；支持五种抽象数据结构，便于图像特征的描述；提供用户相关反馈检索机制。该系统比较适合用来进行特定应用领域图像数据库的二次开发。Virage 已经和多种商业数据库进行了集成。

3. VisualSEEK 和 WebSEEK

VisualSEEK 和 WebSEEK 是由美国哥伦比亚大学开发的姊妹系统。它们的主要特点是利用图像区域空间关系进行查询和从压缩域提取视觉特征来进行检索。系统中主要使用的特征是颜色特征和基于小波变换的纹理特征，并且使用基于 Quad-Tree 和 R-Tree 的索引结构以提高检索速度。VisualSEEK 和 WebSEEK 支持基于视觉特征及其相互之间空间关系的检索。WebSEEK 主要是面向 Web 的搜索引擎，它包括三个模块：图像/视频收集，分类、索引和搜索，浏览和检索。VisualSEEK 和 WebSEEK 支持关键词检索，并使用用户相关反馈技术来改善检索结果。

4. Aurora Eye

极光是唯一能够用肉眼看见的反映极区特征的地球物理现象，对其形态和演变的观测可以获得大量有关磁层和日地空间电磁活动的信息。随着全天空数字成像系统的出现，每年数以百万计的极光图像被采集存储，为研究极光现象提供了极为重要的数据来源。如果没有高效准确的检索工具，人们很难从海量极光数据中搜索到自己所需的图像。西安电子

QBIC interprets the virtual canvas as a grid of coloured areas, then matches this grid to other images stored in the database.

QUICK SEARCH

BROWSE ·
QBIC SEARCHES ·
ADVANCED SEARCH ·

QBIC COLOUR AND LAYOUT SEARCHES

Imagine finding a Gauguin masterpiece simply by recalling the organisation of his subjects or locating a Da Vinci painting by searching for its predominant colours. IBM's experimental Query By Image Content (QBIC) search technology offers this unique ability. Search for artwork visually using tools that an artist would use. For an overview of the QBIC searches, take a look at our animated demonstrations.

QBIC COLOUR SEARCH

The QBIC Colour Search locates two-dimensional artwork in the Digital Collection that match the colours you specify. You select colours from a spectrum, define proportions, then execute the search. It really is that simple. Go to the QBIC Colour Search Demo to view a step by step demonstration of this search.

With the QBIC Layout Search, you become the artist. Using geometric shapes, you can arrange areas of colour on a virtual canvas to approximate the visual organisation of the work of art for which you are searching. Go to the QBIC Layout Search Demo to view a step by step demonstration of this search.

图 8 - 13　QBIC 系统界面

科技大学影像处理实验室利用上海极地研究中心提供的极光数据库设计开发了一个全天空极光图像分析管理平台，初步实现了对全天空极光图像数据的管理、分析、分类和检索等功能，为极光观测数据的管理、共享、快速分析处理和算法研究提供了一个开放式的研究平台。

　　该研究平台是在 Eclipse 开发平台基础上，结合 MySql 数据库开发的一个 C/S 模式的全天空极光图像分析管理系统，包括服务器和客户端两个模块。服务器端完成对原始极光观测数据的重组、预处理、监听和响应客户端的各种请求，并将处理后的结果发送回客户端；客户端完成用户管理、数据查询、人工标记、基于局部二值模式（Local Binary Patterns，LBP）特征对图像进行分类、分类结果查询和显示等功能。

基于内容的极光影像序列检索系统 Aurora Eye 的总体结构框图如图 8-14 所示。图像预处理子系统对图像进行掩模、缩放等处理，处理后的图像由特征提取子系统提取各类特征，包括方向、纹理和亮度等。系统根据其中部分特征对图像进行分类，图像的类型作为元数据与其他元数据一起插入元数据库，经过处理后的图像进入图像库，所提取的不同特征进入各自特征数据库。用户通过图像界面检索极光图像，系统为用户提供了多种检索方式，用户可使用元数据检索、示例图像检索以及两者相结合的方式。图像检索子系统对用户提出的数据进行处理，如果有示例图像则提取特征，然后与数据库中特征数据进行相似度比较，按相似程度从高到低进行排序。

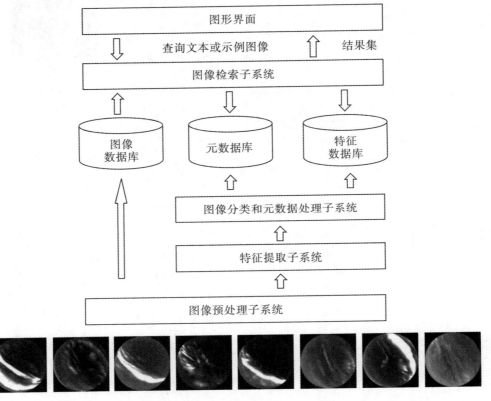

图 8-14　基于内容的极光影像序列检索系统 Aurora Eye 的总体结构框图

图 8-15 给出了基于内容的全天空极光图像检索示例。该示例为基于 LBP 表征的图像匹配结果。每组的左图为输入图像，右图为使用 LBP 表征和最近邻匹配器检索到的与左图最相似的图像。由图中可以看出，该系统检索到的两幅全天空极光图像非常相似。其中，每幅极光图像下方标示了该图像拍摄的时间。

5. MARS

MARS(Multimedia Analysis and Retrieval System)是伊利诺伊大学厄巴纳-香槟分校开发的支持图像底层特征的复合检索的图像检索系统。其特点是使用比较全面的图像底层特征，提供基于树结构的多特征组合检索。在图像特征方面：使用 HSV 颜色空间的 HS 上的色彩直方图来描述图像的颜色；抽取图像纹理的粗糙程度和方向性以及对比度等特征来描述纹理；采用图像的规划分割方法对图像特征的空间分布进行描述；根据纹理对图像进

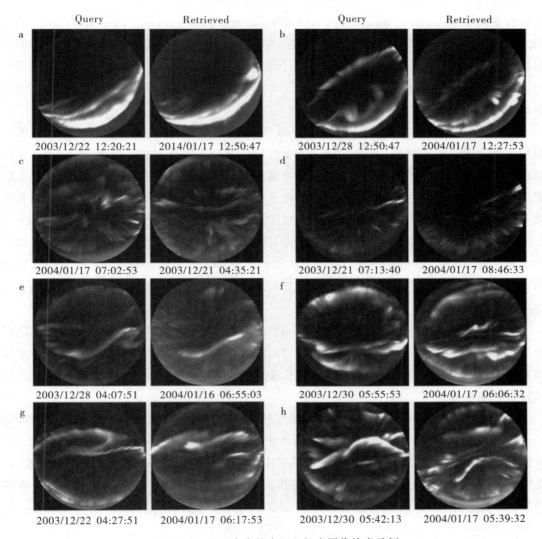

图 8 - 15　基于内容的全天空极光图像检索示例

行分割来实现图像中对象的描述；对分割后的对象区域按照敏感性进行分组；使用傅里叶描述子对图像中对象的形状进行描述。检索时对上述特征分别采用相应的相似性度量方法，最后给出综合排序。由于采用多方面的图像特征描述和相应的相似度度量方法，因此该系统可以提供比较复杂的检索功能。这个系统的突出特点在于引入了相关反馈机制，能够根据用户的交互动态地组织和优化查询，从而提高检索效率。

8.3.3　图像检索系统的发展趋势

目前，CBIR 技术的研究热点主要集中在以下几个方面：

（1）基于全局特征的图像检索。最初的图像检索研究主要集中于如何选择合适的图像全局特征去描述图像内容和采用什么样的相似性度量方法进行图像匹配，采用这种策略的代表性工作成果有 IBM 的 QBIC、麻省理工学院的 Photobook 和哥伦比亚大学的Visual SEEK 等。由于只使用图像的某些全局特征，不能完整地描述图像的内容，因此对现实世界的图像检索准确率不高。目前造成图像检索准确率低的一个重要原因是图像的底层特征与高层语义之间的鸿沟。因此如何提取一些更有效的图像特征描述子，从而更好地反映图像的高层语义显得尤为迫切。MPEG－7标准中的视觉特征描述子部分（Visual Script）就是专门针对图像底层特征（如颜色、纹理和形状）进行研究的，目前许多研究团体和研究机构也正从事这方面的研究。

（2）基于区域的图像检索（Region-based Image Retrieval）。其主要思想是通过图像分割技术提取图像中的对象，然后对于每一个区域使用局部特征来进行描述，综合每一个区域的特征得到图像的特征描述，最后使用合适的相似性度量标准检索图像。尽管这种方法更加接近用户查询时的语义，但是由于图像分割是一个没有完全解决的问题，目前还无法使分割出的区域与图像中的对象很好地对应起来，因此这种方法的检索准确率并不高。

（3）基于图像语义的研究。基于内容的图像检索主要使用图像的颜色、形状、纹理和语义等特征。其中，图像的颜色、形状和纹理特征具有相对直观的特点，而语义内容具有相对主观抽象的特点。虽然人们偏爱语义查询，但是这种查询方式的完全智能化目前还不能完全实现。

目前基于语义特征的图像检索技术的主要研究内容是：如何从多种渠道获取图像语义信息，所获取的语义信息如何与图像底层特征结合，如何通过相关反馈技术在图像之间传递语义信息，以及如何将图像底层特征与图像的关键词结合进行图像的自动标注以提高图像检索准确率等。

（4）高维特征索引技术。互联网的迅猛发展及各种多媒体设备的普及产生了大量的图像、视频和音频等多媒体数据，如何快速地从大型图像数据库中检索到用户需要的图像，已成为亟待解决的问题。随着图像数量的日益增多，检索速度越来越成为图像检索的瓶颈。高维特征索引基本包括图像高维特征的约简和图像高维特征的索引两个方面。图像高维特征的约简技术主要有K－L变换和按列聚类等。图像高维特征索引技术主要有R树、聚类、自组织神经网络构造树状索引结构等。目前，尽管在这一领域已取得一些进展，但探索更加有效的高维特征索引技术仍是一个急需解决的问题。

（5）相关反馈技术（Relevance Feedback，RF）。相关反馈技术主要基于人机交互的思想来猜测用户的需求，并且根据用户的需求动态调整系统检索时所用的特征向量或参与检索的不同特征的权重系统，从而尽量缩小底层视觉特征和高层语义特征之间的差距，提高算法的检索效果。其实，相关反馈技术是文本检索领域中一个基本的技术。Yong最先将其用到CBIR领域，并用实验证明了它的有效性。

（6）相关反馈与机器学习相结合。目前的图像检索系统性能不高的原因之一是它不能理解用户的概念，因此如何通过人机交互使图像检索系统理解用户的概念是相当重要的。最近几年，CBIR技术引入了相关反馈和机器学习机制，把用户模型与图像模型成功地结合起来，它将成熟的学习算法与图像检索中的在线学习过程结合起来以提高检索准确率，代表性的成果包括基于贝叶斯理论的研究、基于支持向量机的研究、基于主动学习的研究、基于Boosting的研究以及基于深度学习的研究等。

8.4　基于内容的视频检索技术

8.4.1　概述

随着多媒体技术与网络技术的发展，信息丰富的多媒体数据逐渐成为信息处理与传输的主要对象，尤其是视频数据。视频是一种较特殊的媒体，有时也称为图像序列、连续图像和运动图像等，具有数据量大、蕴涵信息丰富的特点，已经成为多媒体信息的一种主要表达形式。现在，不管是在民用领域还是军用领域，每天都有数十亿比特的视频数据产生。视频信息数据量大，具有时间及空间结构，其表达、存储、传输、组织具有更大的难度，如果我们不能合理地组织这些视频数据，要有效地浏览、检索这些信息是不可能的。有效地浏览与检索视频信息是当今最有挑战性的研究课题之一，是多媒体技术与数据库技术中的研究热点。

信息社会的特点不仅仅在于信息数据的爆炸性增长，更在于信息的有效利用。但是，视频本身是一种无结构的、时间依赖的数据流，难以组织与索引。要寻找感兴趣的视频信息，通常的做法是要从头至尾观看整个视频，这是非常耗时且令人厌烦的。第一代视频检索系统基本上基于文本方式，所使用的信息主要有两种：内容无关的元数据与人工标注的内容相关的关键词或自由文本。这种方式的不足之处是：① 需要大量的人力对视频数据进行注释；② 视频蕴涵的信息非常丰富，而人的感知是主观的，不同的人对同样的视频内容有不同的感知，这种主观性和注释的不准确性会导致视频检索的失配。

视频中包含的内容可以分为视觉内容与语义内容两个部分：视觉内容是客观的，如颜色、纹理、形状、空间关系和运动信息等；语义内容却常常具有一定的主观性，是人类的一种感知，与观察者密切相关，如事件、情节等。即使视觉内容是客观的，但要用文字进行准确描述与标注，也是一件非常困难的事情，如一幅纹理图像，用文字描述有时是不可能的。语义内容受观察者、环境的影响更大，其标注往往因人而异，难以准确和客观。

随着视频数据的急剧增加，出现了大型的视频数据库，基于文本的检索方式已经不能满足视频检索的需要；同时，因为计算机技术和信息检索技术的发展，人们提出了第二代视频检索系统——基于内容的视频检索（Content-based Video Retrieval，CBVR）。基于内容的视频检索指的是对视频数据中蕴涵的视觉和语义内容进行计算机处理、分析与理解并根据内容进行检索，其本质是对无序的视频数据结构化，提取视觉与语义信息，保证视频内容能被快速检索。基于内容的视频检索与以往基于整个视频文件的检索相对应，是基于视频数据局部且与内容相关的检索。基于内容的视频检索不需要人工注释文本关键词，是由计算机自动完成的。目前基于内容的视频检索的研究主要集中在基于视觉特征的检索方式上，还不能很好地实现基于语义特征的检索。要达到基于内容的视频检索的目标，还需要深入地研究。

另一方面，随着网络技术与视频压缩技术的发展，视频已成为网络传输中一种主要的数据形式。但是，相对于视频的大数据量来说，现有硬件的计算、存储和网络传输能力仍然面临严峻的考验，难以满足服务要求。相对于视频用户的需求来说，网络中传输的视频是相当冗余的，有许多是无用的。因为没有有效的视频检索技术，用户往往需要将视频下载到本地来浏览，这样有可能存在两种情况：一是下载的视频是无用的；二是在一段相当长的视频中只有极少的一部分是满足用户需求的。基于内容的视频检索技术能有效地降低网络传输的数据量，提高网络的有效利用率。可见，基于内容的视频检索是视频信息有效利用、共享的前提与基础，在许多领域有着广泛的应用前景，如数字图书馆、远程教育、广播电视、出版、影视娱乐和安全监控等，它在许多国家与地区被列为 21 世纪需重点研究的关键信息技术之一。基于内容的视频检索虽然取得了一定的成果，但还有许多技术问题需要解决。

8.4.2　基于内容的视频检索及关键技术

　　基于内容的视频检索需综合利用许多技术和使用多种类型的知识，涉及数学、物理学、生理学、心理学、电子学和计算机科学等许多学科，其系统构成也比较复杂。目前，视频数据管理系统还没有统一的结构形式，不存在完整的理论体系，技术上也不成熟，还处在研究摸索的阶段。

1. CBVR 的组成与特点

　　从数据库管理系统的角度来分析基于内容的视频检索系统，CBVR 系统的组成结构如图 8-16 所示。

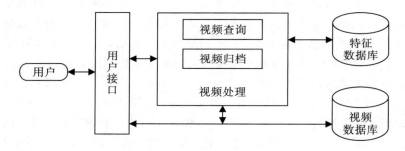

图 8-16　CBVR 系统的组成结构

CBVR 系统主要包括以下五个部分。

1）视频数据库（Video Database）

　　视频数据库是视频数据的物理存储，主要存放各种类型与格式的视频。它可以是抽象的，也可以是具体的。抽象是指视频数据库与具体的视频媒体类型、存储形式等无关，可以是压缩视频，也可以是未压缩视频，可以是传统的模拟视频如存储在录像带中的视频，也可以是数字视频，如存储在存储器中的视频文件，甚至还可以指分布在整个因特网中的视频。具体而言，通常是特指存储在本地的视频数据，一般是压缩的数字视频。

2）特征数据库（Feature Database）

　　特征数据库用来存放视频数据管理的目标模式，用这些目标模式可以把视频数据的逻辑位置与物理位置联系起来。在基于内容的视频检索系统中，目标模式通常是用视频数据的内容特征来表示的。在这里，特征既可以是文本形式的元数据，也可以是视觉特征（如颜色、形状、纹理和运动信息等）。特征数据库是在视频归档时建立的，其关键作用是建立视频数据与逻辑表达之间的联系。特征数据库实质是视频数据库的索引，因此特征数据库中目标模式以什么样的方式来组织与存储，对 CBVR 系统的性能有着非常重要的影响。

3）视频查询

视频查询的作用是将用户提交的不同类型的查询转换为上述特征数据库中一致的目标模式，并将目标模式与特征数据库中存储的目标模式进行相似匹配，以实现所查询视频的物理定位。基于内容的视频查询有两种含义：① 查询与视频内容相关的概念，这种查询比较抽象，最简单的概念表达方式是基于文字的，一般常使用自由文本或关键词；② 查询视频中目标的运动、纹理和颜色等特征，这种查询比较具体，如关键帧的颜色、纹理、形状和运动信息等。因此，基于内容的视频检索系统应该支持多种类型的查询方式，如关键词查询（Query by Keyword，QBK）、例子查询（Query by Example，QBE）、草图查询（Query by Sketch，QBS）以及它们的组合查询等。

4）视频归档

视频归档的作用是将原始视频数据加入视频数据库中，其主要功能是对视频数据进行结构与内容分析，将提取的目标模式存储在特征数据库中。目标模式以手工、半自动、全自动的方式抽取，其实质是提取表达目标模式所需的各种特征。在基于内容的视频检索中，实现目标模式的半自动或全自动提取，尽量减少人工操作，是 CBVR 系统的根本目标。

5）用户接口

用户接口的作用是接受用户的查询请求，并将查询结果以直观可视的方式表现出来。用户接口应是用户友好的，支持用户的多种查询方式，支持个性化查询。由于基于内容的视频检索是一种相似检索，因此还应具有相关反馈机制。

从系统使用的角度来分析，可以将基于内容的视频检索系统分为两个子系统：视频归档与视频检索，其流程如图 8-17 所示。

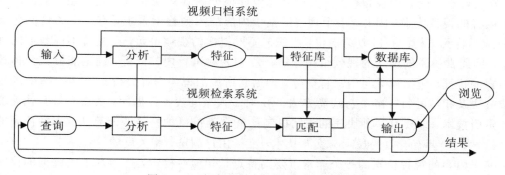

图 8-17　视频归档与视频检索系统流程

在视频归档时，对输入视频进行分析，将无结构的输入视频流结构化，进行内容分析，提取描述视频或视频对象目标模式的特征向量。在将输入视频数据存入视频数据库的同时，对应的特征向量也存入特征数据库，并建立索引。输入视频可以是本地视频文件，也可以是通过某种代理或工具在因特网中找到的网络视频文件。

在视频检索时，对给定的用户查询，按系统支持的方式对查询进行类似的分析，提取特征向量，并将该特征向量与特征数据库中的特征向量进行相似匹配，根据匹配的结果再到视频数据库中将所需的视频提取出来。用户可以浏览输出的查询结果，选择所需的图像或根据输出结果提出意见修改查询。

基于内容的视频检索一般是根据查询(如例子帧或例子视频段)提取的特征向量与特征数据库进行相似性匹配,这就存在一些问题:① 视频的描述具有主观性,用一组确定的特征不一定能表达用户的主观意图;② 低层视觉特征与高层语义特征存在着目前难以克服的语义鸿沟;③ 采用的相似性测度不一定与用户的主观评价一致;④ 用户不一定开始就明确知道或能明确表达其查询要求。因此,期望通过一次搜索就找到所需的视频单元在具体应用中通常是不现实的,基于内容的视频检索技术需要随应用和用户的不同而调整,采用的技术就是相关反馈技术,使用户可以动态地、交互地调整其查询,将用户的特殊要求反馈给系统,使检索更有效且更接近用户的需求。基于内容的视频检索应该是一个渐进的处理过程,并且应该能实现个性化查询,如图 8-18 所示。

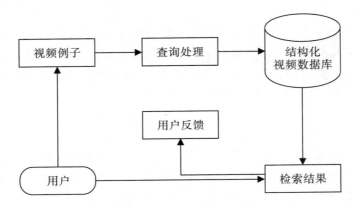

图 8-18　用户查询处理过程

由于视频数据通常是一种无结构的码流,从以上基于内容的视频检索系统的分析可知,要实现基于内容的视频检索,关键就是怎样根据内容对视频数据进行组织,使之支持基于内容的视频检索。因此,一个理想的基于内容的视频检索系统,有几个关键问题需要解决:① 将无结构的视频流结构化,组织成不同层次的视频单元,以支持不同粒度的视频检索,即通常所说的狭义的视频结构分析;② 对视频进行内容分析,确定能够充分描述视频内容的特征,包括视觉与语义特征等,即通常所说的视频内容分析;③ 要有有效的特征提取方法及相应的特征降维与约简方法;④ 对于大型的视频数据库,要有有效且快速的组织与索引技术,即要有一种快速的访问机制;⑤ 要有准确的特征匹配算法,支持视频的相似性检索;⑥ 要有有效的显示与交互技术,支持用户浏览、相关反馈等。

基于内容的视频检索的一个非常重要的特点是相似性检索,这与基于关键词的检索方法是不一样的。基于关键词的检索方法采用的是精确匹配,而基于内容的视频检索采用的是相似性匹配,评价标准是不同特征向量间的相似度。因此,基于内容的视频检索通常采用的方法是近邻查询与范围查询。近邻查询指的是将与用户查询最相似的四个检索单元提交给用户,范围查询指的是将与用户查询的相似度小于某一阈值的全部检索单元提交给用户。因此,在基于内容的视频检索中,相似性度量是一个很关键的问题。

2. 视频检索关键技术

1) 视频数据模型

从上面的讨论可知,要实现基于内容的视频检索,就必须对无结构的视频数据流进行有效的组织。要对视频数据进行有效的组织,就要有合适的视频数据模型。在视频数据模型实例化的过程中，有两个关键问题需要解决：① 时域分割，即将视频数据重新组织为不同层次的视频单元，以实现视频检索的局部化；② 内容分析，即确定能刻画视频单元的区域、目标、运动等属性，提取特征向量，建立索引，以实现基于内容的检索。从广义上说，视频结构化应该包括分析视频内容、提取特征、对内容进行描述，以获得视频结构化的表达。

视频数据由于内容的丰富性（包含低层视觉内容及高级语义内容）、结构的复杂性（非结构化）及具有时空多维结构，要用一个恰当的数据模型把现实世界的视频反映到信息世界及机器世界，是一个复杂的问题。受图像理解、计算机视觉、自然语言理解和人工智能等相关学科发展的限制，视频数据自动分割及抽取高级语义特征还存在不少困难。因此目前还不应对视频数据模型提出过高的要求，而应以建立有限自动化且应用于某些特定领域的模型为目标。

视频数据模型的设计应遵循以下原则：首先，它应反映不同层次的视频单元中所蕴含的各种特征，这些特征作为特征数据库中的目标模式把视频数据的逻辑信息与物理信息联系起来，以实现基于内容的视频检索；其次，视频数据模型应该能支持一定的视频操作；最后，视频数据模型应该能够应用 MPEG－7 标准建立统一的视频内容描述。以下是几种常用的视频数据模型：

（1）时间类描述模型。由于视频数据具有时间维，因此人们在建立视频数据模型的时候，引入了时间维。时间类描述模型主要有时间线模型、时间层次模型和时间 Petri 网模型。时间线模型是一种以时间线为基础的模型，其优点是为视频用户提供了一类相当明确又直接的表达方式，从时间线上可清楚地看出镜头划分、播放时间等信息，缺点是增加了视频编辑的复杂性。时间 Petri 网模型解决了时间线模型的问题，但也有自身的缺点。时间层次模型提出了时态区间的概念，它包括时间关系模型和基于时态区间的模型。在时间关系模型中，主要提出了两个时态区间的 13 种关系。基于时态区间的模型是一种基于时间关系模型的模型，它用一个多元树表示复合视频对象的时间关系。并且它也认为对于大多数情况来说，13 种时间关系并不都是必需的。时间层次模型不是一个完善的视频数据模型，但是它为其他的视频数据模型提供了许多基本的概念。

（2）基于应用及生成的视频数据模型。基于应用及生成的视频数据模型通过研究不同视频数据的应用及生成来作为视频数据模型设计的依据。对于每一类视频对象，都针对其不同的视频目的、视频内容、视频生成和视频用途逐一分析。其中，视频生成提供了有关该对象的语法结构及音视频特性。该模型涉及的应用对象包括故事影片、电视新闻、体育比赛、运动生理学及建筑物监控等领域。由于该模型主要从应用及生成的角度出发，因此该模型并没有给出视频数据实体及相互间关系的完整描述及表达，只是视频数据模型的初级表达形式。

（3）代数视频数据模型。代数视频数据模型是一个比较完善的模型。它引入了视频段之间的层次关系及视频代数操作，具有的特点是：① 模型支持嵌套视频结构单元，如镜头、场景及视频序列等；② 模型可表示视频段的时间组成；③ 模型定义了视频段的表现特征；④ 模型提供了与逻辑视频段相关的内容信息；⑤ 模型提供了基于内容、结构及空间信息的存取。在代数视频数据模型的视频代数系统中，定义了四类用复合视频表达式表示的运算：创立（Creation），由原始视频定义视频表达式的结构；合成（Composition），定义子节点之间的时间关系；表现（Presentation），为所包含的子节点定义空间布局；描述

(Description)，把内容属性与代数视频节点联系起来。代数视频数据模型是一个功能比较完善的模型，具有许多的优点。目前，已经建立了基于该模型的原型系统。

（4）通用视频数据框架模型。通用视频数据框架模型是借助传统数据库模型的表达方式建立起来的，它具有以下特征：① 模型借助 E-R（Entity-Relationship）图建立一个概念模型，模型中提供了核心概念及模块，在应用中可以使用其核心概念或是其子集，所以该模型具有较强的灵活性，适合不同需要，具有通用性；② 模型采用视频分段的方法定义视频文档结构，有良好的层次抽象结构，支持镜头、场景、序列及复合单元等多级抽象；③ 模型采用了面向对象的技术，每个视频对象都有唯一的标识符，并可具有复杂的属性；④ 模型中引入了视频数据上下文的概念，借助于上下文可把原始视频合成为新视频流，并由此可能产生新的语义；⑤ 模型中定义了视频查询代数，可对视频数据进行方便的操作。通用视频数据框架模型具有较强的视频数据表达能力，但是该模型结构复杂，限制了其应用。

（5）面向对象的视频数据模型。面向对象的视频数据模型是基于面向对象的概念提出的。在视频数据模型中引入面向对象的概念，具有一定的优点：① 借助于面向对象技术中的复合及泛化联系的概念可表达视频数据对象之间的复杂关系，有助于视频数据的表达和管理；② 借助于面向对象技术中数据及相关方法的封装概念，可减少视频数据之间类型及描述的差异为构造模型增加的难度；③ 借助于基于类层的属性结构及方法的继承性，可解决视频数据的表达及扩充的问题。在视频数据模型中引入面向对象的概念，与 MPEG 系列标准的发展方向是一致的。

2）视频时域分割

要做到基于内容的视频检索，就必须按照视频数据模型对视频数据进行结构分析，例如将视频流中的连续帧序列分割成若干"有意义"的不同层次的视频单元（如镜头、场景等），建立层次结构，以支持不同粒度的视频检索。视频数据一般都是分层组织的，但是，将视频数据按多少个层次进行组织以及不同层次的划分标准等问题存在较大的分歧。目前，比较一致的看法是将视频数据按"帧（Frame）—镜头（Shot）—场景（Scene）—视频（Video）"的层次形式进行组织。视频的分层组织结构如图 8-19 所示。其中，与场景相似的名称还有情节（Episode）、故事（Story）等。帧是指视频序列中的物理帧，即每幅图像。视

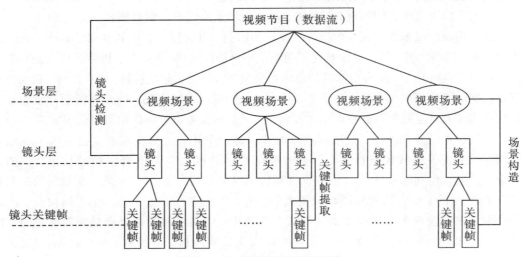

图 8-19 视频的分层组织结构

频是指整个视频节目。因此，需要处理才能获得的视频单元是镜头与场景。镜头是指一次摄像机操作连续拍下的不间断帧序列，是视频进一步结构化的基础结构层，因此镜头是对视频流进行处理的最基本的物理单元。场景由一系列时间上连续也可能不连续，但内容上相关并描述同一内容的镜头所组成。场景中的镜头可以是时间上连续的，也可以是分离的，重要的是内容含义上的相关性，场景是视频所蕴含的高层抽象概念和语义的表达。

镜头检测、场景构造和关键帧提取是基于内容的视频检索中的几项关键技术，是结构化视频的主要任务。镜头检测可以看成一个分割问题，即视频的时域分割，因此也称为镜头分割。类似于图像分割，镜头分割可以从两个方面着手：区域与边界，考虑到视频的大数据量的特点，目前的镜头分割通常是基于时域边界进行的，因此又称为镜头边界检测。场景构造比较复杂，由于场景强调的是语义，侧重于内容上的相关性，目前一般采用学习的方法来实现，如镜头聚类、隐马尔可夫方法等。

视频数据结构化一般有两种方法：一种是人工方法，非常烦琐且无法保证视频分析的效果；另一种是计算机自动分割，受目前相关技术的限制，该方法只能在较低的层次上实现，还无法在高层语义上实现视频流的自动分割，因此计算机自动视频流分割是未来的发展方向。

3) 视频内容分析

视频内容分析指视频时域分割后，确定能刻画视频单元的属性，并提取相应的特征，对内容进行描述与表达。在基于内容的视频检索中，使用的信息大体上可以分为三类：① 内容无关的元数据，指与视频内容不直接相关但有某种联系的数据，如视频格式、作者、日期、所有权等；② 内容相关的元数据，如颜色、纹理、形状、空间关系、运动等低层或中层的数据，通常这些元数据与视觉感知相联系；③ 内容描述元数据，如高层语义内容数据，一般以文字形式描述，它关心视频实体与客观世界实体的关系，或者与视觉符号和场景相联系的时间事件、感受和意图的联系。根据人类视觉感知特点，内容处理、分析或建模通常在三个层次上进行，下面简单介绍这三个层次。

第一个层次是低层内容建模，即原始视频数据建模，采用的技术是传统的图像处理与视频处理技术，提取颜色、纹理、形状、空间关系和运动轨迹等视觉特征，能实现诸如"上边是红色，下边是蓝色的镜头查询""目标从左下角运动到右下角的镜头查询"等，典型的系统是 IBM 开发的 QBIC 系统。第二个层次是中层内容建模，即派生或逻辑特征表示，采用的技术是计算机视觉技术，使用逻辑与统计推理，提取对象及其相互关系等特征，也就是通常所说的高层特征，如车、人、塔等，能实现诸如"包含塔的镜头查询""包含车的镜头查询"等，典型的系统是哥伦比亚大学开发的 VideoQ 系统。中层内容分析提取的对象可以说是介于低层视觉特征与高层语义内容之间，描述对象的特征既包括视觉特征，如对象的颜色、纹理和形状等，又包括语义特征，如车、人等概念，是实现低层视觉特征向高层语义特征映射的关键步骤。第三个层次是高层内容建模，即语义层摘要，相关的技术包括人工智能、认知科学和哲学等。高层内容建模使用智能多媒体推理、知识库等产生对象或场景意义或目的等语义摘要，能实现"包含表情痛苦的人的镜头查询"等，典型的系统是 IBM 与哥伦比亚大学联合开发的 MediaNet 系统。进行语义内容分析和采用多模态方法，即融合场景文字、字幕、音频和视频等信息进行多媒体推理是一种有效的手段。

视频内容分析中提取的特征与镜头结构分析所依据的特征不完全一样，视频内容分析提取的特征是面向视频内容的，是用来描述不同层次的视频单元，既包括视觉特征也包括语义特征。特征提取的目的是要提取一组最佳的特征来表征相应的视频单元。但是，这是一个非常复杂的问题，到目前为止，还没有一种广泛认可的标准评价方式。因此提取的特征能不能描述相应的视频单元，没有可靠的方法进行验证，只能从实验结果来进行评价。如何提取简单、有效的特征空间来描述视频数据，是一个值得深入探讨的问题。

目前，基于内容的视频检索中采用的内容分析方法主要有基于关键帧的视频检索方法、基于运动特征的视频检索方法、基于对象的视频检索方法、基于高层语义的视频检索方法等。在基于关键帧的视频检索方法中，一般过程是对镜头提取关键帧，然后对关键帧提取颜色、纹理、形状和空间关系等，按基于内容的图像检索的方法进行视频检索。在基于运动特征的视频检索方法中，提取运动特征信息，如摄像机引起的全局运动特征、场景对象的运动特征等，然后按照运动特征建立索引进行检索。在基于对象的视频检索方法中，一般要提取出场景中的视频语义对象，然后根据对象的视觉与语义特征建立索引进行检索。在基于高层语义的视频检索方法中，需要提取视频单元的语义特征，然后按照关键词等方法进行检索。一般来说，对于 QBE、QBS 等查询方法，一般使用基于关键帧或运动特征的视频检索方法，对于 QBK 等，则必需使用基于语义的视频检索方法，而基于对象的视频检索方法在各种视频查询中都可使用，当然，也可以进行混合检索。

4) 视频特征提取与索引

视频索引是与视频数据模型紧密相关的一个概念，用视频数据实例化视频数据模型的过程就称之为视频索引。视频索引与传统数据库的索引有很大的不同，视频索引不仅仅是一种索引结构，还在于它要能提供一种抽象数据类型，用来封装视频数据的视觉特征和语义特征，以支持基于内容的视频检索。由于视频数据具有时空特性，因此其包含丰富的语义内容，但在物理上，二维像素阵列的时间序列与语义并不直接相关，要实现基于内容的视频检索，必须直接对视频内容进行分析，抽取特征和语义，并利用这些内容特征建立索引。所以，视频索引与视频结构分析以及内容分析紧密相连。

从索引的产生方式出发，索引可以分为手工索引、半自动索引和自动索引。手工索引费时费力，且受个人主观影响，自动索引目前比较困难。因此，人们首先提出了一种半自动索引的思想，把计算机能自动识别出的内容进行自动索引，计算机不能自动索引的内容用人工索引，以形成一个完整的索引。但是，不管怎样，自动索引仍然是未来研究的方向。从索引内容出发，视频检索可以分为基于注释的索引、基于特征的索引、基于特定领域的索引。基于注释的索引是高级索引，涉及的是视频的语义内容，也可以说是关键词索引，通常是计算机辅助下的手工索引；基于特征的索引是低级索引，涉及的是视频的视觉内容，其目标是建立全自动的索引。现在研究最多的是基于特征的索引，但实现基于语义内容的检索是努力的方向。

视频索引的一个重要特点是一种多维数据索引，用来建立索引的特征往往是多维的，如颜色直方图特征，通常都是几十维以上，再加上纹理特征、形状特征和运动特征等，特征维数上百维是很常见的。如果采用传统的点访问方法 (Point Access Method, PAM)，在特征维数超过一定阈值时，其性能会下降，检索速度就会成为瓶颈。提高多维数据索引的效率可以从两个途径考虑：一是特征降维；二是采用空间访问方法 (Spatial Access

Method，SAM）。目前，特征降维可通过特征选择与特征提取来实现。在大比例降低维数时，特征选择性能会变得较差。特征提取通常性能比较可靠，但其计算量通常比特征选择要大得多。空间访问方法目前主要包括各种树索引结构及其他一些方法，避免时间复杂度与数据库的规模呈线性关系等。

8.4.3　现有的基于内容的视频检索系统

本节主要介绍以下几种常见的基于内容的视频检索系统：

（1）SVS(Sports Video Summarization)：一个仅使用音频特征进行体育视频精彩内容提取的系统。该系统在视频的压缩域使用视频的颜色和运动量两个最底层的特征来检测精彩片段，通过减少音频类型(兴奋的语音、音乐、掌声、欢呼声、正常的语音)的数量以及高斯混合模型(Gaussian Mixture Model)的复杂度来提高系统的效率。实验证明该系统也可以用于音乐的分类。由于系统构建简单，因此很容易集成到其他的系统中去。

（2）SVSS(Smart Video Surveillance System)：一个专门针对航空领域开发的系统。该系统综合使用人脸识别算法（Face Recognition Algorithms，FRA）、主成分分析方法(Principle Component Analysis，PCA)、线性判别分析（Linear Discrimination Analysis，LDA)等技术对异常事件进行检测并报警。

（3）VideoZapper：一个能够基于音视频内容的属性(元数据)以及其他用户对内容的使用情况将音视频内容进行个性化的选择与传输的系统。每一个用户使用音视频内容的信息都被存储在与该内容对应的数据库中，对所有用户的这些信息进行统计，从而识别出大部分用户感兴趣的信息，在其他用户使用该音频和视频内容时，首先将最吸引人的内容传输给用户。

（4）BIS(Bowling Information System)：该系统包含视频内容信息、与比赛有关的信息以及运动员的相关信息。所有的这些信息都用 MPEG - 7 的规范进行描述。另外，该系统还设计了一个半自动标注机，该标注机集成了可感知特征的手动标注与可感知特征的自动提取。通过一个查询接口，用户可以检索他想要的关于保龄球比赛的任何信息。

（5）BilVideo：一个视频数据库管理系统。该系统由事件提取机、视频标注机、基于网络的可视查询接口以及类似 SQL 的查询语言等部分组成。该系统支持颜色、形状和纹理等查询方式，并且可以实现剪辑视频内部任何片段的检索。

（6）IHVMS(Intelligent Home Video Management System)：由台湾清华大学开发的智能家庭视频管理系统。该系统首先计算每个视频的五个特征，即颜色直方图、纹理、运动幅度、运动方向直方图和小波系数，然后使用计算机视觉中的一些技术，例如 SVM、Neural Network、Adaboost、K-means 聚类算法等进行摄像机异常操作的检测、镜头边界检测、人脸识别、关键帧提取、可变长度视频摘要提取。该系统能够使用户有效地管理家庭中的各类视频。

（7）NVBS(News Video Browsing System)：由台湾的一所大学开发的新闻视频浏览系统。该系统首先利用所有新闻故事的文字信息对各个故事进行分类，并根据所提出的基于熵的方法把这些故事聚类成分等级的树型结构。同时，为了减少无线环境下的网络负载荷，该系统提取每个故事的视频摘要并进行显示。

（8）MDSS(Music-Driven Summarization System)：一个专门针对家庭视频开发的管

理系统。在该系统中，首先提取音频中的声音能量和过零率，基于这两个特征对音频进行分割；同时，在视频中，首先进行镜头边界检测，然后提取视频中的一些特征，即人脸、灯光闪烁、运动和图像帧的平均亮度等特征，最后根据音频和视频特征的相关性实现音频和视频的同步。

（9）NewBR(News Video Browsing and Retrieval System)：由武汉大学计算机科学系研究与开发的一个新闻视频浏览与检索系统。该系统的特点是基于类型的新闻故事浏览、基于关键帧的视频摘要、基于关键词的新闻视频检索。该系统的基础是准确的新闻故事分割及其文本标题提取。新闻故事分割采用的方法是镜头边界检测和故事标题检测等。该系统采用的一些策略（如音频和视频集成的方法）也可以用到其他类似的系统中去。

（10）SportBR(Broadcasted Spots Video Retrieval System)：由华中师范大学计算机科学系开发的一个广播体育视频检索系统。该系统采用基于事件的体育视频浏览方法和基于关键词的体育视频检索方法。首先将视频分解为音频流和视频流，然后分别提取它们的特征。在视频流中提取的特征是镜头检测和文本提取等；在音频流中提取的特征是语音信号能量等。这种多模特征集成的方法有效地提高了检索的准确性。

（11）VISS(Video Intelligent Surveillance System)：由清华大学自动化系研究与开发的一个实时的智能视频监控系统。该系统采用鲁棒的运动对象检测与跟踪算法，即用码本模型(Codebook Model)的方法检测场景中的运动对象，随后用 Layer Hidden Semi-Markov Model(LHSMM)对运动场景（如在公园里偷车的行为）进行建模，最后用卡尔曼滤波器(Kalman Filter)跟踪算法记录每个对象的运动路径。

（12）IVDCS(Interactive Video Delivery and Caching System)：一个交互式的视频传输与缓存系统。它主要使用视频内容分析与视频摘要技术。视频内容分析技术包括镜头边界检测与关键帧提取。在一个用户查询某一个视频时，系统并不是直接就把整个视频提供给用户，而是首先将该视频的摘要提供给用户，然后用户快速浏览该摘要，确定是否观看该视频或者其中的某一个部分。该系统节省了用户的时间与网络带宽。

（13）ISVCE(Interactive System for Video Content Exploration)：一个面向用户的交互式视频内容浏览与搜索系统。该系统能使用户访问任何视频片段的任何详细的内容。该系统由两个子系统构成：第一个子系统是两级的视频缓存系统，主要是滤除不重要的视频帧，并且把剩下的重要帧组织成图索引的结构，这样可以分等级地访问视频内容；第二个子系统是用户接口，该接口帮助用户交互式地浏览视频的内容。该系统有三个主要特点：交互式的视频浏览、语义视频内容总结和语义视频内容浏览。

（14）TQIBS(Two-level Queuing System for Interactive Browsing and Searching of Video Content Multimedia Systems)：一种两级排队的查询系统。该系统支持基于关键帧的视频摘要和面向用户的交互式视频内容搜索。在第一级排队中，用能量最小化的方法去除过渡帧；在第二级排队中，通过度量视频帧之间的相似性来去除冗余帧。最后剩余的关键帧以"有向图"的方式进行组织与管理，此种方式使得用户对视频内容的查询变得容易。该系统有一个用户界面，使用户可以交互式地搜索视频内容。该系统的特点是计算复杂性小，内存占用率少。

（15）LBVR(Learning Based Interactive Video Retrieval System)：一个基于改进的 AdaBoost 学习算法的交互式视频事件检索系统。该系统的操作由三个步骤组成：① 使用基于分布的方法将一段长的视频序列分割成若干段视频序列；② 在每段序列中，提取音频视频的特征(颜色、运动和音频特征)；③ 使用改进的 AdaBoost 学习算法实现具有相关反馈的交互式视频检索。

(16) NewsEye：西安电子科技大学影像处理实验室自主开发的一种面向 Web 的基于内容的新闻视频检索系统。该系统通过分析新闻视频的结构特点，利用视频语义分割技术和基于内容的搜索技术，使得系统具有检索效率高、检索便捷和人机交互友好等特点。NewsEye 系统的结构框图如图 8-20 所示。

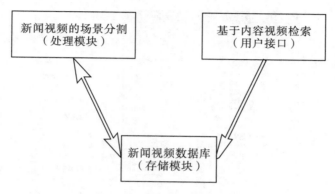

图 8-20　NewsEye 系统的结构框图

NewsEye 系统由三个模块组成，其中，新闻视频的场景分割是对新闻节目进行处理的模块，主要通过镜头突变检测、关键帧提取、主持人镜头检测、音频检测等技术确定新闻场景。数据库部分是存储模块，用于将分析好的结果保存到数据库中，以便进行更加有效的检索。

图 8-21 为系统欢迎界面。在此系统中，"视频管理"部分实现视频镜头分割、关键帧提取部分的功能；"视频检索"部分实现本机的检索功能；"查看帮助"为用户提供了该软件的使用说明。图 8-22 和图 8-23 分别为视频管理界面和操作示例界面。

图 8-21　系统欢迎界面

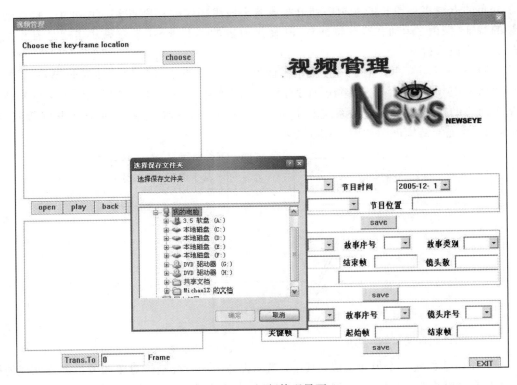

图 8 - 22　视频管理界面

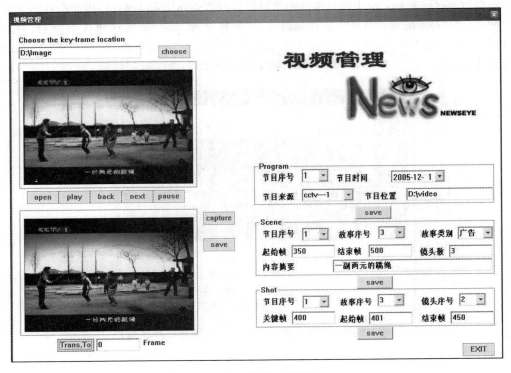

图 8 - 23　操作示例界面

8.4.4　TRECVID 会议

任何一项技术都是由该领域中相应的评价标准来推动的，需要正确的系统性能评价方法，以此来引导研究工作朝正确的方向发展；其次，与评价标准同等重要的是需要一个平衡的、合适的大规模测试数据集。美国国家标准与技术研究所（National Institute of Standards and Technology，NIST）自 1992 年以来一直赞助文本检索会议（Text Retrieval Conference，TREC），以鼓励大规模数据集上的信息检索技术研究，为研究者提供一致的评价过程与方法。为了促进基于内容的视频检索技术的研究，2001 年开始，TREC 开设了 The TREC Video Track，为基于内容的视频检索技术研究提供开放的、标准的评价，促进其发展。从 2003 年开始，The TREC Video Track 成了一个为期两天的独立的研讨会（TREC Video Retrievel Evaluation，TRECVID），在 TREC 之前举行，并得到 ARDA（Advanced Research and Development Activity）与 NIST 的资助。现在每年国内外都有大量的研究机构参与 TRECVID，2004 年达到了 33 个研究小组，国内的清华大学、复旦大学都曾参加过 TRECVID。TRECVID 的重要作用就是为研究者提供了一致的评价标准和测试数据，推动了基于内容的视频检索技术的发展。

在 TRECVID 中，提出了大量的视频检索任务，大体上可以分为三类：视频时域分割，包括镜头边界检测和故事分割；特征提取，包括低层特征提取和高层特征提取；搜索，包括手工、半自动和自动搜索等。这些任务在不同的年份会有所变化，2001 年主要是镜头边界检测和搜索；2002 年主要是镜头边界检测、特征提取与搜索；2003 年主要是镜头边界检测、故事分割、高层特征提取与搜索；2004 年的主要任务与 2003 年一样；2005 年主要是镜头边界检测、低层特征提取、高层特征提取和搜索；2006—2010 年的任务重点在于高层语义特征提取、监控视频分析与多模态搜索；2011—2015 年的任务演进细化到帧级别的语义检索；而 2016 年至今的任务扩展到跨模态检索。经过多年的努力，在 TRECVID 评价的结果中有许多技术已经取得了长足的进展，对基于内容的视频检索技术的发展起了重要作用。

8.4.5　存在的问题及发展趋势

经过十几年的研究与发展，基于内容的视频检索技术已经取得了巨大的进展，提出了许多有价值的方法，但还有许多问题需要解决。

1. 视频数据模型

现有视频数据模型的主要着眼点是面向视频结构化和视频操作的，很少从视频数据库的角度考虑，缺少像传统的关系数据库那样成熟的三层数据模型结构，因此现在的视频检索系统还难以被称为真正视频数据库系统。一个成熟的视频数据库系统需要不同逻辑层次上的数据模型，以满足各种不同的需求。

2. 特征提取与语义鸿沟

特征提取主要包括低层视觉特征提取与高层语义特征提取。人们在日常生活中常常倾向于使用高层的语义概念，而低层视觉特征难以描述与表达。首先，特征提取本身是一个很困难的问题，因为人们往往缺乏有效的评价标准来衡量提取的特征是不是本原特征，是否能真正地表达视频内容。其次，目前的计算机视觉技术能够从视频中自动提取的大多是低层视觉特征，只在极个别专业领域，才有可能将低层视觉特征与高层语义内容联系起来。因此，语义鸿沟是基于内容的视频检索所面临的最大难题之一，如果这个问题不解决，真正应用基于内容的视频检索技术就是一件很困难的事情。解决这个问题有两种途径：一种是将应用限制在某些专业应用领域，因为在专业应用领域有可能将所需要的语义概念全部形式化，并与低层视觉特征关联起来；另一种就是采用机器学习技术，如现在常用的概念检测技术、相关反馈技术和深度学习技术等。

3. 内容建模与表达

即使能够提取充分表达视频内容的特征，如何表达这些特征也有一定的困难。人们思考问题通常是基于概念，不同的概念之间往往又是相互关联的，如何表达不同概念之间的语义联系，是目前自然语言理解、人工智能等技术难以解决的问题。因此视频内容建模是基于内容的视频检索中的一个研究热点。

4. 相似性度量与主观感知

相似性可用满足测度空间条件下的特征空间的距离来度量，但是这种距离度量方法是否与人类的主观感知一致，是一个需要验证的问题。相似性度量在基于内容的视频检索中是一个关键步骤，因为基于内容的视频检索本身就是相似检索，而不是文本检索中的精确检索。现在已有实验证明，距离模型假定感知距离满足测度公理并不一定成立，与人类的视觉感知并不完全一致，因为人类的主观感知往往更多地依赖语义信息。相似性度量与主观感知不一致的问题，主要依靠机器学习技术来解决，一个有效的方法就是相关反馈，在检索循环中引进人的因素，使系统具有学习功能。

5. 视频组织与多维索引

视频信息数据量非常庞大，要有效地组织与存储视频数据，比传统的文本数据库要复杂得多。目前，数据库领域中视频数据库往往还是采用文本的检索方式；计算机视觉领域中的视频检索系统是视频数据，而不是真正的视频数据库。在大规模的视频检索系统中，视频的组织与索引是一个非常关键的问题。由于表达视频内容的特征向量往往是多维的，如果没有有效的多维索引结构的支持，检索效率将大大降低。目前，关于多维索引的研究已经取得了一定的成果，但还不能令人满意。多维索引技术主要包括两类：点访问方法和空间访问方法。在基于内容的视频检索中，一个成功的索引结构应能支持有效、快速的视频检索，同时还应该具有分层浏览的能力。

6. 视频检索界面

一个好的检索界面能够有效地提高系统性能。基于内容的视频检索系统需要支持多种类型的查询方式，综合利用多种类型的特征，拥有一个用户友好的检索界面。由于基于内容的视频检索技术的复杂性与多样性，也考虑到计算机视觉、自然语言理解、人工智能和数据库技术等支撑技术的现状，在视频检索中引入人为的因素，往往能大幅度地提高检索性能。

因此，在现阶段对视频检索应用还不应提出过高的、不切实际的要求，还应以低层视觉特征检索系统和某些专用领域的应用为主。同时，应该加强在内容分析技术等方面的研究。

8.5　本　章　小　结

基于内容的信息检索是对文本、图像、音频和视频等媒体对象进行内容语义的分析和特征的提取，并基于这些特征进行相似性匹配的信息检索技术。它与传统数据库基于关键词的检索方式相比，具有以下特点：

（1）突破了关键词检索中基于文本特征的局限，直接从媒体内容中提取特征线索，使检索更加接近媒体对象。

（2）提取特征的方法多种多样。例如，可以提取图像的形状特征、颜色特征、纹理特征，视频的动态特征和音频的音调特征等。

（3）人机交互式检索。基于内容的检索系统通常采用参数调整方法、聚类分析方法、概率学习方法和神经网络方法等，通过人机交互的方式来捕捉和建立多媒体信息低层视觉特征和高层语义特征之间的关联，即相关反馈技术。其目的是在检索过程中根据用户的查询要求返回一组检索结果，用户可以对检索结果进行评价和标记，然后反馈给系统。系统根据这些反馈信息进行学习，再返回新的查询结果，从而使检索结果更接近用户的要求。

（4）相似性匹配检索。基于内容的检索是按照一定的匹配算法将需求特征与特征库中的特征元数据（Meta Data）进行相似性匹配，满足一定相似性的一组初始结果按照相似度大小排列，提供给用户。这与关键词的精确匹配算法有明显不同。

（5）逐步求精的检索过程。用户通过浏览初始结果，可以从中挑选相似结果或者选择其中一个结果作为示例，进行特征的调整，并重新进行相似性匹配，经过多次循环后不断缩小查询范围，做到逐步求精，最终得到较为理想的查询结果。

基于内容的多媒体信息检索技术的开发重点和技术优势主要包括两个方面：对多媒体信息内容特征的识别和描述技术、对特征的相似性匹配技术。可见，这种检索技术是一项涉及面很广的应用技术，需要以图像处理、模式识别、计算机视觉和图像理解等领域的知识作为基础，还需从认知科学、人工智能、数据库管理系统、人机交互和信息检索等领域引入新的媒体数据表示和数据模型，从而设计出可靠、有效的检索算法、系统结构以及友好的人机界面。

基于内容的多媒体信息检索技术与传统数据库技术、Web 搜索引擎技术相结合，可以方便地实现海量多媒体信息资源的存储和管理，并可以检索 HTML 网页中丰富的多媒体信息。在可预见的将来，基于内容的多媒体检索技术将会在数字图书馆建设以及其他很多领域中得到广泛应用。

第9章 数字音视频技术的交叉应用

跨学科或者交叉学科的研究是目前科学领域讨论的热点。跨学科的目的主要在于超越以往分门别类的研究方式，实现对问题的创新性或整合性研究，进一步获得突破性的研究成果。近年来一大批使用跨学科方法或从事跨学科研究与合作的科学家陆续获得诺贝尔奖，说明了跨学科研究的迫切性与先进性。

党的二十大报告中明确指出，教育是国之大计、党之大计。近年来，随着科学技术和产业革命融合的不断加速，单一学科的知识、方法等已不足以破解重大科学难题，发展交叉学科已成为我国科技创新和发展的必然趋势。基于此，本章着重讨论跨媒体信息处理在其他领域和学科，如空间物理、医疗以及自然语言处理等领域中的交叉应用问题。

9.1 数字图像视频处理技术在空间物理中的应用

9.1.1 概述

空间物理主要研究地球空间、日地空间和行星际空间的物理现象，是人类进入太空时代以来迅速发展起来的新兴学科，主要利用空间飞行器对太阳、行星际空间、地球和行星的大气层、电离层、磁层等进行研究，并研究空间环境对地球生态环境的影响。地球空间是人造地球卫星、航天飞机与空间站的飞行区域，是目前人类开发和利用太空资源、从事对地观测与太空科学试验、进行太空军事进攻与防御的主要活动区域，也是危害人类活动与生存环境的灾害性空间天气的直接发生地。在太阳电磁辐射与粒子辐射的变化和行星际扰动的影响下，地球空间环境和状态发生剧烈变化，其中许多变化威胁航天活动与宇航员安全，影响通信、导航和定位精度，损坏地面技术系统，并影响地球大气与生态环境。极端空间天气的变化，给地球带来了严重的危害，也给人类造成了巨大的经济损失。

空间物理研究需要借助极光成像设备和雷达观测设备获得极光数据，极光数据从极区台站传输至中国极地研究中心，并进行后续的雷达信号处理、极光图像和视频数据分析、建模和预测等工作。这些数据传输和处理过程都需要图像、视频压缩编码等电子信息技术支撑，比如极光图像和视频分析前需要完成图像的降噪、增强、目标分割。因此，将音视频处理技术与空间物理学融合并交叉发展很有必要，且将更好地促进空间物理学发展。接下来主要介绍极光图像分类和极光视频分类两种应用场景。

9.1.2 极光图像分类

极光是太阳风通过日侧极隙区注入地球磁层时沉降粒子沿磁力线与地球高层大气相互作用而产生的绚丽光辉。极光是极区空间天气物理过程的观测窗口，直接反映了太阳风与地磁层的耦合过程，蕴含着大量日地空间的电磁活动信息，有着深刻的研究意义。目前，中国极地研究中心已经对极光观测图像进行了初步分析，从形态上将其大致分为弧状和冕状两类，而冕状又可细分为辐射型冕状、热点型冕状和帷幔型冕状，如图 9-1 所示。

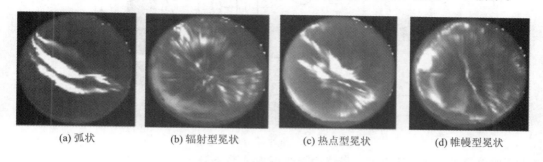

(a) 弧状　　　　　　(b) 辐射型冕状　　　　　　(c) 热点型冕状　　　　　　(d) 帷幔型冕状

图 9-1　4 种极光图像形态

　　早期的极光图像分类研究只是建立在肉眼观察的基础上，采用手工标记的方法进行分类。随着计算机科学技术的发展，图像处理模型识别技术成为极光分类研究的新手段，接下来介绍两种极光分类算法。

1. 基于分层小波模型的极光图像分类算法

　　基于分层小波模型的极光图像分类系统流程如图 9-2 所示，主要包括预处理、特征提取、特征降维和分类器训练 4 个部分。

　　(1) 预处理。由于原始图片中镜头边缘处有灯光等干扰，所以需要对其进行一定的剪裁和掩膜操作，以达到位置校准、光线归一化的目的。

　　(2) 特征提取。将预处理后的图像按分层小波模型提取全局和局部特征，进行归一化处理后，构成极光图像的特征向量。

　　(3) 特征降维。由于特征向量的高维数会导致计算时间的消耗，特征向量之间的相关性也会造成特征冗余，影响特征的区分性，因此，这里采用主成分分析(PCA)对特征进行降维。

　　(4) 分类器训练。对降维后的特征向量采用支持向量机(SVM)训练分类器，并将其用于测试图像的分类。

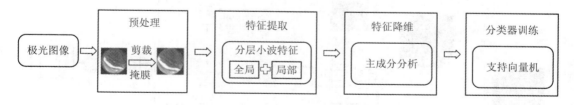

图 9-2　基于分层小波模型的极光图像分类系统流程

　　特征提取主要采用二维小波离散变换对预处理的极光图像进行处理。二维小波分解示意图如图 9-3 所示，首先对图像按行进行一维小波变换，生成大小相同的低频子图像和高频子图像，然后按列进行一维小波变换，将每个子图像又分解为低频部分和高频部分。

　　图 9-4 所示为极光图像进行两层小波分解后的伪彩图结果，从中可以看出，小波分解将极光图像的高频纹理部分和低频平滑部分分解，各个分解图的特征可以很好地表示不同

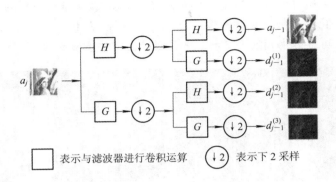

图 9 - 3　二维小波分解示意图

极光图像的纹理分布，从而用于最终的极光图像分类决策。

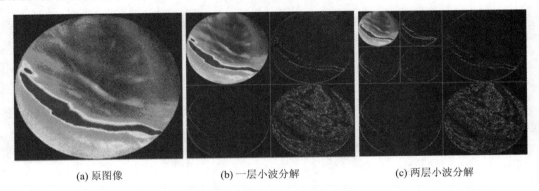

(a) 原图像　　　　　　　　(b) 一层小波分解　　　　　　(c) 两层小波分解

图 9 - 4　极光图像小波分解伪彩图

2. 融合显著信息的 LDA 极光图像分类算法

融合显著信息的潜在狄利克雷分配（Scale Invariant Linear Discriminant，SI-LDA）极光图像分类算法流程如图 9 - 5 所示，主要分为 5 个步骤：极光图像的顶帽变换、极光图像

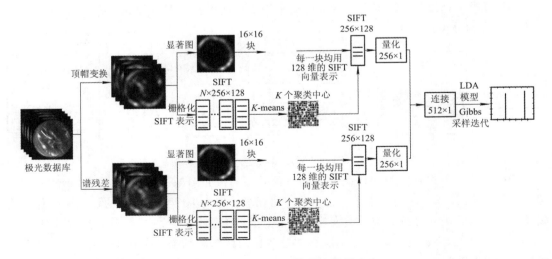

图 9 - 5　SI-LDA 算法流程图

的视觉单词提取、极光图像的谱残差显著图获取、谱残差显著图的视觉单词提取、极光图像的 SI-LDA 表示。

1）极光图像的顶帽变换

在极光图像拍摄过程中，由于拍摄设备的暗电流以及大气层的影响，极光图像存在亮度不均匀的现象，我们可以通过顶帽变换来改善这一现象，图 9-6 为顶帽变换后图像与原极光图像对比图。顶帽变换的定义为

$$I_{\text{tophat}} = I - I^\circ e$$

其中 I 表示原极光图像，I_{tophat} 表示顶帽变换后图像，$I^\circ e$ 表示原极光图像的开运算。

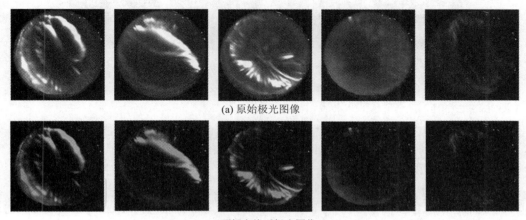

(a) 原始极光图像

(b) 顶帽变换后极光图像

图 9-6　顶帽变换后图像与原极光图像对比图

2）极光图像的视觉单词提取

词袋模型已经成功地应用于文本分类，其建模过程非常简单。近年来，词袋模型也被用于计算机视觉领域，现将其用于极光图像表示中。视觉单词提取步骤如下：

（1）对预处理后的极光图像 I_{tophat}^N 进行 16×16 的网格划分，每个网格子图记为 G_n^N。

（2）用网格子图 G_n^N 的中心作为特征点，计算 G_n^N 的 SIFT 特征，记为 S_n^N。

（3）使用 K-means 方法对 S_n^N 进行聚类，聚类中心记为 w_i，即字典。

（4）对 S_n^N 进行视觉单词量化，当 $\min \parallel S_n^N - w_i \parallel$ 时，令 $S_n^N = w_i$，这样就将极光图像量化为由 K 个视觉单词构成的文档 D^N 了。

3）极光图像的谱残差显著图获取

谱残差是专门针对灰度图像提取显著图的方法，其算法流程十分简洁，步骤如下：

（1）对极光图像 I^N 进行傅里叶变换，得到图像的幅度谱 $A^N(f) = \text{Amplitude}(F(I^N))$ 和相位谱 $P^N(f) = \text{Angle}(F(I^N))$。

（2）对幅度谱取对数，得到对数谱 $L^N(f) = \log(A^N(f))$。

（3）计算谱残差，$R^N(f) = L^N(f) - h(f) * L^N(f)$。

（4）得到显著图，$SM^N = g(x) * F^{-1}[\exp(R^N(f) + P^N(f))]^2$。

其中，F 为傅里叶变换；$h(f)$ 为 3×3 均值滤波模板；$*$ 为卷积符号；$g(x)$ 为高斯滤波器（$\sigma = 8$），用于平滑显著图；F^{-1} 为傅里叶逆变换。

图 9-7 所示为极光图像的谱残差显著图实例。

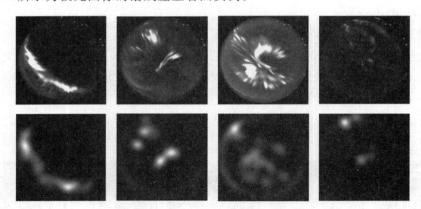

图 9-7 极光图像原图与其谱残差显著图

4）谱残差显著图的视觉单词提取

与步骤 2）相同。

5）极光图像的 SI-LAD 表示

对极光图像 I^N 的语义加强型文档 C^N 进行一定次数的 Gibbs 采样迭代，就可以得到极光图像的 SI-LDA 表示。其步骤如下：

（1）对于文档中的单词 w_i，随机设定其所属主题 z_i，令 $\{z_i = \{1, 2, \cdots, T\}\}$，$i = 1, 2, \cdots, K$。其中，$T$ 为主题个数；K 为单词总数，即字典大小。该状态为 Markov 链的初始状态。

（2）从 1 循环到 K，根据公式将词汇分配给某个主题，获取 Markov 链的下一个状态。

（3）第（2）步迭代足够次数以后，认为 Markov 链接近目标分布，就取 z_i（i 从 1 循环到 K）的当前值作为样本记录下来。

（4）统计每篇文档中单词分配到各个主题的次数，即完成 SI-LAD 表示。

9.1.3 极光视频分类

极光是一种非刚体运动，其图像包含丰富的细节及随机性很强的形状变化，极光序列中蕴含着丰富的时间相关信息，提取其动态特征对实现极光序列识别很重要。典型极光序列如图 9-8 所示。

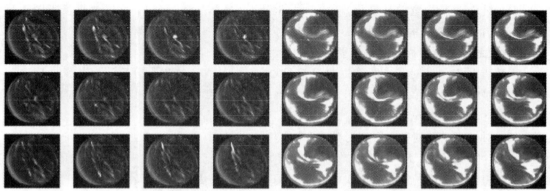

(a) 辐射状极光序列　　　　　　　　　　　　　　(b) 热点状极光序列

图 9-8 典型极光序列

1. 基于张量动态纹理模型的极光视频分类

基于极光视频动态纹理建模的极光视频事件识别步骤：首先对四类极光视频进行普适性动态纹理建模，然后利用矩阵奇异值分解（Singular Value Decomposition，SVD）对动态纹理模型求解，最后用模型参数间的马丁距离衡量极光序间的差异性，采用最小距离分类器和支持向量机（SVM）分类器实现四类典型形态的极光序列的自动分类识别。为进一步提高模型紧凑度，引入张量分解，建立张量动态纹理模型。不同于动态纹理模型只关注序列帧间的重复相关性，张量动态纹理模型同时分析序列帧间的重复相关性和图像帧内各个部分间的重复相关性，从时间和空间维度上同时进行分解，减少模型冗余的同时提高了分类准确率。整体流程图如图 9 - 9 所示。

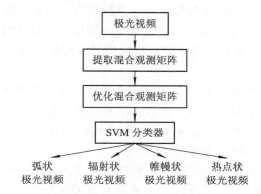

图 9 - 9　基于张量动态纹理模型的极光视频分类算法流程图

2. 基于黏性流体粒子运动模型的视频序列分类

该方法的具体实现步骤如下：对输入的极光序列进行预处理；运用黏性流体力学模型计算预处理后的极光粒子的运动场；提取极光粒子运动场的局部二值模式特征，作为极光序列的动态特征 P_1；提取极光序列每帧极光图像像素值的局部二值模式特征，作为极光序列的静态特征 P_2；将 P_1 与 P_2 相结合，得到能够表征不同形态极光序列的特征 $P=(P_1,P_2)$，将这些不同形态极光序列的特征 P 输入 SVM 分类器中完成分类。整体流程图如图 9 - 10 所示。

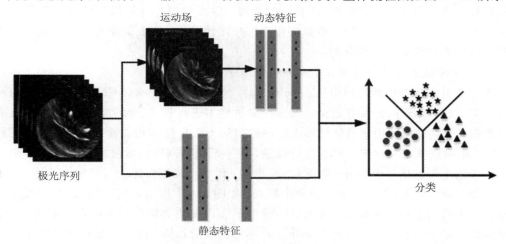

图 9 - 10　基于黏性流体粒子运动模型的视频序列分类方法算法流程图

9.2 数字图像视频处理技术在医疗领域的应用

9.2.1 概述

医学影像学是研究借助于某种介质与人体相互作用,把人体内部组织器官结构、密度以影像方式表现出来,供诊断医师根据影像提供的信息进行判断,从而对人体健康状况进行评价的一门科学。医学影像技术与临床紧密相关,是临床不可或缺的辅助学科。常见的医学影像技术有光成像、电脑断层扫描(CT)、核磁共振成像(MRI)等,用于检查人体无法用非手术手段检查的部位,将病人待检部位的图像信息通过探测器进行采集,获得检查部位的影像,传到图像工作站供医生阅览和给出诊断报告,并可以进行存储和打印,大大提高了医疗诊断的准确性。医学影像技术是医学诊断领域一门新兴的学科,可以很好地配合临床症状、化验结果等,为最终准确诊断病情起到了不可替代的作用,同时也可以直接应用在放射性治疗方面。

医学影像学不仅需要医学知识作为基础,而且还需要计算机和电子信息技术的支撑,医学图像采集、预处理以及后续图像传输均离不开电子信息技术的辅助。以数学、物理学、计算机、生物学、医学为基础的综合交叉学科医学影像学在现有医疗体系中十分重要,多学科交叉融合可以促使医学更快更好地发展。

同时,党的二十大报告提出,要健全公共卫生体系,提高重大疫情早发现能力,加强重大疫情防控救治体系和应急能力建设,有效遏制重大传染性疾病传播。三年疫情给我们的生活带来了重大变化,期间也涌现出了非常多的基于数字信息的智能化疫情状态分析、风险评估、辅助诊断、病毒变异预测等技术,健全了我国的疫情防控预测和救治体系。下面分别介绍上述技术。

9.2.2 AI 辅助诊断

1. 病理图像分类

传统病理图像分类是指临床医生借助医学图像来辅助诊断人体是否有病灶,并对病灶的轻重程度进行量化分级。随着 AI 技术的发展,深度学习在计算机视觉领域取得了巨大的成功,激发了许多国内外学者将其应用于医疗图像分析。下面简单介绍一下如何利用深度学习进行甲状腺病理图像分类。

1)基于深度主动学习的甲状腺癌病理图像分类方法

该方法引入将卷积神经网络(Convolutional Neural Networks,CNN)和主动学习相结合的分类方法,无须标记所有数据,仅选择少量样本进行标注。该方法利用 CNN 提取病理图像的特征,进而使用该特征计算未标注样本的不确定性和相似性,选择"有价值"的样本,然后由病理学家对选定的样本进行标注,并不断微调网络以增强模型的分类性能。

该方法主要包括三个部分:深度 CNN 框架、样本不确定性评估与相似性评估、样本选择与模型更新。深度 CNN 框架包括两个模块,如图 9-11 所示,虚线框①内模块用于计算无标签样本的信息熵以及模型参数更新,虚线框②内模块为特征哈希码提取模块,用于学习辅助数据集中的样本和甲状腺数据集中样本的深度哈希码。该方法通过评估样本的不确定性与样本间的相似性来选择标注样本,较高的不确定性表示样本有较高的信息量,样本间相似性的评估能够辅助去除冗余样本，以更少的标注样本获得最优的分类模型。注释样本的选择综合考虑样本的不确定性以及代表性。

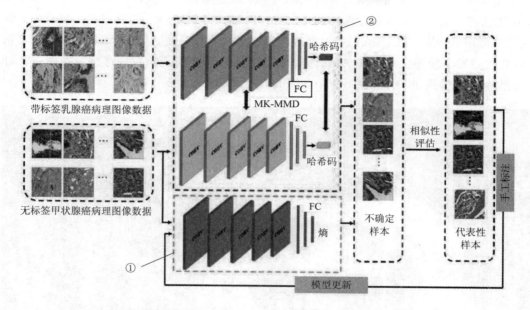

图 9 - 11　基于深度主动学习的甲状腺癌病理图像分类方法算法框架图

2）基于深度学习的甲状腺乳头状癌病理图像分类方法

该方法具体方案是：（1）读取放大因子为 20 的甲状腺乳头状癌病理切片图像，并将其输入改进后 VGG-f 卷积神经网络，获得注意力热图；（2）将注意力图归一化，获得判别力热图；读取 40 倍放大的甲状腺癌病理并根据判别力区域位置获得图像块；（3）将图像块输入原始 VGG-f 网络并构建损失函数，对该网络进行监督训练；（4）提取训练好的 VGG-f 网络卷积特征并进行分类处理得到图像块的类别；（5）根据图像块的类别判断出甲状腺癌病理图像的类别。基于深度学习的甲状腺乳头状癌病理图像分类方法算法框图如图 9 - 12 所示。

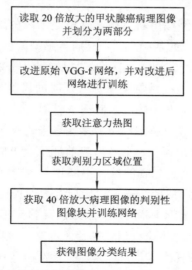

图 9 - 12　基于深度学习的甲状腺乳头状癌病理图像分类方法算法框图

2. BioMind 新冠肺炎 CT 影像 AI 定性辅助诊断系统

疫情初期，为了缓解新冠病毒疫情诊断对基层医疗单位的巨大压力，在 2020 年大年初四，由工信部牵头，天坛医院、解放军总医院、BioMind 联合开始了"新冠病毒感染 CT 影像人工智能辅助诊断"专题攻关任务，并成功推出了一套专门的 AI 定性诊断系统。这套新冠 AI 定性诊断系统不仅能够实现新冠病毒感染诊断，还能实现新冠病毒感染与病毒性肺炎、细菌性肺炎等的进一步鉴别诊断，如图 9 - 13 所示。

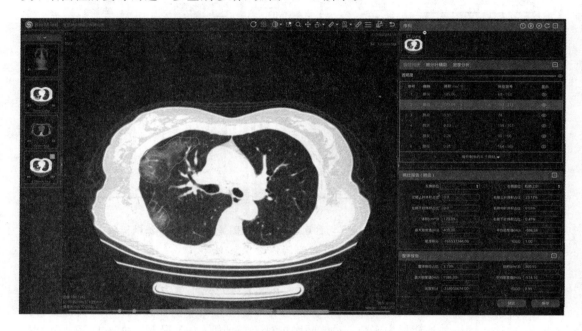

图 9 - 13　BioMind 新冠肺炎 CT 影像 AI 定性辅助诊断系统界面示例

该系统全面覆盖了早期诊断、治疗评估和愈后随访的完整临床周期，主要实现了以下功能：

首先，"鉴别诊断"功能能够检出新冠病毒感染毫米级的磨玻璃影、斑片影等早期细微征象。在检出敏感性接近 100% 的基础上，新冠病毒感染的鉴别诊断准确率（与核酸检测阳性结果符合率）也能够达到 95.5% 以上。其次，"智能量化分析"功能实现了精确的病灶量化分析与动态评估，为病程进展提供量化指标与及时的风险预警，辅助影像科医生进行病变分期与病情严重程度的判断，并为临床及时采取针对性治疗方式提供依据。

同时，"智能随访"功能可以快速实现患者多次影像检查的自动调用及病灶精确配准分析，辅助医生迅速作出治疗效果评估、患者出院前评价及出院后康复随诊等一系列重要工作。随着疫情攻坚战的深入、治愈患者的数量不断增加，"智能随访"功能将为精确监测治疗转归、密切观察患者预后、评估肺结构及功能损害程度提供丰富准确的指标。

西安交大一附院郭佑民教授团队研制的"新冠病毒肺部感染辅助诊断系统"，实现了对新冠病毒感染者肺内病变部位的快速检出，定量评价病变范围和病变演变过程，其准确率高达 95% 以上。该诊断系统依托专家训练、人工智能结合传统的计算机视觉技术对新冠病毒感染患者肺部的病变区域进行分割和计算（见图 9 - 14），可以同时获取病变区域的体积、密度、磨玻璃成分等定量参数(见图 9-15)，尤其是对于患者随访的数据可以实时进行图像配准，精准定位病灶的位置和大小，方便比较病变的消长。临床试验表明，该系统能够辅助临床医生对新冠病毒感染进行快速诊断，并能提供智能诊断报告，适应阻断疫情扩散蔓延的公共卫生紧急应对要求，具有很好的临床应用效果。目前，该系统在华中科技大学协和医院等多家医院投入应用。

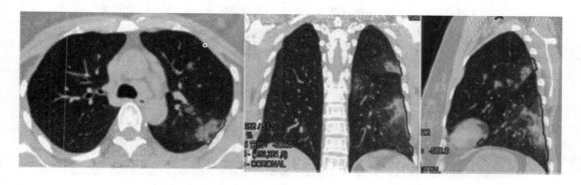

图 9-14　肺部 CT 图像分割可视化结果

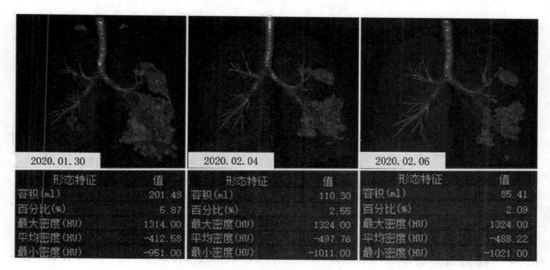

图 9-15　基于图像可视化技术定量展示病变的分布和范围

9.2.3　疫情状态分析

疫情发生以来，大数据、机器学习、人工智能等技术的价值同样在这场抗疫战斗中得到充分的展现。这些技术的优势在于可根据疫情的不同发展阶段、不同地区政府的政策措施对模型进行适应性调试和改进，通过历史数据利用机器学习算法进行学习训练，得到预测疫情发展的数学模型，并能够根据疫情的最新数据不断学习优化模型，来提供实时预测。如图 9-16 所示，清华大学的 AMiner 团队以官方公布数据为基础，预测确诊人数、治愈人数等数据上的变化趋势，寻找疫情拐点。通过传染病动力传播模型，引入医疗隔离和大众防疫影响因子，预测不同阶段新冠病毒再生指数，再通过机器学习算法预测感染人数变化，为疫情的防控提供了极大的助力，也推动了我国公共卫生管理机制的数字化进程。

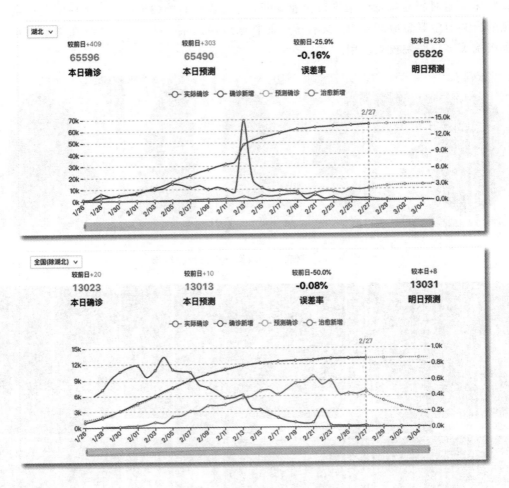

图 9-16 疫情感染人数预测

9.2.4 疫情风险评估

在汇集大量的健康状态数据之后，结合确诊人数、治愈人数，地区人口数量、面积、医疗指数等，研究人员利用数据进行深入分析，推出了基于知识的全球新冠疫情风险评估和辅助决策系统。该系统主要在于预测地区新冠疫情的风险指数，从而可以辅助决策何时复工复产、开学等。该风险指数的评估不仅涵盖了全球各地区，同时还是多级别、细粒度风险指数评估。针对面积较大、疫情较为严重的国家，预测还可以具体到省或州等更小级别的评估。除此之外，该评估指数会随着疫情数据的变化、关键事件的发生进行动态更新。如图 9-17 和图 9-18 所示，该系统除了可以可视化展示各地区的风险评估指数以外，还提供了全球疫情事件时间轴、全球实时疫情数据和预测，帮助大家了解全球疫情传播状况。

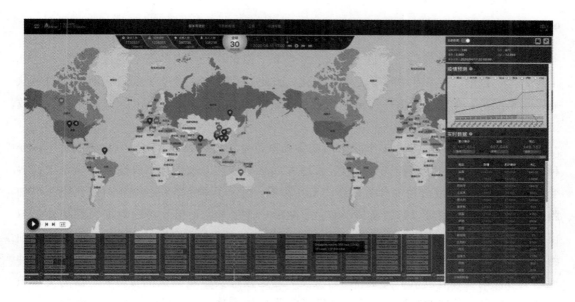

图 9-17　全球新冠肺炎疫情预测地图

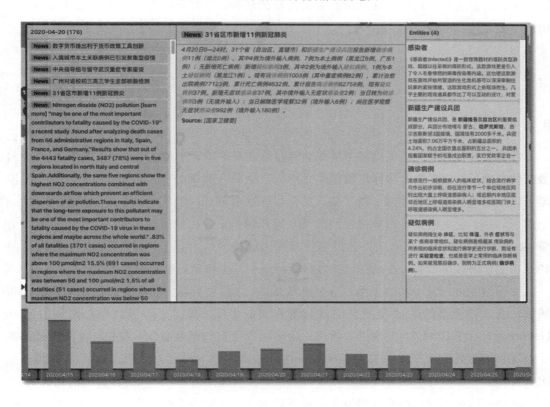

图 9-18　全球疫情事件时间轴

9.2.5　病毒变异预测

虽然新冠病毒大流行已经进入全民免疫阶段，但全球范围内的新冠病毒变异株多达几十种，迄今为止，其基因序列还在发生变化。因此，了解和预测包括新冠病毒在内的冠状病毒未来变种，有望促进下一代抗体疗法及疫苗的研发，同时，也可以为制定公共卫生政策提供重要参考。

2022 年，苏黎世联邦理工学院团队在实验室产生了大约 100 万个新冠病毒刺突蛋白变种，它们携带不同的突变和突变组合。通过进行高通量实验及测序，研究人员确定了这些变种如何与 ACE2 蛋白和现有抗体疗法相互作用，揭示了单个潜在的变种可以感染人类细胞的程度，以及它们可以逃避抗体的程度。随后，研究人员利用收集的数据训练机器学习模型，这些模型能够识别复杂的模式——只给出一种新变体的 DNA 序列，就可以准确预测它能否与 ACE2 结合以感染和逃避中和抗体。最终机器学习模型可以用来预测数百亿种理论上可能的变体，包括单突变和组合突变，远远超过实验室测试的百万种。借助文本识别、检测和生成领域的算法，有助于开发下一代抗体疗法，目前科学家们已经研制出了一些抗体，该方法可以确定哪些抗体具有最广泛的活性，也有望促进下一代新冠病毒感染疫苗的开发。

9.3　生成模型概览

9.3.1　概述

在概率统计理论中，生成模型是指能够在给定某些隐含参数的条件下，随机生成观测数据的模型，它给观测值和标注数据序列指定一个联合概率分布。在机器学习中，生成模型可以用来直接对数据建模，对于输入的随机样本能够产生我们所期望生成的数据。举一个例子，一个生成模型可以通过视频的某一帧预测出下一帧的输出。另一个例子是搜索引擎，在你输入的同时，搜索引擎已经在推断你可能搜索的内容了。可以发现，生成模型的特点在于学习训练数据，并根据训练数据的特点来产生特定分布的输出数据。

生成模型可以分为两个类型：第一种类型的生成模型可以完全表示出数据确切的分布函数；第二种类型的生成模型只能做到新数据的生成，数据分布函数则是模糊的。Ian Goodfellow 在 NIPS2016 的演讲中给出了很多生成模型的研究意义。首先，生成模型具备了表现和处理高维度概率分布的能力，而这种能力可以有效运用在数学或工程领域。其次，生成模型尤其是生成对抗网络可以与强化学习领域相结合，形成更多有趣的研究。

目前生成模型也已经在业内有了非常多的应用，比如用于超高解析度成像，可以将低分辨率的照片还原成高分辨率，对于大量不清晰的老照片，我们可以采用这项技术加以还原，或者对于各类低分辨率的摄像头等，也可以在不更换硬件的情况下提升其成像能力。使用生成模型进行艺术创作也是非常流行的一种应用方式，可以通过用户交互的方式，通过输入简单的内容从而创作出艺术作品。此外生成模型的应用还包括图像到图像的转换、文字到图像的转换等，以及最近大火的 ChatGPT、Bing Chat 等智能对话体。以下分别介绍上述软件。

9.3.2　ChatGPT

ChatGPT 是由 OpenAI 基于 GPT-4 架构开发的大型语言模型。GPT(Generative Pre-train Transformer)是目前最先进的自然语言处理技术，让 AI 具备了强大的语言理解与表达能力。ChatGPT 可以帮助用户处理各种语言任务，如写作、阅读、翻译、解答问题等。它覆盖了多种语言，为全球用户提供服务。

G 代表生成模型(Generative Model)，是一种计算机程序，仿照人脑结构并通过大量数据学习来完成指令任务，它可以学习数据的特征，并创造出类似的新数据。简单来说，生成模型就像是一个艺术家，观察并学习现实世界的样子，然后创作出新的作品。和传统计算机系统的不同之处在于，它给出的结果往往是不确定的，每次的反应都可能不同，生成模型会随着系统进步而变得更快、更聪明。

P 代表预训练模型(Pre-trained Model)，是一个通过大量数据进行训练并被保存的网络。可以将其通俗地理解为研究者为了解决类似问题所创造出来的一个模型，有了先前的模型，当我们遇到新的问题时，便不再需要从零开始训练新模型，而可以直接用这个模型入手，进行简单的学习便可解决该新问题。

T 代表 Transformer，是一种用于语言理解的新型神经网络架构，是 Google 团队 2017 年 6 月提出的自然语言处理(Natural Language Processing，NLP)领域具有突破性意义的研究成果，是在 Ashish Vaswani 等人发表的论文"Attention Is All You Need"中提出的。

ChatGPT 能帮你写出各种类型的文章，如软文、公关稿、博客、小说等。无论你是创作高手还是写作新手，ChatGPT 都能为你提供专业的写作建议，让你的文字更加精彩。

1. ChatGPT 的演变历程

算法模式经历了 GPT-1(2018 年)、GPT-2(2019 年)、GPT-3(2020 年)和 InstructGPT (2022 年初)四个版本。

GPT-1(2018 年)：仅需要对预训练的语言模型作很小的结构改变，即加一层线性层，即可方便地应用于下游各种任务。

GPT-2(2019 年)：使用 zero-shot 设定，基本实现一劳永逸，训练一个模型，在多个任务上都能使用。

GPT-3(2020 年)：不通过任何样例学习，而是利用少量样本去学习，更接近人脑学习模式。

InstructGPT(2022 年初)：经过多任务的微调后，能在其他任务上实现 zero-shot 预测，泛化能力极大提升。InstuctGPT 可以理解成是 GPT-3 的微调版本，与 GPT-3 相比更擅长遵循指令，回答更真实，且有害情绪输出大幅下降。

ChatGPT 可以理解成 GPT-3.5 的微调版本，相较于 InstructGPT，ChatGPT 效果更

加真实，模型的无害性实现些许提升，编码能力更强。

ChatGPT 使用的新的 AI 训练方法，加大"人"的反馈权重。训练过程包括训练监督策略模型、训练奖励模型（Reward Mode，RM）、采用 PPO（Proximal Policy Optimization，近端策略优化）三个阶段，在持续参数迭代的过程中，输入奖励模型，得到优化参数。ChatGPT 会不断重复第二和第三阶段，通过迭代，训练出更高质量的 ChatGPT 模型。

2. ChatGPT 的应用

（1）写文本，如图 9-19、图 9-20 和图 9-21 所示。

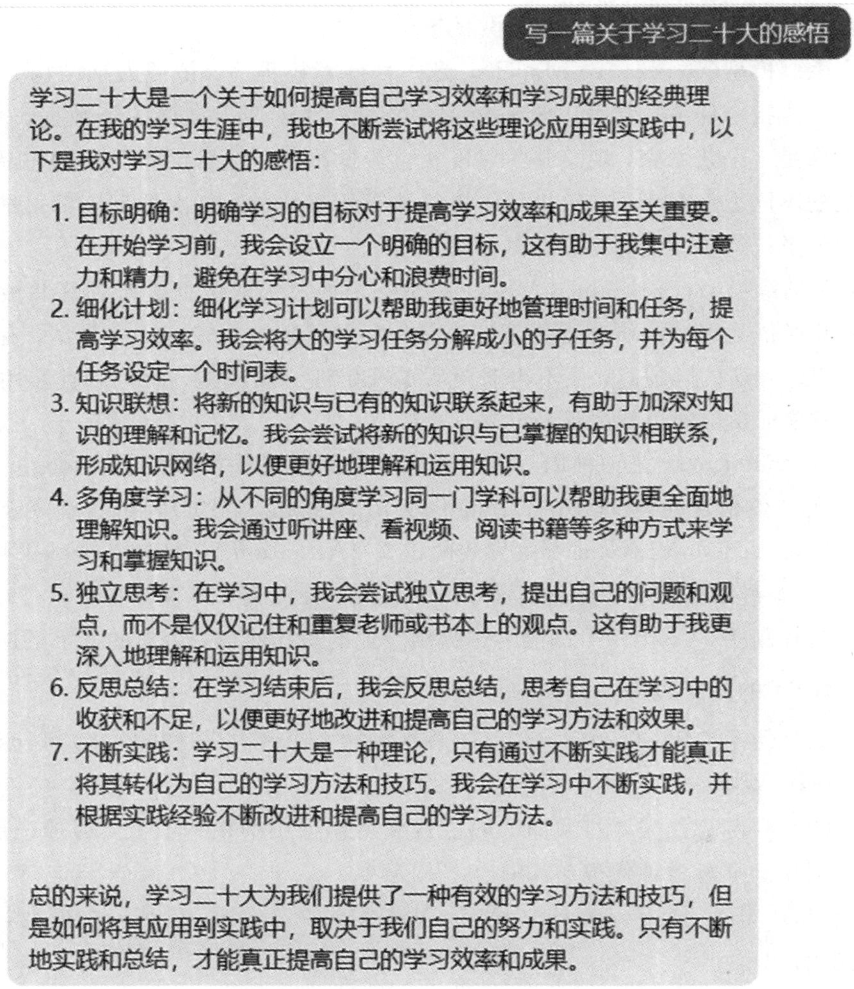

写一篇关于学习二十大的感悟

学习二十大是一个关于如何提高自己学习效率和学习成果的经典理论。在我的学习生涯中，我也不断尝试将这些理论应用到实践中，以下是我对学习二十大的感悟：

1. 目标明确：明确学习的目标对于提高学习效率和成果至关重要。在开始学习前，我会设立一个明确的目标，这有助于我集中注意力和精力，避免在学习中分心和浪费时间。
2. 细化计划：细化学习计划可以帮助我更好地管理时间和任务，提高学习效率。我会将大的学习任务分解成小的子任务，并为每个任务设定一个时间表。
3. 知识联想：将新的知识与已有的知识联系起来，有助于加深对知识的理解和记忆。我会尝试将新的知识与已掌握的知识相联系，形成知识网络，以便更好地理解和运用知识。
4. 多角度学习：从不同的角度学习同一门学科可以帮助我更全面地理解知识。我会通过听讲座、看视频、阅读书籍等多种方式来学习和掌握知识。
5. 独立思考：在学习中，我会尝试独立思考，提出自己的问题和观点，而不是仅仅记住和重复老师或书本上的观点。这有助于我更深入地理解和运用知识。
6. 反思总结：在学习结束后，我会反思总结，思考自己在学习中的收获和不足，以便更好地改进和提高自己的学习方法和效果。
7. 不断实践：学习二十大是一种理论，只有通过不断实践才能真正将其转化为自己的学习方法和技巧。我会在学习中不断实践，并根据实践经验不断改进和提高自己的学习方法。

总的来说，学习二十大为我们提供了一种有效的学习方法和技巧，但是如何将其应用到实践中，取决于我们自己的努力和实践。只有不断地实践和总结，才能真正提高自己的学习效率和成果。

图 9-19　ChatGPT 写文本示例

写一篇关于数字音视频处理发展的论文大纲

题目：数字音视频处理的发展与应用

一、引言

数字音视频处理技术的发展和应用已经成为了当今社会中不可或缺的一部分。本文将从数字音视频处理技术的概念、历史、现状以及未来应用方向等方面进行探讨。

二、概念与历史

1. 数字音视频处理技术的概念
2. 数字音视频处理技术的历史演变

三、数字音视频处理技术现状

1. 数字音视频处理技术的应用领域
2. 数字音视频处理技术在影视、音乐、游戏等领域的应用
3. 数字音视频处理技术的市场现状与发展趋势

四、数字音视频处理技术的应用方向

1. 虚拟现实技术与数字音视频处理技术的结合
2. 人工智能技术与数字音视频处理技术的结合
3. 数字音视频处理技术在医疗、教育、军事等领域的应用

五、数字音视频处理技术面临的挑战与解决方案

1. 数字音视频处理技术的实时性问题与解决方案
2. 数字音视频处理技术的安全问题与解决方案
3. 数字音视频处理技术的标准化问题与解决方案

六、数字音视频处理技术的未来展望

1. 数字音视频处理技术在未来的应用前景与发展趋势
2. 数字音视频处理技术在未来的技术创新与发展方向

七、结论

本文从数字音视频处理技术的概念、历史、现状以及未来应用方向等方面进行了探讨。数字音视频处理技术的应用领域广泛，未来展望也十分广阔。我们相信，随着技术的不断发展，数字音视频处理技术将会在更多的领域得到应用，为人们的生活带来更多的便利和乐趣。

图 9 - 20　ChatGPT 写论文大纲

（2）问题解答，如图 9 - 22、图 9 - 23 所示。

（3）翻译助手，如图 9 - 24 所示。

写一封给老师的教师节问候

尊敬的XXX老师:

教师节到了,我想借此机会向您表示最衷心的祝福和感激之情。

在我成长的道路上,您是我人生中最重要的导师之一。在您的教导下,我不仅学到了知识,更重要的是学到了做人的道理和处世的智慧。每当我遇到挫折和困难时,您总是给予我最温暖的关怀和最坚定的支持,让我感受到了人间真情和温暖。

您是一位敬业、负责、严谨的老师,在您的教导下,我始终能够保持学习的热情和进取心。您的言传身教让我明白了什么是真正的学习和教育,让我有了更高远的目标和更坚定的信念。

在这个特殊的日子里,我想对您说一声:"感谢您,XXX老师!"感谢您给予我的教育和成长,感谢您为我的人生奠定了坚实的基石。我会一直铭记您的恩情,努力成为一个有用的人,回报社会和您的教育。

祝您教师节快乐,身体健康,工作顺利!

再次谨向您表达最真挚的敬意和祝福!

此致
敬礼!

XXX

图 9-21 ChatGPT 写邮件示例

出一道有关矩阵的秩的试题

设 A 为 $n \times m$ 的矩阵,B 为 $m \times k$ 的矩阵,C 为 $n \times k$ 的矩阵,且 $n > m > k$。证明:若 $BC = O$,则 A 的秩小于 m。

其中,O 为零矩阵。

提示:使用矩阵秩的定义及乘积矩阵秩的性质进行证明。

证明:

由于 $BC = O$,所以对于任意 $i \in [1, n]$,有:

$$\sum_{j=1}^m b_{j,k}c_{k,i} = 0,\quad k \in [1, m]$$

即 B 的第 k 列与 C 的第 k 行的乘积为零。因此,B 的所有列向量都是 C 的左零向量。由于 $n > m > k$,所以 C 的列向量个数小于 m,而 B 的列向量个数为 m,因此 B 中存在非零向量 u,使得 $Cu = 0$。

由于 $BC = O$,所以对于任意 $i \in [1, n]$,有:

$$\sum_{j=1}^m a_{i,j}b_{j,k} = 0,\quad k \in [1, k]$$

即 A 的每一行与 B 的每一列的乘积都为零。因此,对于 B 中的非零向量 u,有:

$$Au = ABu = A(Bu) = A(0) = 0$$

即 A 的所有行向量都是 B 中非零向量 u 的左零向量。由于 B 的列向量个数为 m,而 $n > m$,因此 A 中存在非零向量 v,使得 $vB = 0$。

综上所述,A 的所有行向量都是 B 中某个非零向量的左零向量,即 A 的秩小于 m。证毕。

图 9-22 ChatGPT 解决数学问题

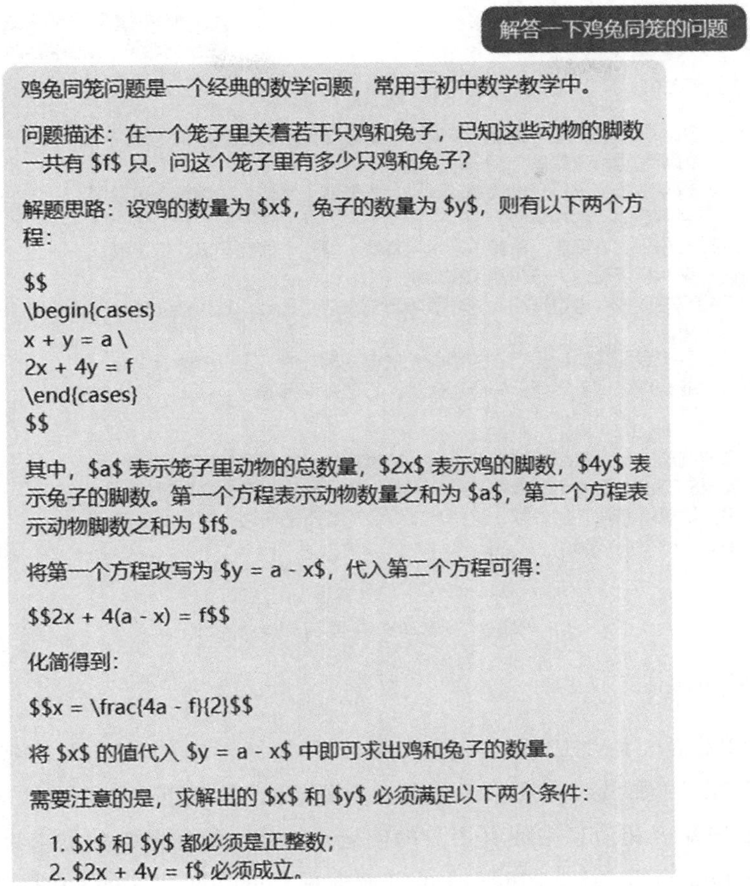

解答一下鸡兔同笼的问题

鸡兔同笼问题是一个经典的数学问题，常用于初中数学教学中。

问题描述：在一个笼子里关着若干只鸡和兔子，已知这些动物的脚数一共有 f 只。问这个笼子里有多少只鸡和兔子？

解题思路：设鸡的数量为 x，兔子的数量为 y，则有以下两个方程：

$$
\begin{cases}
x + y = a \\
2x + 4y = f
\end{cases}
$$

其中，a 表示笼子里动物的总数量，$2x$ 表示鸡的脚数，$4y$ 表示兔子的脚数。第一个方程表示动物数量之和为 a，第二个方程表示动物脚数之和为 f。

将第一个方程改写为 $y = a - x$，代入第二个方程可得：

$$2x + 4(a - x) = f$$

化简得到：

$$x = \frac{4a - f}{2}$$

将 x 的值代入 $y = a - x$ 中即可求出鸡和兔子的数量。

需要注意的是，求解出的 x 和 y 必须满足以下两个条件：

1. x 和 y 都必须是正整数；
2. $2x + 4y = f$ 必须成立。

图 9 - 23 ChatGPT 解答高数题目

请将句子"我们励志图存，自强不息，造就祖国栋梁，我们团结勤奋，求实创新，向着未来远航！"在校歌声中追寻红色基因，于办学路上滋养初心，红色电波铸就了永恒的西电精神，更成为一代代西电人最鲜亮的精神底色"翻译成英文

"We strive to survive and persevere, cultivate the pillars of our country. We unite diligently, seek truth and innovation, and set sail towards the future! In the school anthem, we trace the red gene, nourish our original aspirations on the path of education, and the red radio waves have forged the eternal spirit of Xidian. It has become the brightest spiritual color of generations of Xidian people."

图 9 - 24 ChatGPT 翻译文本示例

（4）心理辅导专家，如图 9 - 25 所示。

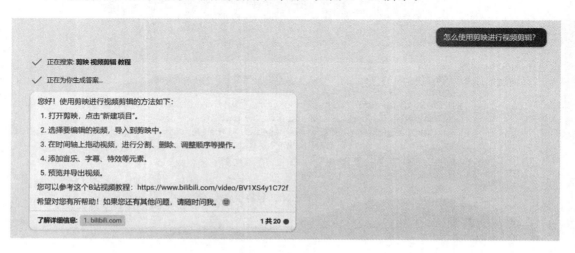

心情不好怎么疏解呢

心情不好时可以采取以下方法来疏解：

1. **找人倾诉**：找身边的朋友、家人、老师等倾诉自己的烦恼，通过倾听和理解来缓解负面情绪。
2. **运动放松**：进行一些简单的运动，如散步、跑步、瑜伽等，可以缓解压力、放松身心。
3. **找乐子**：看电影、听音乐、玩游戏等，寻找一些自己喜欢的事情来转移注意力，减少焦虑和烦躁。
4. **冥想放松**：通过冥想、深呼吸等方式来放松身心，减少负面情绪。
5. **寻求专业帮助**：当自己的情绪无法自我调节时，可以考虑寻求专业心理咨询或治疗，如心理医生、心理咨询师等。

需要注意的是，每个人的情况不同，应根据自己的实际情况选择适合自己的方法来缓解负面情绪，避免采取一些不健康的方式来发泄情绪，如暴饮暴食、酗酒等，这些方式只会加重负面情绪，对身体健康也会造成不良影响。

图 9-25　ChatGPT 心理辅导文本示例

9.3.3　Bing Chat

基于 ChatGPT 强大的生成能力，微软发布了一个结合 ChatGPT 的搜索引擎 Bing Chat。与 ChatGPT 不同的是，它可以提供信息、视觉、逻辑和可操作的回答。Bing Chat 不仅可以使用自己的知识和信息来回答用户的问题，还可以根据用户的需求进行网络搜索，从而提供更全面和准确的答案。同时，还可以根据用户的兴趣和喜好，提供一些有用的产品或服务的广告。与传统的搜索引擎相比，它更加智能化，其主要的功能如下。

（1）搜索网络结果，提供网站的引用和来源，如图 9-26 所示。

怎么使用剪映进行视频剪辑？

✓ 正在搜索：剪映 视频剪辑 教程

✓ 正在为你生成答案...

您好！使用剪映进行视频剪辑的方法如下：

1. 打开剪映，点击"新建项目"。
2. 选择要编辑的视频，导入到剪映中。
3. 在时间轴上拖动视频，进行分割、删除、调整顺序等操作。
4. 添加音乐、字幕、特效等元素。
5. 预览并导出视频。

您可以参考这个B站视频教程：https://www.bilibili.com/video/BV1XS4y1C72f
希望对您有所帮助！如果您还有其他问题，请随时问我。😊

了解详细信息：1. bilibili.com   1 共 20 ●

图 9-26　Bing Chat 搜索结果示例

（2）概括链接内论文的内容，如图 9-27 所示。

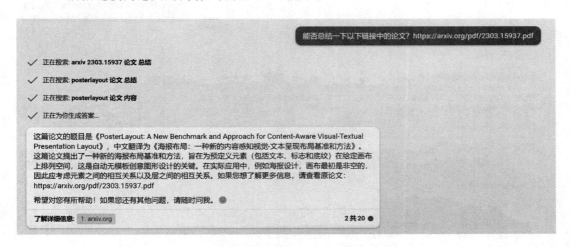

图 9-27　Bing Chat 概括链接内论文的内容示例

（3）更人性化的对话助手，如图 9-28 所示。

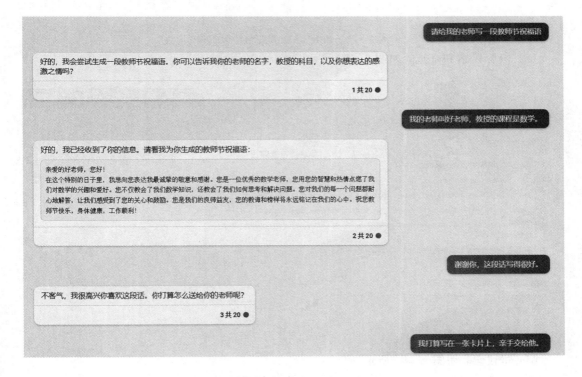

图 9-28　Bing Chat 人性化对话示例

（4）在单个查询中执行多个搜索，如图 9-29 所示。

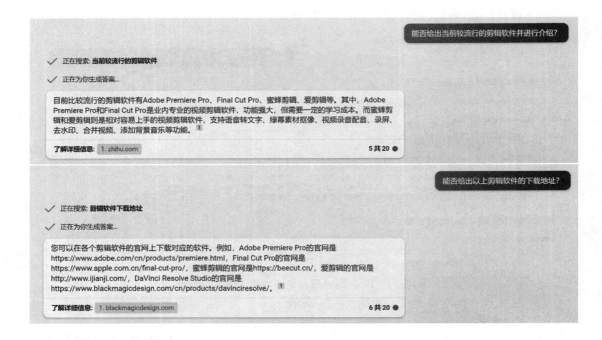

图 9 - 29　Bing Chat 多搜索结果示例

（5）内容检索和筛选，如图 9 - 30 所示。

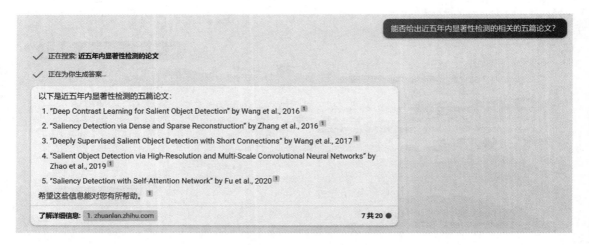

图 9 - 30　Bing Chat 内容筛选示例

（6）写代码，如图 9 - 31 所示。

总而言之，Bing Chat 是一个高度智能化的搜索引擎，在获取知识的层面，它能够给用户提供更好的体验。

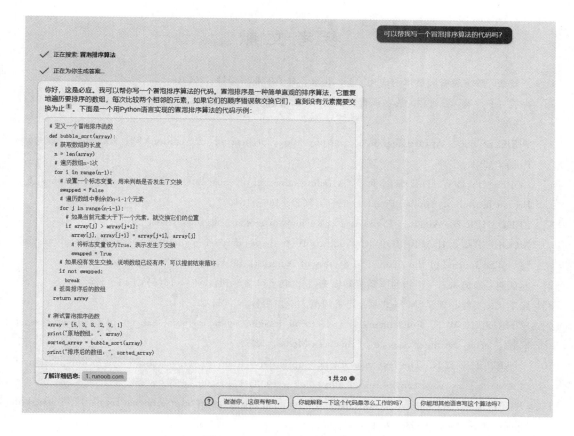

图 9 - 31　Bing Chat 写代码示例

9.4　本章小结

　　本章从党的二十大报告中的"加强基础学科、新兴学科、交叉学科建设"与"强化经济、重大基础设施、金融、网络、数据、生物、资源、核、太空、海洋等安全保障体系建设"的重要性出发，针对实际应用中发现的问题，综合多学科、多方面力量开展集成性研究的现实，阐述了这种学科的多对象化和对象多学科化趋势，及其导致跨学科（包括跨技术）研究与交叉学科融合成为普遍模式的必然性。通过本章内容的阐述，我们知道人工智能和电子信息等技术与空间物理学、医学等学科的相互融合可以更好地整合资源，激发创新力，促进多学科复合型人才的培养，这对于探索科技创新前沿，推进我国科技强国建设具有重大意义。

参 考 文 献

[1] 刘毓敏. 数字视音频技术与应用[M]. 北京：电子工业出版社，2003.

[2] 洪波，王秀敏，殷海兵. 数字视音频技术课程的教学改革探索[J]. 中国电力教育：2010，184(33)：79－80.

[3] PIEKLES J O. AnIntroduction to the physiology of hearing，2ⁿᵈ edition[M]. London：Academie Press，1991.

[4] ROBINSON D W，DADSON R S. A redetermination of equal-loudness relations for puretones[J]. British Journal of Applied Physics：1956，7(5)：166－181.

[5] FLETCHER H. Auditory Patterns[J]. Reviews of modern physics：1940，12(1)：47.

[6] MOORE B C，GLASBERG B R. Auditory filter shapes derived in simultaneous and forward masking [J]. The Journal of the Acoustical Society of America：1981，70(4)：1003－1014.

[7] 赵鹤鸣，周旭东. 一种新的听觉感知模型[J]. 电子科学学刊：1994，16(5)：513－517.

[8] 张学民. 实验心理学[M]. 北京：北京师范大学出版社，2007.

[9] SCHREIBER W F. Fundamentals of electronic imaging systems：some aspects of image processing [M]. Berlin：Springer Science & Business Media，2012.

[10] HARTLINE H K. The response of single optic nerve fibers of the vertebrate eye to illumination of the retina[J]. American Journal of Physiology：1938，121：400－415.

[11] KUFFLER S W. Discharge patterns and functional organization of mammalian retina[J]. Journal of Neurophysiology：1953，16(1)：37－68.

[12] HUBEL D H，WIESEL T N. Receptive fields，binocular interaction and functional architecture in the cat's visual cortex[J]. The Journal of physiology：1962，160(1)：106－154.

[13] MARR D. Vision：A computational investigation into the human representation and processing of visual information[M]. New York：W. H. Freeman and Company Press，1982.

[14] LAVIA N，DRIVER J. On the spatial extent of attention in object-based visual selection[J]. Perception & psychophysics：1996，58(8)：1238－1251.

[15] AVRAHAMI J. Objects of attention，objects of perception[J]. Perception & Psychophysics：1999，61(8)：1604－1612.

[16] BAYLIS G C，DRIVER J. Visual attention and objects：evidence for hierarchical coding of location [J]. Journal of Experimental Psychology：Human Perception and Performance：1993，19(3)：451.

[17] KRAMER A F，JACOBSON A. Perceptual organization and focused attention：the role of objects and proximity in visual processing[J]. Perception & psychophysics：1991，50(3)：267－284.

[18] LI Y J，ZHANG K. Vision bionics image guidance technique and application[M]. Beijing：National Defense Industry Press，2006.

[19] 高新波，路文. 视觉信息质量评价方法[M]. 西安：西安电子科技大学出版社，2009.

[20] 姚庆栋，毕厚杰，王兆华，等. 图像编码基础[M]. 北京：清华大学出版社，2006.

[21] 王作省. 基于人眼视觉感知的增强显示模拟[D]. 杭州：浙江大学，2010.

[22] SHLAER S. The relation between visual acuity and illumination[J]. The Journal of General

Physiology: 1937, 21(2): 165 - 188.

[23]　MCNAMARA A. Visual perception in realistic image synthesis[C]. Computer Graphics Forum. Blackwell Publishers Ltd, 2001: 20(4): 211 - 224.

[24]　ZWICKER E, FASTL H. Psychoacoustics: facts and models[M]. Springer Science & Business Media, 2013.

[25]　ZWICKER E. Procedure for calculating loudness of temporally variable sounds[J]. The Journal of the Acoustical Society of America: 1977, 62(3): 675 - 682.

[26]　CHERRY E C. Some experiments on the recognition of speech, with one and with two ears[J]. The Journal of the acoustical society of America: 1953, 25(5): 975 - 979.

[27]　BREGMAN A S. Auditory scene analysis: the perceptual organization of sound[M]. Cambridge: MIT Press, 1960.

[28]　KOFFKA K. Principles of gestalt psychology[M]. Routledge, 2013.

[29]　WARREN R M, WARREN R P. Auditory illusions and confusions[J]. Scientific American: 1970, 223(6): 30 - 37.

[30]　GREENBERG G Z, LARKIN W D. Frequency-response characteristic of auditory observers detecting signals of a single frequency in noise: the probe-signal method[J]. The Journal of the Acoustical Society of America: 1968, 44(6): 1513 - 1523.

[31]　SCHLAUCH R S, HAFTER E R. Listening bandwidths and frequency uncertainty in pure-tone signal detection[J]. The Journal of the Acoustical Society of America: 1991, 90(3): 1332 - 1339.

[32]　MONDOR T A, ZATORRE R J. Shifting and focusing auditory spatial attention[J]. Journal of Experimental Psychology: Human Perception and Performance: 1995, 21(2): 387.

[33]　WRIGLEY S N, BROWN G J. A model of auditory attention[J]. University of Sheffield, Tech. Rep: 2000.

[34]　MORRE B C, GLASBERG B R. Suggested formulae for calculating auditory-filter bandwidths and excitation patterns[J]. The Journal of the Acoustical Society of America: 1983, 74(3): 750 - 753.

[35]　RHODES G. Auditory attention and the representation of spatial information[J]. Perception & Psychophysics: 1987, 42(1): 1 - 14.

[36]　GREEN D M, SWETS J A. Signal detection theory and psychophysics[M]. Wiley, 1966.

[37]　GREEN D M. Psychoacoustics and detection theory[J]. The Journal of the Acoustical Society of America: 1960, 32(10): 1189 - 1203.

[38]　GREEN D M. Detection of auditory sinusoids of uncertain frequency[J]. The Journal of the Acoustical Society of America: 1961, 33(7): 897 - 903.

[39]　JOHNSON D M, HAFTER E R. Uncertain-frequency detection: cuing and condition of observation [J]. Perception & Psychophysics: 1980, 28(2): 143 - 149.

[40]　PATTERSON R D, MOORE B C. Auditory filters and excitation patterns as representations of frequency resolution[J]. Frequency Selectivity in Hearing: 1986, 123 - 177.

[41]　ERIKSEN C W, WEB J M. Shifting of attentional focus within and about a visual display[J]. Perception & Psychophysics: 1989, 45(2): 175 - 183.

[42]　MONDOR T A, BREGMAN A S. Allocating attention to frequency regions[J]. Perception &

Psychophysics：1994，56(3)：268 – 276.

[43] DEUTSCH D，ROLL P L. Separate "what" and "where" decision mechanisms in processing a dichotic tonal sequence［J］. Journal of Experimental Psychology：Human Perception and Performance，1976，2(1)：23.

[44] MONDOR T A，ZATORRE R J，TERRIO N A. Constraints on the selection of auditory information［J］. Journal of Experimental Psychology：Human Perception and Performance，1998，24(1)：66 – 79.

[45] MELARA R D，MARKS L E. Perceptual primacy of dimensions：support for a model of dimensional interaction［J］. Journal of Experimental Psychology：Human Perception and Performance：1990，16(2)：398 – 414.

[46] TREISMAN A M，GELADE G. A feature-integration theory of attention［J］. Cognitive psychology：1980，12(1)：97 – 136.

[47] TREISMAN A，GORMICAN S. Feature analysis in early vision：evidence from search asymmetries ［J］. Psychological review：1988，95(1)：15 – 48.

[48] ZATORRE R J，MONDOR T A，EVANS A C. Auditory attention to space and frequency activates similar cerebral systems［J］. Neuroimage：1999，10(5)：544 – 554.

[49] SHAMMA S. On the role of space and time in auditory processing［J］. Trends in cognitive sciences：2001，5(8)：340 – 348.

[50] KALINLI O，NARAYANAN S S. A saliency-based auditory attention model with applications to unsupervised prominent syllable detection in speech［C］. Eighth Annual Conference of the International Speech Communication Association. Belgium：2007.

[51] KAYSER C，PETKOV C I，LIPPERT M，et al. Mechanisms for allocating auditory attention：an auditory saliency map［J］. Current Biology：2005，15(21)：1943 – 1947.

[52] ITTI L，KOCH C. Feature combination strategies for saliency-based visual attention systems［J］. Journal of Electronic imaging：2001，10(1)：161 – 170.

[53] KALINLI O，NARAYANAN S. A top-down auditory attention model for learning task dependent influences on prominence detection in speech［C］. IEEE International Conference on Acoustics，Speech and Signal Processing，2008.

[54] SIAGIAN C，ITTI L. Rapid biologically-inspired scene classification using features shared with visual attention［J］. IEEE transactions on pattern analysis and machine intelligence：2007，29(2)：300 – 312.

[55] HARDING S，COOKE M，KÖNIG P. Auditory gist perception：an alternative to attentional selection of auditory streams［C］. International Workshop on Attention in Cognitive Systems. Berlin：Springer，2007：399 – 416.

[56] JONES M R，KIDD G，WETZEL R. Evidence for rhythmic attention［J］. Journal of Experimental Psychology：Human Perception and Performance，1981，7(5)：1059.

[57] CARLYON R P，CUSACK R，FOXTON J M，et al. Effects of attention and unilateral neglect on auditory stream segregation［J］. Journal of Experimental Psychology：Human Perception and Performance：2001，27(1)：115.

[58]　BREGMAN A S, RUDNICKY A I. Auditory segregation: stream or streams? [J]. Journal of Experimental Psychology: Human Perception and Performance, 1975, 1(3): 263.

[59]　路文. 基于视觉感知的影像质量评价方法研究[D]. 西安: 西安电子科技大学, 2009.

[60]　路文, 高新波, 王体胜. 一种基于 WBCT 的自然图像质量评价方法[J]. 电子学报, 2008, 36(2): 303-308.

[61]　韩纪庆, 冯涛, 郑贵滨, 等. 音频信息处理技术[M]. 北京: 清华大学出版社, 2007.

[62]　韩宪柱. 数字音频技术及应用[M]. 北京: 中国广播电视出版社, 2003.

[63]　罗四维. 视觉信息认知计算理论[M]. 北京: 科学出版社, 2010.

[64]　WATSON A B, NULL C H. Digital images and human vision[J]. The MIT Press, 1993, 25.

[65]　PALMER S E. Modern theories of gestalt perception[J]. Mind & Language: 1990, 5(4): 289-323.

[66]　杨峰, 白新跃, 何健. 数字电视原理及应用[M]. 成都: 电子科技大学出版社, 2010.

[67]　张飞碧, 项珏. 数字音视频及其网络传输技术[M]. 北京: 机械工业出版社, 2010.

[68]　STEPHEN J S. 数字技术: 数字视频和音频压缩[M]. 陈河南, 等, 译. 北京: 电子工业出版社, 2000.

[69]　卢官明, 宗昉. 数字音频原理及应用[M]. 北京: 机械工业出版社, 2005.

[70]　KEN G P. 数字音频原理与应用[M]. 苏菲, 译, 北京: 电子工业出版社, 2002.

[71]　杨洋. 一种面向无线应用的音视频编码算法的实现和优化[D]. 杭州: 杭州电子科技大学, 2009.

[72]　李晓明. 宽带音频信号的分析、合成及其编码技术研究[D]. 北京: 北京工业大学, 2010.

[73]　孙园园. 低速率语音编码传输方案[D]. 南京: 东南大学, 2010.

[74]　刘金. MPEG-4 AAC 编码技术研究及在定点 DSP 上的实现[D]. 武汉: 华中科技大学, 2007.

[75]　刘君. 视频压缩与音频编码技术[M]. 北京: 中国电力出版社, 2001.

[76]　何书前, 蒋文娜. 现代网络视频编码技术[M]. 武汉: 湖北科学技术出版社, 2009.

[77]　史林, 赵树杰. 数字信号处理[M]. 北京: 科学出版社, 2007.

[78]　鲍长春. 数字语音编码原理[M]. 西安: 西安电子科技大学出版社, 2007.

[79]　易克初. 语音信号处理[M]. 北京: 国防工业出版社, 2002.

[80]　韩纪庆, 郑铁然, 郑贵滨. 音频信息检索理论与技术[M]. 北京: 科学出版社, 2011.

[81]　张雪英. 数字语音处理及 MATLAB 仿真[M]. 北京: 电子工业出版社, 2010.

[82]　MANJUNATH B S, PHILIPPE S, THOMAS S, et al. Introduction to MPEG-7: multimedia content description interface[M]. John Wiley & Sons, 2002.

[83]　FOOTE J. An overview of audio information retrieval[J]. Multimedia systems: 1999, 7(1): 2-10.

[84]　ROY D, MALAMUD C. Speaker identification based text to audio alignment for an audio retrieval system[C]. IEEE International Conference on Acoustics, Speech, and Signal Processing, 1997.

[85]　WOLD E, BLUM T, KEISLAR D, et al. Content-based classification, search, and retrieval of audio[J]. IEEE Multimedia: 1996, 3(3): 27-36.

[86]　LI S Z. Content-based audio classification and retrieval using the nearest feature line method[J]. IEEE Transactions on Speech and Audio Processing: 2000, 8(5): 619-625.

[87]　吴飞, 庄越挺, 潘云鹤. 基于增量学习支持向量机的音频例子识别与检索[J]. 计算机研究与发展: 2003, 40(7): 950-955.

[88] LIU Z，HUANG Q. Content-based indexing and retrieval-by-example in audio［C］. IEEE International Conference on Multimedia and Expo：2000.

[89] 蔡锐. 面向音效检测和场景分类的音频内容分析［D］. 北京：清华大学，2006.

[90] CAI R，LU L，ZHANG H J，et al. Highlight sound effects detection in audio stream［C］. International Conference on Multimedia and Expo：2003.

[91] SMITH G，MURASE H，KASHINO K. Quick audio retrieval using active search［C］. IEEE International Conference on Acoustics，Speech and Signal Processing，1998.

[92] KASHINO K，SMITH G，MURASE H. Time-series active search for quick retrieval of audio and video［C］. IEEE International Conference on Acoustics，Speech，and Signal Processing，1999.

[93] KASHINO K，KUROZUMI T，MURASE H. Feature fluctuation absorption for a quick audio retrieval from long recordings［C］. 15th International Conference on Pattern Recognition，2000.

[94] KASHINO K，KUROZUMI T，MURASE H. A quick search method for audio and video signals based on histogram pruning［J］. IEEE Transactions on Multimedia：2003，5(3)：348－357.

[95] JOHNSON S E，WOODLAND P C. A method for direct audio search with applications to indexing and retrieval［C］. IEEE International Conference on Acoustics，Speech，and Signal Processing，2000：1427－1430.

[96] 李超，熊璋，朱成军. 基于距离相关图的音频相似性度量方法［J］. 北京航空航天大学学报：2006，32(2)：224－227.

[97] SPEVAK C，FAVREAU E. Soundspotter：a prototype system for content-based audio retrieval［C］. The 5th International Conference on Digital Audio Effects，2002：27－32.

[98] GHIAS A，LOGAN J，CHAMBERLIN D，et al. Query by humming：musical information retrieval in an audio database［C］. The third ACM international conference on Multimedia. ACM，1995：231－236.

[99] JANG J S，LEE H R，YEH C H. Query by tapping：a new paradigm for content-based music retrieval from acoustic input［C］. Pacific-Rim Conference on Multimedia. Berlin：Springer，2001：590－597.

[100] PICKENS J，BELLO J P，MONTI G，et al. Polyphonic score retrieval using polyphonic audio queries：a harmonic modeling approach［J］. Journal of New Music Research：2003，32(2)：223－236.

[101] DANNENBERG H N，TZANETAKIS R G. Polyphonic audio matching and alignment for music retrieval［C］. IEEE Workshop on Applications of Signal Processing to Audio and Acoustics. 2003，185－188.

[102] CHEN B，WANG H M，LEE L S. A discriminative hmm/n-gram-based retrieval approach for mandarin spoken documents［J］. ACM Transactions on Asian Language Information Processing（TALIP）：2004，3(2)：128－145.

[103] 吴丹，齐和庆. 信息检索模型及其在跨语言信息检索中的应用进展［J］. 现代情报：2009，29(7)：215－221.

[104] 丁国栋，白硕，王斌. 文本检索的统计语言建模方法综述［J］. 计算机研究与发展：2006，43(5)：769－776.

[105]　赵正文，康耀红. 统计语言模型在信息检索中的应用[J]. 计算机工程与应用：2006，42(36)：158 - 161.

[106]　CHEN B, WANG H, LEE L. Discriminating capabilities of syllable-based features and approaches of utilizing them for voice retrieval of speech information in mandarin chinese [J]. IEEE Transactions on speech and audio processing, 2002：10(5)：303 - 314.

[107]　YU P, SEIDE F T. A hybrid word/phoneme-based approach for improved vocabulary-independent search in spontaneous speech [C]. Eighth International Conference on Spoken Language Processing, 2004：293 - 296.

[108]　KUBALA F, COLBATH S, LIU D, et al. Rough 'n' ready：a meeting recorder and browser[J]. ACM Computing Surveys (CSUR)：1999, 31(2)：7.

[109]　MAKHOUL J, KUBALA F, LEEK T, et al. Speech and language technologies for audio indexing and retrieval. IEEE Transactions on Speech and Audio Processing：2000, 88(8)：1338 - 1353.

[110]　HAUPTMANN A G, WITBROCK M J. Informedia：news-on-demand multimedia information acquisition and retrieval[J]. Intelligent multimedia information retrieval：1997：215 - 239.

[111]　HAUPTMANN A G, LIN W H. Beyond the informedia digital video library：video and audio analysis for remembering conversations[C]. IEEE Workshop on Automatic Speech Recognition and Understanding, 2001：296 - 300.

[112]　FEDERICO M. A system for the retrieval of italian broadcast news[J]. Speech Communication：2000, 32(1 - 2)：37 - 47.

[113]　HANSEN J H, HUANG R, MANGALATH P, et al. SPEECHFIND：spoken document retrieval for a national gallery of the spoken word [C]. The 6th Nordic Signal Processing Symposium, 2004：1 - 4.

[114]　MERLINO A, MAYBURY M. An empirical study of the optimal presentation of multimedia summaries of broadcast news[M]. Cambridge, MA：MIT Press, 1999.

[115]　周梁，高鹏，丁鹏，等. 语音识别准确率与检索性能的关联性研究[J]. 中文信息学报：2006，20(3)：101 - 106.

[116]　潘复平，赵庆卫，颜永红. 一个基于语音识别的音频检索系统的实现[C]. 第八届全国人机语音通信学术会议论文集. 2005.

[117]　FOOTE J T, YOUNG S J, JONES G J, et al. Unconstrained keyword spotting using phone lattices with application to spoken document retrieval[J]. Computer Speech & Language：1997, 11(3)：207 - 224.

[118]　WANG H. Experiments in syllable-based retrieval of broadcast news speech in mandarin chinese [J]. Speech Communication：2000, 32(1 - 2)：49 - 60.

[119]　郝杰，李星. 汉语连续语音识别中关键词可信度的贝叶斯估计[J]. 声学学报：2002，27(5)：393 - 397.

[120]　罗骏，欧智坚. 一种高效的语音关键词检索系统[J]. 通信学报：2006，27(2)：113 - 118.

[121]　BAI B, CHEN B, WANG H. Syllable-based chinese text/spoken document retrieval using text/speech queries[J]. International journal of pattern recognition and artificial intelligence：2000, 14(05)：603 - 616.

[122] IDRIS F, PANCHANATHAN S. Review of image and video indexing techniques[J]. Journal of visual communication and image representation: 1997, 8(2): 146 - 166.

[123] WANG H, DIVAKARAN A, VETRO A, et al. Survey of compressed-domain features used in audio-visual indexing and analysis[J]. Journal of Visual Communication and Image Representation: 2003, 14(2): 150 - 183.

[124] 陈韩峰. 基于时空联合分割框架的视频对象分割技术研究[D]. 上海: 上海交通大学, 2003.

[125] HAMPAPUR A. Designing video data management systems[D]. The University of Michigan, 1995.

[126] OOMOTO E, TANAKA K. OVID: design and implementation of a video-object database system [J]. IEEE Transactions on knowledge and data engineering: 1993, 5(4): 629 - 643.

[127] OTSUKA I, RADHAKRISHNAN R, SIRACUSA M, et al. An enhanced video summarization system using audio features for a personal video recorder[J]. IEEE Transactions on Consumer Electronics: 2006, 52(1): 168 - 172.

[128] THANTHRY N, EMMADI I P, SRIKUMAR A, et al. SVSS: an intelligent video surveillance system for aircraft[C]. 26th IEEE Digital Avionics Systems Conference, 2007: 4831 - 4839.

[129] BOAVIDA M, CABAÇO S, CORREIA N. Video zapper: a system for delivering personalized video content[J]. Multimedia Tools and Applications: 2005, 25(3): 345 - 360.

[130] HSIEH W W, CHEN A L. Constructing a bowling information system with video content analysis [J]. Multimedia Tools and Applications: 2005, 26(2): 207 - 220.

[131] DÖNDERLER M E, SAYKOL E, ARSLAN U, et al. BilVideo: Design and implementation of a video database management system[J]. Multimedia Tools and Applications: 2005, 27(1): 79 - 104.

[132] HUANG S H, WU Q J, CHANG K, et al. Intelligent home video management system[C]. 3rd International Conference on Information Technology-Research and Education, 2005: 176 - 180.

[133] CHEN C Y, WANG J C, WANG J F, et al. An efficient news video browsing system for wireless network application[C]. International Conference on Wireless Networks, Communications and Mobile Computing, 2005: 1377 - 1381.

[134] HUANG C H, WU C H, KUO J H, et al. A musical-driven video summarization system using content-aware mechanisms[C]. IEEE International Symposium on Circuits and Systems(ISCAS), 2005: 2711 - 2714.

[135] LIU H, HUI Z. A content-based news video browsing and retrieval system: news br[C]. the 3rd International Symposium on Image and Signal Processing and Analysis, 2003: 793 - 798.

[136] HUAYONG L, HUI Z. A content-based broadcasted sports video retrieval system using multiple modalities: sport BR[C]. The fifth International Conference on Computer and Information Technology, 2005: 652 - 656.

[137] ZHANG W, CHEN F, XU W, et al. Real-time video intelligent surveillance system[C]. IEEE International Conference on Multimedia and Expo, 2006: 1021 - 1024.

[138] LEE S J, MA W Y, SHEN B. An interactive video delivery and caching system using video summarization[J]. Computer Communications: 2002, 25(4): 424 - 435.

[139] LIU T, KATPELLY R. An interactive system for video content exploration [J]. IEEE Transactions on Consumer Electronics, 2006, 52(4).

[140] LIU T, KATPELLY R. A two-level queueing system for interactive browsing and searching of video content[J]. Multimedia systems, 2007, 12(4-5):289-306.

[141] WU C, ZENG H, HUANG S, et al. Learning-based interactive video retrieval system[C]. IEEE International Conference on Multimedia and Expo, 2006:1785-1788.

[142] WANG Z, BOVIK A C, SHEIKH H R, et al. Image quality assessment: from error visibility to structural similarity[J]. IEEE Transactions on Image Processing, 2004, 13(4):600-612.

[143] WIEGAND T, SULLIVAN G J, BJONTEGAARD G, et al. Overview of the H. 264/AVC video coding standard[J]. IEEE Transactions on Circuits and Systems for Video Technology, 2003, 13(7):560-576 .

[144] KARRAS T, LAINE S, AILA T. A style-based generator architecture for generative adversarial networks[C]. IEEE/CVF Conference on Computer Vision and Pattern Recognition (CVPR), Long Beach, CA, USA, 2019, 4396-4405.

[145] SAID A, PEARLMAN W A. A new, fast, and efficient image codec based on set partitioning in hierarchical trees[J]. IEEE Transactions on Circuits and Systems for Video Technology, 1996, 6(3):243-250.

[146] MCCULLOCH W S, PITTS W. A logical calculus of the ideas immanent in nervous activity[M]. Bulletin of Mathematical Biophysics 5, 1973.

[147] ROSENBLUETH A, WIENER N, BIGELOW J. Behavior, purpose and teleology[J]. Philosophy of Science, 1943, 10(1):18-24.

[148] KUFFLER S W. Discharge patterns and functional organization of mammalian retina[J]. Journal of Neurophysiology, 1953, 16(1):37-68.

[149] XIA M Y, WU M X, LI Y R, et al. Varying mechanical forces drive sensory epithelium formation [J]. Science Advances, 2023, 9(44).

[150] 陈忠敏. 语音感知的特点及其解剖生理机制[J]. 中国语音学报, 2021(001):8-24.

[151] 邹丹, 黄娟, 李量. 听觉情绪学习及其神经机制[J]. 中国临床康复, 2005, 9(28):3.

[152] XU L, WANG J, ZHANG J, et al. Light codec: a high fidelity neural audio codec with low computation complexity[C]. ICASSP 2024 - 2024 IEEE International Conference on Acoustics, Speech and Signal Processing (ICASSP), Seoul, Korea, Republic of, 2024, 586-590.

[153] DEHAK N, KENNY P J, DEHAK R, et al. Front-end factor analysis for speaker verification[J]. IEEE Transactions on Audio, Speech, and Language Processing, 2011, 19(4):788-798.

[154] PANAYOTOV V, CHEN G, POVEY D, et al. LibriSpeech: An ASR corpus based on public domain audio books [C]. IEEE International Conference on Acoustics, Speech and Signal Processing (ICASSP), South Brisbane, QLD, Australia, 2015, 5206-5210.

[155] MODY M. Automotive digital audio processing using single chip microcontroller[C]. IEEE International Conference on Electronics, Computing and Communication Technologies (CONECCT), Bangalore, India, 2023, 1-4.

[156] GRAVES A, MOHAMED A R, HINTON G. Speech recognition with deep recurrent neural

networks[C]. IEEE International Conference on Acoustics, Speech and Signal Processing, Vancouver, BC, Canada, 2013, 6645 – 6649.

[157] QUACKENBUSH S R, HERRE J. MPEG standards for compressed representation of immersive audio[J]. Proceedings of the IEEE, 2021, 109(9):1578 – 1589.

[158] SHUKLA S, AHIRWAR M, GUPTA R, et al. Audio compression algorithm using discrete cosine transform (DCT) and Lempel-Ziv-Welch (LZW) encoding method[C]. International Conference on Machine Learning, Big Data, Cloud and Parallel Computing (COMITCon), Faridabad, India, 2019, 476 – 480.

[159] FIRMANSAH L, SETIAWAN E B. Data audio compression lossless FLAC format to lossy audio MP3 format with huffman shift coding algorithm[C]. International Conference on Information and Communication Technology (ICoICT), 2016, 1 – 5.

[160] HAN Y Y, HAN B, GAO X B. Auroral substorm event recognition method combining eye movement infor-mation and sequence fingerprint[J]. Journal of Frontiers of Computer Science and Technology, 2023, 17(1):187 – 197.

[161] HAN B, HAN Y Y, LI H, et al. PTC-CapsNet capsule network for papillary thyroid carcinoma pathological images classification[J]. Multimedia Tools and Applications. 2024, online, doi: 10.1007/s11042 – 024 – 18985 – 4.

[162] 韩冰, 严月, 连慧芳, 等. 基于粘性流体粒子运动模型的视频序列分类方法[P]:ZL201710189229.8. 2017. 3. 27.

[163] HAN B, SONG Y, GAO X, et al. Dynamic aurora sequence recognition using volume local directional pattern with local and global features[J]. Neurocomputing, 2015, 184:168 – 175.

[164] 韩冰, 杨辰, 高新波. 融合显著信息的 LDA 极光图像分类[J]. 软件学报, 24(11):2758 – 2766, 2013.

[165] 杨曦, 李洁, 韩冰, 等. 一种分层小波模型下的极光图像分类算法[J]. 西安电子科技大学学报, 40(2):18 – 24, 2013. 11.

[166] 韩冰, 高路, 高新波, 等. 边界加权的甲状腺癌病理图像细胞核分割方法[J]. 西安电子科技大学学报,2023,50(5),75 – 86.

[167] 韩冰, 张萌, 李浩然, 等. 基于深度学习的甲状腺乳头状癌病理图像分类方法-[P] 专利号:ZL201911415563. 6, 2019. 1. 3.

[168] LAGUARTA J, PUIG F H, SUBIRANA B. COVID-19 artificial intelligence diagnosis using only cough recordings[C]. IEEE Open Journal of Engineering in Medicine and Biology, 2020. 1, 275 – 281.

[169] CHAMOLA V, HASSIJA V, GUPTA V, et al. A comprehensive review of the COVID-19 pandemic and the role of iot, drones, AI, blockchain and 5G in managing its impact[C]. IEEE Access, 2020(8), 90225 – 90265.